大数据分析的
九堂数学课

[德] 弗拉基米尔·什克曼 (Vladimir Shikhman)

大卫·穆勒 (David Müller)　　　　　著

李泽宇　　　　　译

清華大学出版社
北京

北京市版权局著作权合同登记号　图字：01-2022-1567

First published in English under the title
Mathematical Foundations of Big Data Analytics, First Edition
by Vladimir Shikhman, David Müller
Copyright © Springer-Verlag GmbH Germany, part of Spinger Nature 2021
This edition has been translated and published under licence from Springer.

图书在版编目（CIP）数据

大数据分析的九堂数学课 / (德)弗拉基米尔·什克曼, (德)大卫·穆勒著；李泽宇译. —北京：清华大学出版社，2023.7
　　ISBN 978-7-302-63316-7

Ⅰ. ①大…　Ⅱ. ①弗…　②大…　③李…　Ⅲ. ①数学模型–应用–数据处理　Ⅳ. ①TP274

中国国家版本馆 CIP 数据核字（2023）第 060508 号

责任编辑：薛　　杨
封面设计：刘　　键
责任校对：李建庄
责任印制：曹婉颖

出版发行：清华大学出版社
　　　　　网　　　　址：http://www.tup.com.cn, http://www.wqbook.com
　　　　　地　　　　址：北京清华大学学研大厦 A 座　　邮　　　编：100084
　　　　　社　总　机：010-83470000　　　　　　　　邮　　　购：010-62786544
　　　　　投稿与读者服务：010-62776969, c-service@tup.tsinghua.edu.cn
　　　　　质　量　反　馈：010-62772015, zhiliang@tup.tsinghua.edu.cn

印　装　者：三河市龙大印装有限公司
经　　　销：全国新华书店
开　　　本：186mm×240mm　　　　印　　张：15.75　　　字　　数：343 千字
版　　　次：2023 年 9 月第 1 版　　　　印　　次：2023 年 9 月第 1 次印刷
定　　　价：69.00 元

产品编号：095105-01

前　言 /PREFACE

本书主题

大数据分析（big data analytics）是一个相对现代的数据科学领域，这一领域专注探索如何分解和分析可用的数据集，以便更加系统地收集信息和结论。大数据分析的特点是待处理的数据量太大、太复杂、变化太快、收集成本太高、数据间的关联太弱，因此无法通过传统的人工处理方法进行评估。这也就是我们常说的大数据 5V（Five Vs）的概念：

- 数据量（Volume）是指公司、研究机构和家庭产生和存储的大量数据；
- 多样性（Variety）反映了数据类型和数据源的多样性，包括消费者档案、社会联系、文本、图像、视频、语音等；
- 速度（Velocity）意味着数据以很高的速度不断生成、分析和再处理，以支持底层决策；
- 有效性（Validity）是数据质量的保证，或者说代表了数据的真实性和可信度，大数据中的数据元素往往遇到测量不准确等情况；
- 价值（Value）来自成本效益分析，它表示了系统地收集和使用业务活动中的数据为公司产生的积极影响。

总体来说，大数据现在的 5V 挑战是提出足够的概念和算法，旨在有效地捕获、存储、处理或利用数据。

本书宗旨

本书介绍了大数据分析中使用的基本数学模型，并对相关实际问题进行了应用参考。本书使用了必要的数学工具，并将它们应用于当前的数据分析问题，进一步跨学科应用于生物学、语言学、社会学、电气工程、计算机科学和人工智能等领域，本书给出的例子包括 DNA 测序、主题提取、社区检测、压缩感知、垃圾邮件过滤和国际象棋引擎等。对于模型，我们使用了大量的数学知识和方法——从基本的数值线性代数、统计学和优化到更专业的游戏、图甚至复杂性理论。本书涵盖了大数据分析中所有常用的相关技术，在本书中体现为排序、在线学习、推荐系统、分类、聚类、线性回归、稀疏恢复、神经网络和决策树等章节。本书章节的结构和篇幅都是标准化的，以方便学生和教师使用。

本书的每一章都从一个具体的实际问题（研究动因）开始，其主要目的是激发对特定大数据分析技术的研究。接下来用数学方法阐述研究结果，包括重要的定义、辅助语句和由此产生的结论。案例分析则通过在跨学科背景下应用它来加深所获得的知识。案例分析包括对逐步完成的任务的描述，并伴随着有用的提示。练习部分作为读者自学不可或缺的一部分，有助于提高读者对基础理论的理解。本书最后一章附有完整的习题解答，可供有兴趣的读者参考和查阅。对于一些算法，我们也提供了 Python 代码作为补充材料。

目标读者

本书的目标读者群体包括学习大数据分析课程的高年级本科生及研究方向为大数据分析（包括其数学基础和相关应用）的研究生。 在过去的几年里，与大数据分析相关的硕士学位项目，如数据工程与分析、计算与数据科学、大数据与商业分析、管理与数据科学、社会与经济数据科学、数据分析与决策科学、大数据管理、商业与经济数据科学、机器学习等，在世界最好的大学中数量激增。 通常，这些学位项目是由经济学家、数学家、计算机科学家或工程师组织的，这意味着学生的背景和技能会有一定的多样性。本书通过仔细阐述大数据分析的数学基础，并且提供几乎所有重要研究领域的应用，来迎合这种跨学科性。学习本书所需的前置数学知识水平与本科高等数学、线性代数、概率论与数理统计等课程的难度相当，适合各专业的学生学习。从事数据领域的专业人士都将从熟悉大数据分析中获益，因为这个领域在各行各业中扮演着越来越重要的角色。此外，本书的研究生读者可以更深入地了解数据科学领域，意识到这一领域已经对我们的社会产生了重大影响和改变，并有望在未来为其进一步的发展做出贡献。

致谢

首先，感谢弗雷德里希·希森（Friedrich Thießen）和彼得·格鲁乔斯基（Peter Gluchowski），他们于 2017 年在德国开姆尼茨理工大学开始了"大数据分析的数学基础"课程的开发。作为金融学项目硕士和商务智能与分析硕士项目的负责人，希森和格鲁乔斯基要求我们设计一门跨学科的数据分析课程作为相应课程的一部分。希森在审阅与数据科学相关的实际问题与经济利益问题方面，对本书的撰写帮助很大。格鲁乔斯基与我们进行了大量关于课程结构和材料选择的讨论，回过头看，这些讨论是至关重要的。

其次，感谢开姆尼茨理工大学数学系的同事 Oliver Ernst, Roland Herzog, Alois Pichler 和 Martin Stoll。早在 2018 年，我们就开始合作数据科学硕士项目，对"大数据分析的数学基础"这门课程的教学进行不断的尝试和完善。通过与这些同事就数据科学的教学进行有趣的对话，我们对这门课的体悟也得到了提升，从而形成了现在这样一本书。

再次，感谢施普林格出版社（Springer）的 Iris Ruhmann 在稿件准备过程中给予我们的建议和支持。她对于我们"将数学知识引入跨学科环境"的创新观点非常支持。我们也要感谢 Greta Marino 和 Rory Sarkissian 仔细检查了手稿的部分内容。

最后，我们的学生指出了本书的部分错别字和不准确的表述，在此一并表示感谢。

作　者
2020 年 8 月于德国开姆尼茨

目　　录 / CONTENTS

第1章 排 序

我们在日常生活中经常遇到**排序**（ranking）的问题，例如，消费者组织会根据商品的质量为它们排序，科学家根据他们发表文章的情况被排名，音乐人的目标是在音乐榜单上名列前茅，足球队则努力求胜以提升他们在联赛榜的排名。所以我们看到，排序的中心思想就是把"更好的"事物排列在更高的位置上。显然，大多数排序都建立在对先后顺序的直观感觉上。例如，一支球队获胜越多，在足球联赛榜上的排名也就越高。一件商品或一项服务的质量指数越高，它的消费排名也就越有价值。除了上面这些例子之外，我们还可以从研究对象之间的相互关系中推导出它们的排序。本章将研究**谷歌问题**（Google problem）、**品牌忠诚度**（brand loyalty）问题、**社交地位**（social status）问题。在某一个特定的应用中，这些对象间的相互关系会形成转移概率，因此也形成了排序的定义，即这些相互关系所对应的随机矩阵的主要**特征向量**（eigenvector）。本章中，我们会解释排名背后的数学原理。首先，我们会使用线性规划的对偶性来关注是否存在一个排序，进而将引出线性代数中的 **Perron-Frobenius 定理**（Perron-Frobenius theorem）。接下来，我们将研究一个名为 PageRank 的动态过程。PageRank 使人们能够以快速且节约计算成本的方式迭代地近似计算出一个排序，其节约高效的性质对于大数据应用来说至关重要。

1.1 研究动因：谷歌问题

在万维网（World Wide Web, WWW）上进行搜索可能是规模最大、历史最久的大数据应用之一。虽然 McBryan [1994] 提出的名为"万维网蠕虫"（World Wide Web Worm）的搜索引擎早在 20 世纪 90 年代初就已经存在了，但是直到谷歌（Google）的出现，网络搜索才迎来了翻天覆地的变化。谷歌取得巨大成功的原因在于他们提出了利用带有超链接（hyperlink）的网页进行网络排序的想法。这个想法与大数据有着直接的联系，因为即使是它的算法原型就已经可以处理超过 2400 万个网页了。下面介绍谷歌问题的详细数学公式，另请参阅 Brin and Page [1998]。

为了给出一个基本的解释，我们引入一个虚拟的网页网络 N1，网页间的超链接情况如图 1.1所示。图 1.1中的箭头线表示从一个网页到另一网页的**传出**超链接（outgoing hyperlinks）。显然，给出任意一个合理的网页顺序都应该抓住它们的受欢迎程度，并借此对其进行相应的排序。那么，哪些网页更受欢迎呢？我们假设网页的具体内容是不可访问的，所以受欢迎程度的指标只可以从**传入超链接**（incoming hyperlinks）的数量中推导出来。我们可以首先提出一个简易的方案，即通过比较传入超链接的数量来给网页排序。那么，对于网络 N1 来说，可以得到：

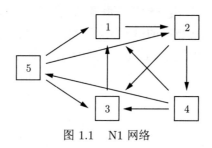

图 1.1　N1 网络

网页 1 和 3 是最受欢迎的，因为它们各自有 3 个传入超链接。接下来，比较分别指向 1 和 3 的各网页的受欢迎程度。网页 3，4 和 5 都指向了 1，而网页 2，4 和 5 则都指向了 3。而且我们注意到，根据传入超链接的数量，网页 3 比 2 更受欢迎。所以，考虑了第二层的比较后，我们应认定网页 1 比 3 更受欢迎。亦即，在网页 4 和 5 同时都指向了 1 和 3 的基础上，更受欢迎的网页 3 指向了 1，而相比之下不如网页 3 受欢迎的 2 却指向了 3。上述思考过程启发我们将基于传入超链接数的简单排序方法改为如下方法：

> 若一个网页来自**受欢迎**（popular）网页的超链接越多，则它的受欢迎程度也就越高。

这一递归原理的数学描述就引出了**谷歌问题**（Google problem）。为此，我们将一个包含 n 个网页的网络与一个 $n \times n$ 维度的**转移矩阵**（transition matrix）$\boldsymbol{P} = (p_{ij})$ 联系起来。矩阵 $\boldsymbol{P}$ 第 i 行、第 j 列的元素 p_{ij} 表示从网页 i 到网页 j 的转移概率。当从 j 到 i 没有超链接时，这一概率消失[①]。否则有

$$p_{ij} = \frac{1}{j \text{ 的传出超链接数}}。$$

所以，网络 N1 的相应转移矩阵为

---

① 译者注：此处"消失"的原文为 vanish，意思是某一个值为 0。下文将依照语境混用"消失"和"为 0"。这里提醒读者这两种译法的含义相同。

$$\boldsymbol{P} = \begin{pmatrix} \boxed{1} & \boxed{2} & \boxed{3} & \boxed{4} & \boxed{5} \\ \boxed{1} & 0 & 0 & 1 & 1/3 & 1/3 \\ \boxed{2} & 1 & 0 & 0 & 0 & 1/3 \\ \boxed{3} & 0 & 1/2 & 0 & 1/3 & 1/3 \\ \boxed{4} & 0 & 1/2 & 0 & 0 & 0 \\ \boxed{5} & 0 & 0 & 0 & 1/3 & 0 \end{pmatrix}。$$

矩阵 $\boldsymbol{P}$ 的第 i 行包含了从所有网页到网页 i 的转移概率，而第 j 列则包含了从网页 j 的所有网页的转移概率。因此，第 j 列的全部元素之和为 1。

$$\sum_{i=1}^{n} p_{ij} = 1, \quad j = 1, \cdots, n。$$

上式也可以写成矩阵形式：

$$\boldsymbol{e}^{\top} \cdot \boldsymbol{P} = \boldsymbol{e}^{\top},$$

其中 $\boldsymbol{e} = (1, \cdots, 1)^{\top}$，表示维度为 n 的且元素全部为 1 的向量。我们用 $x_i \geqslant 0$ 表示暂时未知的第 i 个网页的**排序值**（ranking），同时也代表了它的受欢迎程度。我们将排序整体记作 $\boldsymbol{x} = (x_1, \cdots, x_n)^{\top}$，其中的所有元素均不小于 0。根据谷歌问题的原理，第 i 个网页的排序值可以通过全部指向它的网页的排序值来表达。具体来说，就是将第 i 个网页的排序值设置为全部网页的排序值乘以相应的转换概率后，再求和：

$$x_i = \sum_{j=1}^{n} p_{ij} \cdot x_j, \quad i = 1, \cdots, n。$$

写出与上式等价的矩阵形式为

$$\boldsymbol{x} = \boldsymbol{P} \cdot \boldsymbol{x}。$$

综上所述，在一个有 n 个网页的网络上的谷歌问题就是寻找一个满足以下条件的排序值向量 $\boldsymbol{x} \in \mathbb{R}^n$：

$$\boldsymbol{x} = \boldsymbol{P} \cdot \boldsymbol{x}, \quad \boldsymbol{x} \geqslant 0, \quad \boldsymbol{x} \neq \boldsymbol{0}。 \tag{1.1}$$

式 (1.1) 中，$n \times n$ 维度的转移概率矩阵 $\boldsymbol{P}$ 称为**随机矩阵**（stochastic matrix），即其中的元素均为非负，且每列所有元素之和为 1：

$$\boldsymbol{P} \geqslant \boldsymbol{0}, \quad \boldsymbol{e}^{\top} \cdot \boldsymbol{P} = \boldsymbol{e}^{\top}。$$

1.2 研究结果

1.2.1 Perron-Frobenius 定理

让我们首先解决排序值的存在性问题,应用 Perron-Frobenius 定理可以保证排序的存在。这里选择在本章利用线性规划的对偶性推导出这个结论,而非直接引用 Perron-Frobenius 定理的相关文献。

1. 特征向量问题

首先,我们观察到排序值向量可以视为 P 的一个特定的特征向量。我们还记得,当向量 $x \neq 0$ 且满足

$$P \cdot x = 1 \cdot x$$

时,它就会被称为矩阵 P 的对应于特征值 1 的**特征向量**(eigenvector),这和式(1.1)的第一个条件相符。那么,随机矩阵 P 是否存在特征值为 1 的特征向量呢?要证明这一点,我们只需要证明 $P - I$ 的行列式为 0 即可,此处 I 表示**单位矩阵**(identity matrix),参见 Lancaster [1969]。我们知道,行列式中的行相加并不会改变行列式的值,所以可将第 $2, \cdots, n$ 行加到第 1 行上,然后再利用矩阵 P 为随机矩阵这一特点得到

$$
\det(P - I) = \begin{vmatrix} p_{11} - 1 & p_{12} & \cdots & p_{1n} \\ p_{21} & p_{22} - 1 & \cdots & p_{2n} \\ \vdots & \vdots & & \vdots \\ p_{n1} & p_{n2} & \cdots & p_{nn} - 1 \end{vmatrix}
$$

$$
= \begin{vmatrix} \sum_{i=1}^{n} p_{i1} - 1 & \sum_{i=1}^{n} p_{i2} - 1 & \cdots & \sum_{i=1}^{n} p_{in} - 1 \\ p_{21} & p_{22} - 1 & \cdots & p_{2n} \\ \vdots & \vdots & & \vdots \\ p_{n1} & p_{n2} & \cdots & p_{nn} - 1 \end{vmatrix} = \begin{vmatrix} 0 & 0 & \cdots & 0 \\ p_{21} & p_{22} - 1 & \cdots & p_{2n} \\ \vdots & \vdots & & \vdots \\ p_{n1} & p_{n2} & \cdots & p_{nn} - 1 \end{vmatrix} = 0。
$$

由此,我们可以确定任何随机矩阵都拥有特征值为 1 的特征向量。在所有满足这一条件的特征向量中,是否至少有一个特征向量的全部元素均非负,亦即可以满足式(1.1)的第 2 个条件呢?我们来利用网络 N1 的转移矩阵 P 来研究这个问题。为了计算 P 的特征值为 1 的特征向量,我们需要求解上文提到的线性方程组,即

$$(P - I) \cdot x = 0,$$

其中

$$\boldsymbol{P}-\boldsymbol{I} = \begin{pmatrix} 0 & 0 & 1 & 1/3 & 1/3 \\ 1 & 0 & 0 & 0 & 1/3 \\ 0 & 1/2 & 0 & 1/3 & 1/3 \\ 0 & 1/2 & 0 & 0 & 0 \\ 0 & 0 & 0 & 1/3 & 0 \end{pmatrix} - \begin{pmatrix} 1 & 0 & 0 & 0 & 0 \\ 0 & 1 & 0 & 0 & 0 \\ 0 & 0 & 1 & 0 & 0 \\ 0 & 0 & 0 & 1 & 0 \\ 0 & 0 & 0 & 0 & 1 \end{pmatrix} = \begin{pmatrix} -1 & 0 & 1 & 1/3 & 1/3 \\ 1 & -1 & 0 & 0 & 1/3 \\ 0 & 1/2 & -1 & 1/3 & 1/3 \\ 0 & 1/2 & 0 & -1 & 0 \\ 0 & 0 & 0 & 1/3 & -1 \end{pmatrix} .$$

使用高斯消元法容易求解，求解过程参见本书后文的练习 1.1。特征向量的各个解因乘数因子 $t \in \mathbb{R}$ 而异：

$$\boldsymbol{x} = t \cdot \begin{pmatrix} 17/3 \\ 18/3 \\ 13/3 \\ 9/3 \\ 1 \end{pmatrix} .$$

由于 t 取不同的值时均可以导出完全相同的网页的排序值，因此参数 t 可以任意选择。为了上下文的一致性，我们取 $t = 1/20$ 来标准化（normalization）$\boldsymbol{x}$，使得其全部元素之和为 1：

$$\boldsymbol{x} = \frac{1}{20} \cdot \begin{pmatrix} 17/3 \\ 18/3 \\ 13/3 \\ 9/3 \\ 1 \end{pmatrix} = \begin{pmatrix} 17/60 \\ 18/60 \\ 13/60 \\ 9/60 \\ 3/60 \end{pmatrix} .$$

我们可以注意到，$\boldsymbol{P}$ 的这个特征值向量的元素均非负，因此它也满足式(1.1)的第 2 个条件。因此，排序值向量 $\boldsymbol{x}$ 可以描述以下的网页顺序：

网页	1	2	3	4	5
排序值	17/60	18/60	13/60	9/60	3/60
顺序	II	I	III	IV	V

虽然网页 2 只有两个传入超链接，但从根据谷歌原则计算出的排序结果看，它却是最受欢迎的。而由传入超链接的数量判断受欢迎程度的朴素方法得出的结论却是：网页 2 的受欢迎程度要比网页 1 和 3 更低。

2. 可行性系统

排序的存在性等价于下述方程组的可行性（feasibility）：

$$\boldsymbol{x} = \boldsymbol{P} \cdot \boldsymbol{x}, \quad \boldsymbol{x} \geqslant 0, \quad \boldsymbol{e}^\top \cdot \boldsymbol{x} = 1. \tag{1.2}$$

如果式(1.2)的一个解的全部元素之和为 1，即 $e^\top \cdot x = 1$，那么它的各个元素就不可能全部消失，即 $x \neq 0$。因此，我们就可以由式(1.1)获得一个排序值向量。由相反的原理，我们如果标准化由式(1.1)求出的解，即使其每个元素均除以全部元素的非零的和，便可以得到式(1.2)的解。接下来，我们寻求证明式(1.2)作为方程组是可解的。为此，第一步，引入它的松弛版本：

$$z \geqslant P \cdot z, \quad z \geqslant 0, \quad e^\top \cdot z \geqslant 1。 \tag{1.3}$$

如果松弛方程组即式(1.3)是可解的，则式(1.2)亦可解。为了看到这一点是成立的，我们给出式(1.3)的一个解 z，并检查是否可以通过 z 将式(1.2)的解定义为

$$x = \frac{z}{e^\top \cdot z}。$$

这一定义满足：

$$x - P \cdot x = \frac{z}{e^\top \cdot z} - \frac{P \cdot z}{e^\top \cdot z} = \underbrace{\frac{1}{e^\top \cdot z}}_{>0} \cdot \Big(\underbrace{z - P \cdot z}_{\geqslant 0} \Big) \geqslant 0。$$

另外，由于 $e^\top \cdot P = e^\top$，$x - P \cdot x$ 的所有元素非负，且和为 0：

$$e^\top \cdot (x - P \cdot x) = e^\top \cdot x - e^\top \cdot P \cdot x = e^\top \cdot x - e^\top \cdot x = 0。$$

因此，$x - P \cdot x$ 是零向量，可以满足式(1.2)的第 1 个条件，即 $x = P \cdot x$。同时 x 也满足了式(1.2)的另一个条件：

$$x = \frac{z}{e^\top \cdot z} \geqslant 0, \quad e^\top \cdot x = e^\top \cdot \frac{z}{e^\top \cdot z} = 1。$$

3. 线性对偶性

第二步，证明松弛方程组，即式(1.1)是可解的。这里会应用到线性规划的对偶性。引入式(1.4)和式(1.5)，分别作为所谓的线性规划的**原问题**（primal）和**对偶问题**（dual）：

$$\min_{u \in \mathbb{R}^k} \quad c^\top \cdot u \quad \text{s.t.} \quad A \cdot u \geqslant b, \quad u \geqslant 0, \tag{1.4}$$

$$\max_{v \in \mathbb{R}^m} \quad b^\top \cdot v \quad \text{s.t.} \quad A^\top \cdot v \leqslant c, \quad v \geqslant 0。 \tag{1.5}$$

这里把数据存储在以下向量和矩阵中：

$$c \in \mathbb{R}^k, \quad A \in \mathbb{R}^{m \times k}, \quad b \in \mathbb{R}^m。$$

如果式(1.4)中的 u 和式(1.5)中的 v 均存在解，则可以得到：

$$\underbrace{c^\top}_{\geqslant A^\top \cdot v} \cdot \underbrace{u}_{\geqslant 0} \geqslant (A^\top \cdot v)^\top \cdot u = v^\top \cdot (A^\top)^\top \cdot u = \underbrace{v^\top}_{\geqslant 0} \cdot \underbrace{A \cdot u}_{\geqslant b} \geqslant v^\top \cdot b = b^\top \cdot v .$$

针对任意可行的 u 对上述不等式的左边最小化，同时针对任意可行的 v 对右边最大化，可得：

$$\min\left\{c^\top \cdot u | A \cdot u \geqslant b, u \geqslant 0\right\} \geqslant \max\left\{b^\top \cdot v | A^\top \cdot v \leqslant c, v \geqslant 0\right\} .$$

这个不等式关系被称为线性规划的**弱对偶性**（weak duality）。弱对偶性意味着原问题式(1.4)的最优解不小于对偶问题式(1.5)的最优解。事实上，关于式(1.4)和式(1.5)的最优解，可讨论的内容还有很多。例如 Jongen et al. [2004] 所描述的，对线性规划的**强对偶性**（strong duality），有：

- 式(1.4)是可解的，当且仅当式(1.5)是可解的；
- 在此情况下，式(1.4)和式(1.5)的最优解是相同的。

4. 存在性

为了在当前的问题中应用强对偶性，我们需要验证松弛方程组，即式(1.3)的可行性。为此，引入对应的线性规划问题：

$$\min_z \quad 0^\top \cdot z \quad \text{s.t.} \quad z \geqslant P \cdot z, \quad z \geqslant 0, \quad e^\top \cdot z \geqslant 1 . \tag{1.6}$$

可以注意到，式(1.3)是可行的，当且仅当式(1.6)是可解的。使用单位矩阵 I 写出式(1.6)的原问题形式：

$$\min_z \quad 0^\top \cdot z \quad \text{s.t.} \quad \begin{pmatrix} I - P \\ e^\top \end{pmatrix} \cdot z \geqslant \begin{pmatrix} 0 \\ 1 \end{pmatrix}, \quad z \geqslant 0 .$$

线性规划的强对偶性表明原问题式(1.6)是可解的，当且仅当其相应的如下对偶问题也是可解的[①]：

$$\max_{y, y_{n+1}} \quad \begin{pmatrix} 0 \\ 1 \end{pmatrix}^\top \cdot \begin{pmatrix} y \\ y_{n+1} \end{pmatrix} \quad \text{s.t.} \quad \begin{pmatrix} I - P \\ e^\top \end{pmatrix}^\top \cdot \begin{pmatrix} y \\ y_{n+1} \end{pmatrix} \leqslant 0, \quad y \geqslant 0, y_{n+1} \geqslant 0 .$$

① 译者注：此处请注意 y 为向量（vector）而 y_{n+1} 为标量（scalar）。本书通过符号小写加粗表示向量（例如零向量 0 和单位向量 e），大写加粗表示矩阵（例如随机矩阵 P 和单位矩阵 I），小写不加粗表示标量（例如 y_{n+1}）。原书中并未通过加粗与否对符号的维度加以区分。在此提醒读者在参考原书时注意这一点。

化简上述对偶问题，可得

$$\max_{\boldsymbol{y}, y_{n+1}} \quad y_{n+1} \quad \text{s.t.} \quad \boldsymbol{y} \leqslant \boldsymbol{P}^\top \cdot \boldsymbol{y} - y_{n+1} \cdot \boldsymbol{e}, \quad \boldsymbol{y} \geqslant \boldsymbol{0}, y_{n+1} \geqslant 0 \text{。} \qquad (1.7)$$

式(1.7)的一个解可以由下式明确地给出：

$$\bar{\boldsymbol{y}} = \boldsymbol{e}, \quad \bar{y}_{n+1} = 0 \text{。}$$

为了验证该解的正确性，需要首先验证它是否满足式(1.7)的约束条件：

$$\boldsymbol{e} = \bar{\boldsymbol{y}} \leqslant \boldsymbol{P}^\top \cdot \bar{\boldsymbol{y}} - \bar{y}_{n+1} \cdot \boldsymbol{e} = \boldsymbol{P}^\top \cdot \boldsymbol{e} - 0 \cdot \boldsymbol{e} = \boldsymbol{e} \text{。}$$

此外，我们还要证明式(1.7)的最优解不能超过 $\bar{y}_{n+1} = 0$。对此，考虑 $\boldsymbol{y}$ 在式(1.7)约束下的各个元素的最大值：

$$\max_{1 \leqslant i \leqslant n} y_i \leqslant \max_{1 \leqslant i \leqslant n} \left(\boldsymbol{P}^\top \cdot \boldsymbol{y}\right)_i - y_{n+1} \leqslant \max_{1 \leqslant i \leqslant n} \underbrace{\left(\boldsymbol{P}^\top \cdot \boldsymbol{e}\right)_i}_{=1} \cdot \max_{1 \leqslant i \leqslant n} y_i - y_{n+1} = \max_{1 \leqslant i \leqslant n} y_i - y_{n+1} \text{。}$$

由此可知

$$y_{n+1} \leqslant 0 \text{。}$$

我们得出结论，式(1.7)是可解的。因此，根据强对偶性，它的原问题式(1.6)也是可解的。这进一步证明了松弛方程组(1.3)的可行性，并更进一步证明了式(1.2)问题的可行性。由此，我们就证明了随机矩阵永远存在特征值为 1 的且全部元素非负的特征向量。这一结论就是 **Perron-Frobenius 定理**的一个特例。请读者同时参考 Lancaster [1969]。

1.2.2 PageRank

在保证了排序的存在性后，接下来介绍和分析旨在提高其计算效率的迭代方案算法。为此，我们对用户的网上冲浪行为进行建模。

1. 网上冲浪

用 $x_i(t) \geqslant 0$ 表示在 t 时刻访问第 i 个网页的**用户份额**（share），进而可以写出用户的总体分布为

$$\boldsymbol{x}(t) = (x_1(t), \cdots, x_n(t))^\top,$$

使得 $x_i(t)$ 满足

$$\boldsymbol{x}(t) \geqslant \boldsymbol{0}, \quad \boldsymbol{e}^\top \cdot \boldsymbol{x}(t) = 1 \text{。}$$

在 $t+1$ 时刻访问第 i 个网页的用户的份额 $x_i(t+1)$ 可以使用迭代的方法计算。通过将 t 时刻访问指向了网页 i 的网页 j 的全部用户份额 $x_j(t)$，乘以 p_{ij} 的转移概率（权重）计算加权和，可得

$$x_i(t+1) = \sum_{j=1}^{n} p_{ij} \cdot x_j(t), \quad i = 1, \cdots, n。$$

再写成矩阵形式，可得以下迭代公式：

$$\boldsymbol{x}(t+1) = \boldsymbol{P} \cdot \boldsymbol{x}(t), \quad t = 1, 2, \cdots \tag{1.8}$$

如果给定了的起始分布 $\boldsymbol{x}(1)$，那么这个动态过程就是良定的（well-defined）。而且，$\boldsymbol{x}(t+1)$ 也会变成一个分布。这点可以用归纳法来证明。因为已知矩阵 $\boldsymbol{P}$ 是随机矩阵，所以有

$$\boldsymbol{x}(t+1) = \underbrace{\boldsymbol{P}}_{\geqslant 0} \cdot \underbrace{\boldsymbol{x}(t)}_{\geqslant 0} \geqslant \boldsymbol{0},$$

以及

$$\boldsymbol{e}^{\top} \cdot \boldsymbol{x}(t+1) = \underbrace{\boldsymbol{e}^{\top} \cdot \boldsymbol{P}}_{=\boldsymbol{e}^{\top}} \cdot \boldsymbol{x}(t) = \boldsymbol{e}^{\top} \cdot \boldsymbol{x}(t) = 1。$$

如果暂时假设式(1.8)中的迭代计算是收敛的，即

$$\boldsymbol{x}(t+1) \to \boldsymbol{x}, \quad \text{当 } t \to \infty \text{ 时,}$$

那么，将上式的极限代入下面各式中：

$$\boldsymbol{x}(t+1) = \boldsymbol{P} \cdot \boldsymbol{x}(t), \quad \boldsymbol{x}(t+1) \geqslant \boldsymbol{0}, \quad \boldsymbol{e}^{\top} \cdot \boldsymbol{x}(t+1) = 1,$$

则可得出结论，$\boldsymbol{x}$ 是式(1.2)的解

$$\boldsymbol{x} = \boldsymbol{P} \cdot \boldsymbol{x}, \quad \boldsymbol{x} \geqslant \boldsymbol{0}, \quad \boldsymbol{e}^{\top} \cdot \boldsymbol{x} = 1。$$

因此，如果迭代算法式(1.8)收敛，就可以得出一个排序。这个结论意味着，用户长期的网络浏览过程会最终生成一个排序，也正是这个排序给出了网页的**平稳**（stationary）用户份额，该份额在用户进一步浏览时不再发生变化。

2. 振荡

前面的结论建立在假设迭代算法收敛的基础上。不幸的是，迭代算法式(1.8)一般不会收敛，反而可能会出现**振荡**（oscillation），例如网络 N1 中就会出现。我们用图 1.2 中给出的更简单的但也会产生振荡的网络 N2 来说明这一现象。

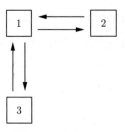

图 1.2　N2 网络

网络 N2 的转移矩阵和相应的排序值向量是

$$\boldsymbol{P} = \begin{pmatrix} & \boxed{1} & \boxed{2} & \boxed{3} \\ \boxed{1} & 0 & 1 & 1 \\ \boxed{2} & 1/2 & 0 & 0 \\ \boxed{3} & 1/2 & 0 & 0 \end{pmatrix}, \quad \boldsymbol{x} = \begin{pmatrix} 1/2 \\ 1/4 \\ 1/4 \end{pmatrix}。$$

然而，在该网络上应用迭代算法式(1.8)会发生振荡。为了看到这一点，假设起始状态为 $a, b, c \geqslant 0$ 的任意分布且 $a + b + c = 1$，然后计算迭代过程：

$$\boldsymbol{x}(1) = \begin{pmatrix} a \\ b \\ c \end{pmatrix}, \quad \boldsymbol{x}(2) = \begin{pmatrix} b+c \\ a/2 \\ a/2 \end{pmatrix}, \quad \boldsymbol{x}(3) = \begin{pmatrix} a \\ (b+c)/2 \\ (b+c)/2 \end{pmatrix}, \quad \boldsymbol{x}(4) = \begin{pmatrix} b+c \\ a/2 \\ a/2 \end{pmatrix} \cdots$$

下面将以 $a = b = 1/4$，$c = 1/2$ 为起始分布的这种振荡现象描绘在图 1.3中。

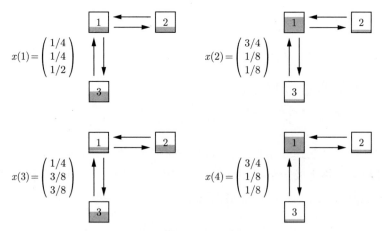

图 1.3　网络 N2 中的振荡现象

3. 正则化

为了避免这种振荡，可以方便地将随机矩阵 $\boldsymbol{P}$ 正则化（regularization）为

$$\boldsymbol{P}_{\alpha} = (1 - \alpha) \cdot \boldsymbol{P} + \alpha \cdot \boldsymbol{E},$$

其中 $\alpha \in (0,1)$ 是一个足够小的参数，$\boldsymbol{E}$ 是 $n \times n$ 维的随机矩阵，且其所有元素均等于 $1/n$，即

$$\boldsymbol{E} = \frac{1}{n} \cdot \boldsymbol{e} \cdot \boldsymbol{e}^{\top}.$$

可以注意到，$\boldsymbol{P}_{\alpha}$ 是随机矩阵的凸组合，所以它仍旧是一个随机矩阵。

$$\boldsymbol{P}_{\alpha} = (1 - \alpha) \cdot \underbrace{\boldsymbol{P}}_{\geqslant 0} + \alpha \cdot \underbrace{\boldsymbol{E}}_{\geqslant 0} \geqslant 0,$$

$$\boldsymbol{e}^{\top} \cdot \boldsymbol{P}_{\alpha} = (1 - \alpha) \cdot \underbrace{\boldsymbol{e}^{\top} \cdot \boldsymbol{P}}_{=\boldsymbol{e}} + \alpha \cdot \underbrace{\boldsymbol{e}^{\top} \cdot \boldsymbol{E}}_{=\boldsymbol{e}} = (1 - \alpha) \cdot \boldsymbol{e} + \alpha \cdot \boldsymbol{e} = \boldsymbol{e}.$$

可以简单直接地从网页浏览和网上冲浪的角度解释 $\boldsymbol{P}_{\alpha}$。用户有 $1 - \alpha$ 的概率沿网页上的超链接跳转浏览，跳转到各个网页的转移概率在 $\boldsymbol{P}$ 中给出。用户有时（概率为 α）也会根据 $\boldsymbol{E}$ 中给出的统一的转移概率重新开始一系列新的浏览行为。这就为我们引出了被称为 **PageRank** 的迭代算法，更多细节请参见 Brin and Page [1998]。

$$\boldsymbol{x}_{\alpha}(t + 1) = \boldsymbol{P}_{\alpha} \cdot \boldsymbol{x}_{\alpha}(t), \quad t = 1, 2, \cdots \tag{1.9}$$

4. PageRank 迭代算法的收敛性分析

下面，我们证明迭代算法式 (1.9) 可以收敛，而且它的极限正是所谓的谷歌排序。如果一个向量 $\boldsymbol{x}_{\alpha} \in \mathbb{R}^n$ 是以下正则化问题的解：

$$\boldsymbol{x}_{\alpha} = \boldsymbol{P}_{\alpha} \cdot \boldsymbol{x}_{\alpha}, \quad \boldsymbol{x}_{\alpha} \geqslant 0, \quad \boldsymbol{e}^{\top} \cdot \boldsymbol{x}_{\alpha} = 1, \tag{1.10}$$

我们称它为**谷歌排序**（Google ranking）向量。由于矩阵 $\boldsymbol{P}_{\alpha}$ 是随机的，因此正则化问题式(1.10)是可解的，即谷歌排序向量 $\boldsymbol{x}_{\alpha}$ 永远存在。接下来，我们将会用到 $\mathbb{R}^n$ 上的 **Manhattan 范数**（Manhattan norm）：

$$\|\boldsymbol{x}\|_1 = \sum_{i=1}^{n} |x_i| = \boldsymbol{e}^{\top} \cdot |\boldsymbol{x}|.$$

使用三角不等式估计 $\boldsymbol{x}_{\alpha}(t + 1)$ 和 $\boldsymbol{x}_{\alpha}$ 之间的 Manhattan 范数的距离：

$$\|\boldsymbol{x}_{\alpha}(t + 1) - \boldsymbol{x}_{\alpha}\|_1 = \|\boldsymbol{P}_{\alpha} \cdot \boldsymbol{x}_{\alpha}(t) - \boldsymbol{P}_{\alpha} \cdot \boldsymbol{x}_{\alpha}\|_1 = \|\boldsymbol{P}_{\alpha} \cdot (\boldsymbol{x}_{\alpha}(t) - \boldsymbol{x}_{\alpha})\|_1$$

$$= \|((1 - \alpha) \cdot \boldsymbol{P} + \alpha \cdot \boldsymbol{E}) \cdot (\boldsymbol{x}_{\alpha}(t) - \boldsymbol{x}_{\alpha})\|_1$$

$$= \left\| (1-\alpha) \cdot \boldsymbol{P} \cdot (\boldsymbol{x}_\alpha(t) - \boldsymbol{x}_\alpha) + \frac{\alpha}{n} \cdot \left(\boldsymbol{e} \cdot \underbrace{\boldsymbol{e}^\top \cdot \boldsymbol{x}_\alpha(t)}_{=1} - \boldsymbol{e} \cdot \underbrace{\boldsymbol{e}^\top \cdot \boldsymbol{x}_\alpha}_{=1} \right) \right\|_1$$

$$= (1-\alpha) \cdot \| \boldsymbol{P} \cdot (\boldsymbol{x}_\alpha(t) - \boldsymbol{x}_\alpha) \|_1 = (1-\alpha) \cdot \boldsymbol{e}^\top \cdot \underbrace{|\boldsymbol{P} \cdot (\boldsymbol{x}_\alpha(t) - \boldsymbol{x}_\alpha)|}_{\leqslant \boldsymbol{P} \cdot |\boldsymbol{x}_\alpha(t) - \boldsymbol{x}_\alpha|}$$

$$\leqslant (1-\alpha) \cdot \underbrace{\boldsymbol{e}^\top \cdot \boldsymbol{P}}_{=\boldsymbol{e}^\top} \cdot |\boldsymbol{x}_\alpha(t) - \boldsymbol{x}_\alpha| = (1-\alpha) \cdot \| \boldsymbol{x}_\alpha(t) - \boldsymbol{x}_\alpha \|_1 。$$

依次应用这个不等式, 可以得到:

$$\| \boldsymbol{x}_\alpha(t+1) - \boldsymbol{x}_\alpha \|_1 \leqslant (1-\alpha) \cdot \| \boldsymbol{x}_\alpha(t) - \boldsymbol{x}_\alpha \|_1 \leqslant \cdots \leqslant (1-\alpha)^t \cdot \| \boldsymbol{x}(1) - \boldsymbol{x}_\alpha \|_1.$$

由于 $\alpha \in (0,1)$, 最终可以得到:

$$\| \boldsymbol{x}_\alpha(t+1) - \boldsymbol{x}_\alpha \|_1 \leqslant (1-\alpha)^t \cdot \| \boldsymbol{x}(1) - \boldsymbol{x}_\alpha \|_1 \to 0, t \to \infty。$$

从这里可以得出结论, 迭代算法式(1.9)收敛于唯一的谷歌排序向量 $\boldsymbol{x}_\alpha$。此外, 收敛速率与参数 $1-\alpha$ 呈线性关系。这意味着式(1.9)中的每次迭代都至少以因子 $1-\alpha$ 接近谷歌排序。Brin and Page [1998] 建议参数 α 的取值不宜过大, 以便用户以足够高的概率 $1-\alpha$ 根据网络的实际结构跳转浏览页面, 而非从任意其他页面重新开始浏览。通常取 $\alpha \approx 0.15$, 然后就保证了迭代算法式(1.9)的合理收敛速度为 $1-\alpha \approx 0.85$。

5. 谷歌排序

现在计算网络 N1 上的谷歌排序。选择 $\alpha = 0.15$ 后, 正则化矩阵为

$$\boldsymbol{P}_{0.15} = (1-0.15) \times \begin{pmatrix} 0 & 0 & 1 & 1/3 & 1/3 \\ 1 & 0 & 0 & 0 & 1/3 \\ 0 & 1/2 & 0 & 1/3 & 1/3 \\ 0 & 1/2 & 0 & 0 & 0 \\ 0 & 0 & 0 & 1/3 & 0 \end{pmatrix} + 0.15 \times \begin{pmatrix} 1/5 & 1/5 & 1/5 & 1/5 & 1/5 \\ 1/5 & 1/5 & 1/5 & 1/5 & 1/5 \\ 1/5 & 1/5 & 1/5 & 1/5 & 1/5 \\ 1/5 & 1/5 & 1/5 & 1/5 & 1/5 \\ 1/5 & 1/5 & 1/5 & 1/5 & 1/5 \end{pmatrix} 。$$

经过计算, 可得

$$\boldsymbol{P}_{0.15} = \begin{pmatrix} 18/600 & 18/600 & 528/600 & 188/600 & 188/600 \\ 528/600 & 18/600 & 18/600 & 18/600 & 188/600 \\ 18/600 & 273/600 & 18/600 & 188/600 & 188/600 \\ 18/600 & 273/600 & 18/600 & 18/600 & 18/600 \\ 18/600 & 18/600 & 18/600 & 188/600 & 18/600 \end{pmatrix} 。$$

它的特征值为 1 的标准化的特征向量是

$$\boldsymbol{x}_{0.15} = \begin{pmatrix} 0.276 \\ 0.285 \\ 0.215 \\ 0.151 \\ 0.073 \end{pmatrix}。$$

所以，谷歌排序向量 $\boldsymbol{x}_{0.15}$ 计算出了与先前算法相同的网页顺序：

网页	1	2	3	4	5
谷歌排序	0.276	0.285	0.215	0.151	0.073
顺序	II	I	III	IV	V

此外，谷歌排序向量 $\boldsymbol{x}_{0.15}$ 是由用户根据迭代算法式(1.9)取 $\alpha = 0.15$ 在网上冲浪的设定计算出的。它们有 0.85 的概率留在网络的当前位置并沿着当前页面的超链接继续浏览，偶尔则以 0.15 的概率离开当前的网页位置并重新进入新的搜索。长期来看，最受欢迎的网页 2 的份额将达到总用户浏览量的约 28.5%，而最不受欢迎的网页 5 的份额则会逐渐变为 7.3%。

6. 全局权威

PageRank 的收敛性分析的结论提示我们要找到能使迭代算法式(1.8)成功逼近一个排序向量的充分条件。为此，我们假设转移矩阵 $\boldsymbol{P}$ 中至少有一行的所有元素都为正，参考 Nesterov and Nemirovski [2015]。这就意味着存在一个被称为**全局权威**（global authority）的网页，由网络中的所有其他网页可达该网页，转移概率均不为零。假设第 i 个网页就是这样的一个全局权威，那么就有

$$p_{ij} > 0, \quad \forall j = 1, \cdots, n。$$

考虑第 i 行的最小的元素，并将其记为 $\widetilde{\alpha}$，即

$$\widetilde{\alpha} = \min_{j=1,\cdots,n} p_{ij} > 0。$$

再将 $n \times n$ 维的第 i 行元素全部为 1 而其他元素为 0 的随机矩阵记为

$$\boldsymbol{E}_i = \boldsymbol{e}_i \cdot \boldsymbol{e}_i^{\top},$$

其中 $\boldsymbol{e}_i$ 是 $\mathbb{R}^n$ 上的第 i 个坐标向量。我们试着将 $\boldsymbol{P}$ 表达为随机矩阵的如下凸组合：

$$\boldsymbol{P} = (1 - \widetilde{\alpha}) \cdot \widetilde{\boldsymbol{P}} + \widetilde{\alpha} \cdot \boldsymbol{E}_i,$$

其中假设

$$\widetilde{\boldsymbol{P}} = \frac{1}{1-\widetilde{\alpha}} \cdot (\boldsymbol{P} - \widetilde{\alpha} \cdot \boldsymbol{E}_i)。$$

容易证明，$\widetilde{\boldsymbol{P}}$ 也是一个随机矩阵：

$$\widetilde{p}_{ij} = \frac{1}{1-\widetilde{\alpha}} \cdot (p_{ij} - \widetilde{\alpha}) = \frac{1}{1-\widetilde{\alpha}} \cdot \left(p_{ij} - \min_{j=1,\cdots,n} p_{ij} \right) \geqslant 0,$$

$$\widetilde{p}_{kj} = \frac{1}{1-\widetilde{\alpha}} \cdot p_{kj} \geqslant 0, \quad k \neq i,$$

以及

$$\boldsymbol{e}^{\top} \cdot \widetilde{\boldsymbol{P}} = \frac{1}{1-\widetilde{\alpha}} \cdot \left(\boldsymbol{e}^{\top} \cdot \boldsymbol{P} - \widetilde{\alpha} \cdot \boldsymbol{e}^{\top} \cdot \boldsymbol{E}_i \right) = \frac{1}{1-\widetilde{\alpha}} \cdot \left(\boldsymbol{e}^{\top} - \widetilde{\alpha} \cdot \boldsymbol{e}^{\top} \right) = \boldsymbol{e}^{\top}。$$

与 PageRank 的过程相似，对任意一个排序 $\boldsymbol{x}$ 向量，计算：

$$\begin{aligned}
\|\boldsymbol{x}(t+1) - \boldsymbol{x}\|_1 &= \|\boldsymbol{P} \cdot (\boldsymbol{x}(t) - \boldsymbol{x})\|_1 = \left\| \left((1-\widetilde{\alpha}) \cdot \widetilde{\boldsymbol{P}} + \widetilde{\alpha} \cdot \boldsymbol{E}_i \right) \cdot (\boldsymbol{x}(t) - \boldsymbol{x}) \right\|_1 \\
&= \left\| (1-\widetilde{\alpha}) \cdot \widetilde{\boldsymbol{P}} \cdot (\boldsymbol{x}(t) - \boldsymbol{x}) + \widetilde{\alpha} \cdot \underbrace{(\boldsymbol{E}_i \cdot \boldsymbol{x}(t) - \boldsymbol{E}_i \cdot \boldsymbol{x})}_{=\boldsymbol{e}_i - \boldsymbol{e}_i = 0} \right\|_1 \\
&= (1-\widetilde{\alpha}) \cdot \left\| \widetilde{\boldsymbol{P}} \cdot (\boldsymbol{x}(t) - \boldsymbol{x}) \right\|_1 = (1-\widetilde{\alpha}) \cdot \boldsymbol{e}^{\top} \cdot \underbrace{\left| \widetilde{\boldsymbol{P}} \cdot (\boldsymbol{x}(t) - \boldsymbol{x}) \right|}_{\leqslant \widetilde{\boldsymbol{P}} \cdot |\boldsymbol{x}(t) - \boldsymbol{x}|} \\
&\leqslant (1-\widetilde{\alpha}) \cdot \underbrace{\boldsymbol{e}^{\top} \cdot \widetilde{\boldsymbol{P}}}_{=\boldsymbol{e}^{\top}} \cdot |\boldsymbol{x}(t) - \boldsymbol{x}| = (1-\widetilde{\alpha}) \cdot \|\boldsymbol{x}(t) - \boldsymbol{x}\|_1。
\end{aligned}$$

由于 $0 < \widetilde{\alpha} \leqslant 1$，可以递归地得到：

$$\|\boldsymbol{x}(t+1) - \boldsymbol{x}\|_1 \leqslant (1-\widetilde{\alpha})^t \cdot \|\boldsymbol{x}(1) - \boldsymbol{x}\|_1 \to 0, \quad t \to \infty。$$

因此，式(1.8)的收敛速率为 $1-\widetilde{\alpha}$，而其极限 $\boldsymbol{x}$ 就是唯一的排序向量。

1.3 案例研究：品牌忠诚度

本节中，我们通过排序的方式对品牌忠诚度进行建模。具体来说，我们研究鞋类市场中的三家公司，分别记为品牌 A、品牌 N 和品牌 P，如何为客户而竞争。为了简化问题，假设每家公司只与一个品牌相关联。在每个时间段内，客户只选择其中一个品牌，并只购买一双鞋。他们的购物行为数据如下：

客户 1	A A A A A A N A P A A A
客户 2	P N N N N N N N A
客户 3	P P P P P P P N P A A

这类数据集通常由一些大型在线购物平台存储。从这些购物数据中，可以提取一些有价值的市场结构信息。特别是，不同的公司可能会对他们未来所占的客户的份额感兴趣。

任务 1　根据上面表格中的购物行为，构建一个客户在不同品牌之间转移的加权网络 N3。在这个网络中，链接上的权重与客户购买行为中从一个品牌到另一个品牌的转移次数相关。

提示 1　加权网络 N3 如图 1.4 所示。

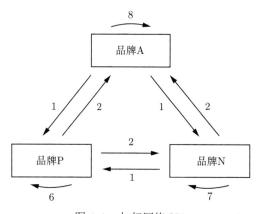

图 1.4　加权网络 N3

任务 2　在加权网络 N3 的基础上，构建转移概率的随机矩阵 $\boldsymbol{P} = (p_{ij})$。$\boldsymbol{P}$ 中元素 p_{ij} 表示从第 j 个品牌到第 i 个品牌的转移次数与从 j 转移出的全部次数的比值。

提示 2　转移矩阵为

$$\boldsymbol{P} = \begin{pmatrix} & \boxed{A} & \boxed{N} & \boxed{P} \\ \boxed{A} & 8/10 & 2/10 & 2/10 \\ \boxed{N} & 1/10 & 7/10 & 2/10 \\ \boxed{P} & 1/10 & 1/10 & 6/10 \end{pmatrix}。$$

任务 3　用 $\boldsymbol{x}(t) = (x_1(t), x_2(t), x_3(t))^{\top}$ 表示各个公司在 t 时刻的客户份额。需借助转移矩阵 $\boldsymbol{P}$ 描述的客户份额的更新公式 (1.8)。

提示 3　客户份额的动态更新公式为

$$\boldsymbol{x}(t+1) = \boldsymbol{P} \cdot \boldsymbol{x}(t), \quad t = 1, 2, \cdots$$

或者是与此等价的:

$$\begin{pmatrix} x_1(t+1) \\ x_2(t+1) \\ x_3(t+1) \end{pmatrix} = \begin{pmatrix} 8/10 & 2/10 & 2/10 \\ 1/10 & 7/10 & 2/10 \\ 1/10 & 1/10 & 6/10 \end{pmatrix} \cdot \begin{pmatrix} x_1(t) \\ x_2(t) \\ x_3(t) \end{pmatrix}, \quad t = 1, 2, \cdots$$

这里 $x(1)$ 是客户份额的起始分布,即

$$x(1) \geqslant \mathbf{0}, \quad e^\top \cdot x(1) = 1。$$

任务 4 通过使用全局权威的条件,证明更新算法式(1.8)会收敛,计算收敛速率,并且找到它的极限,将其解释为一个排序。

提示 4 由于转移矩阵 P 的所有行均为正数,因此每个品牌都是一个全局权威。通过选择一个品牌作为全局权威,例如品牌 A,则其对应的第一行的最小元素为 $\tilde{\alpha} = 2/10$。因此可以得出结论,式(1.8)的收敛速率至少是

$$1 - \tilde{\alpha} = 1 - \frac{2}{10} = \frac{8}{10}。$$

式(1.8)的极限可以计算为 P 的特征值为 1 的特征向量:

$$x = \begin{pmatrix} 1/2 \\ 3/10 \\ 1/5 \end{pmatrix}。$$

因此,如果假设用户的潜在消费行为是由转移概率 P 给出的,那么由此得出的排序值向量 x 就能给出了每个公司的客户份额。从长期来看,品牌 A、品牌 N 和品牌 P 分别累积了 50%、30% 和 20% 的客户份额。

任务 5 将 P 写成一个**适应随机矩阵**(suitable stochastic matrix)$\overline{P}$ 和 E 的凸组合,使得存在 $\overline{\alpha} \in (0,1]$,以下等式成立:

$$P = (1 - \overline{\alpha}) \cdot \overline{P} + \overline{\alpha} \cdot E。$$

利用这个表示,提高任务 4 中的有理论保证的收敛速率。

提示 5 由于该转移矩阵元素均为正,可以通过后文中练习 1.4的过程得出:

$$\begin{pmatrix} 8/10 & 2/10 & 2/10 \\ 1/10 & 7/10 & 2/10 \\ 1/10 & 1/10 & 6/10 \end{pmatrix} = \left(1 - \frac{3}{10}\right) \cdot \begin{pmatrix} 1 & 1/7 & 1/7 \\ 0 & 6/7 & 1/7 \\ 0 & 0 & 5/7 \end{pmatrix} + \frac{3}{10} \cdot \begin{pmatrix} 1/3 & 1/3 & 1/3 \\ 1/3 & 1/3 & 1/3 \\ 1/3 & 1/3 & 1/3 \end{pmatrix}。$$

根据练习 1.4，收敛速率现在变为

$$1-\overline{\alpha}=1-\frac{3}{10}=\frac{7}{10}<\frac{8}{10}=1-\frac{2}{10}=1-\tilde{\alpha}。$$

1.4　练习

练习 1.1（排序）　试计算网络 N1 的谷歌排序。

练习 1.2（Cesàro 均值）　给定一个随机矩阵 $\boldsymbol{P}$，**Cesàro 均值**（Cesàro means）序列的定义为：

$$\bar{\boldsymbol{x}}(s)=\frac{1}{s}\cdot\sum_{t=1}^{s}\boldsymbol{x}(t),$$

其中 $\boldsymbol{x}(1),\cdots,\boldsymbol{x}(s)$ 是在起始分布为 $\boldsymbol{x}(1)$ 时根据迭代算法式(1.8)得到的，即

$$\boldsymbol{x}(t+1)=\boldsymbol{P}\cdot\boldsymbol{x}(t),\quad t=1,2,\cdots$$

(i) 证明 Cesàro 均值 $\bar{\boldsymbol{x}}(s)$ 是一个分布，即

$$\bar{\boldsymbol{x}}(s)\geqslant\boldsymbol{0},\quad \boldsymbol{e}^{\top}\cdot\bar{\boldsymbol{x}}(s)=\boldsymbol{1},\quad s=1,2,\cdots$$

(ii) 假如已知 Cesàro 均值序列的值不断逼近排序的值，证明以下不等式成立：

$$\|\bar{\boldsymbol{x}}(s)-\boldsymbol{P}\cdot\bar{\boldsymbol{x}}(s)\|_1\leqslant\frac{2}{s}。$$

练习 1.3（置换矩阵）　假设有一个包含 n 个网页的网络。对于所有 $i=1,\cdots,n-1$，均有唯一的从网页 i 指向网页 $i+1$ 的超链接。同时，网页 n 上有指向网页 1 的超链接。试通过以下几个步骤对该网络进行分析：

(i) 构造其转移矩阵；

(ii) 计算其唯一的排序；

(iii) 证明迭代算法式(1.8)会产生振荡；

(iv) 证明 Cesàro 均值序列收敛。

练习 1.4（正矩阵）　假设在一个网络中任意两个网页之间的转移概率为正，即对于转移矩阵 $\boldsymbol{P}$，有 $\boldsymbol{P}>0$。试通过以下方面对该网络进行分析。

(i) 证明对于 $\boldsymbol{P}$ 中的最小值，有

$$\min_{1\leqslant i,j\leqslant n}p_{ij}\leqslant\frac{1}{n}。$$

(ii) 证明以下表达式:

$$\boldsymbol{P} = (1 - \bar{\alpha}) \cdot \overline{\boldsymbol{P}} + \bar{\alpha} \cdot \boldsymbol{E},$$

其中 $\overline{\boldsymbol{P}}$ 是随机矩阵,且

$$\bar{\alpha} = n \cdot \min_{1 \leqslant i, j \leqslant n} p_{ij}。$$

(iii) 对于式(1.8)和排序向量 $\boldsymbol{x}$,试证明:

$$\|\boldsymbol{x}(t+1) - \boldsymbol{x}\|_1 \leqslant (1 - \bar{\alpha}) \cdot \|\boldsymbol{x}(t) - \boldsymbol{x}\|_1。$$

(iv) 试推导出通过式(1.8)收敛到唯一的排序向量的收敛速率。

练习 1.5(社交地位) 假设我们可以获得以下的 Facebook 数据:

- 朋友 $\boxed{1}$ 收到了来自朋友 $\boxed{3}$ 的 2 个赞和朋友 $\boxed{4}$ 的 1 个赞。
- 朋友 $\boxed{2}$ 收到了来自朋友 $\boxed{1}$ 的 5 个赞,朋友 $\boxed{3}$ 的 2 个赞和朋友 $\boxed{4}$ 的 1 个赞。
- 朋友 $\boxed{3}$ 收到了来自朋友 $\boxed{2}$ 的 7 个赞和朋友 $\boxed{4}$ 的 1 个赞。
- 朋友 $\boxed{4}$ 收到了来自朋友 $\boxed{1}$ 的 4 个赞,朋友 $\boxed{2}$ 的 2 个赞和朋友 $\boxed{3}$ 的 4 个赞。

试问谁在这个 Facebook 群组中拥有最高的社交地位(social status)?

练习 1.6(交换经济,参考 Gale [1989]) 在交换经济[①]中,生产者 $\boldsymbol{P}_i$ 仅能制造商品 G_i,其中 $i = 1, 2, \cdots, n$。使用 $a_{ij} \geqslant 0$ 表示生产者 i 交换得到的商品 G_j 的数量,其中 $j = 1, 2, \cdots, n$。商品的价格均衡指的是生产者在某商品上的生产成本不超过其收入。试将价格均衡向量解释为一个排序,并回答如何调整商品价格以达到这一均衡。

---

① 译者注:简单来说,交换经济中的经济主体会把自己拥有的商品与其他主体交换。

第 2 章 在 线 学 习

在一个数据的自动收集过程变得无处不在的世界中，我们将会越来越频繁地处理**数据流**（data flow）而不是**数据集**（data sets）。无论我们研究商品定价、投资组合选择还是专家建议的问题，都会遇到一个共同特点，那就是需要理解和快速处理大量动态数据。为了解决这个问题，人们引入了**在线学习**（online learning）范式。在在线学习问题中，数据只能按照一定的先后顺序来访问和处理，并将被用来在每个迭代的步骤中更新我们的决策。这与**批量学习**（batch learning）的方式形成了鲜明对比。批量学习通过一次性学习整个训练数据集来生成最佳决策。对于那些可用数据量呈现爆炸式增长的应用来说，在线学习技术的应用可使学习过程变得很方便。在线学习的关键在于如何评价具体实施的决策的质量。为此，人们引入了决策理论中的**后悔**（regret）概念。粗略地说，后悔是一个关于两个损失的比较：一个是主动决策策略随时间的推移造成的损失，另一个是事后被动决策策略造成的损失。令人惊讶的是，在线学习技术可以随着时间的推移将平均后悔降为零。在本章中，我们将解释其背后的数学原理。首先，我们从**凸分析**（convex analysis）中引入一些辅助概念，如**对偶范数**（dual norm）、**迫近函数**（prox-function）和 **Bregman 散度**（Bregman divergence）等概念。然后，我们将会介绍一种称为**在线镜像下降**（online mirror descent）的在线学习技术。接下来，我们会推导出在凸性假设下得出特定后悔的相应最佳收敛速度，并详细说明在线镜像下降算法分别在熵和 Euclidean 设定下的不同版本。特别地，熵设定使我们能够进行在线**选择投资组合**（portfolio selection），并利用**专家建议**（expert advice）进行预测。Euclidean 设定则可以推导出**在线梯度下降法**（online gradient descent）。

2.1 研究动因：投资组合选择

投资组合选择问题是金融领域的基础问题。它的目标是创建一个最佳投资组合，且可以反映投资者在风险和回报方面的偏好。因此，一般的投资者会试图将投资组合的风险降至最低，并尽量提高预期回报。不幸的是，投资组合的风险和预期回报是耦合的——低风险的投资组合通常产生较低回报。相反，如果想获得相当高的回报，则别无他法，只能在选择投资组合时承担更大的风险。因此，必须仔细地选择风险最小化和收益最大化的平衡。这一经典的权衡由 Harry Markowitz 提出，他于 1990 年因其**现代投资组合选择理论**（modern portfolio selection）而获得诺贝尔经济学奖。Markowitz 在 1952 年的研究中建议构建一个资产组合，使其风险最小化，并保证预期收益的目标水平。还需要提到的是，投资组合的**方差**（variance）可以作为风险大小的**指标**（proxy）。而对于预期回报，则可以取平均值来表征。从实际角度来看，我们随后应该通过统计方法估算资产价格的均值、方差和相关性参数。一种可行的估算办法是借助历史数据，例如考虑资产价格的近期历史数据。而在本章中，我们遵循另一种由 Vovk and Watkins [1998] 提出的名为**通用投资组合选择**（universal portfolio selection）的方法。通用投资组合选择基于的思想是，投资可以看作一个合理考虑资产价格变动而重复进行的决策过程。下文将给出通用投资组合选择方法的精确数学表述。

假定在股票市场上有资产 $1, 2, \cdots, n$ 可以交易，且不可卖空。我们考虑在 t 时间段内的投资策略。在第 t 个时间段开始时，投资者必须确定其**投资组合**（portfolio）的份额，然后把可用财富 $W(t)$ 分配在不同的资产上：

$$\boldsymbol{x}(t) = (x_1(t), x_2(t), \cdots, x_n(t))^\top,$$

其中

$$x_i(t) \geqslant 0, \quad i = 1, 2, \cdots, n, \quad \text{且} \quad \sum_{i=1}^{n} x_i(t) = 1。$$

与之等价地，我们也可以通过单纯型写出 $\boldsymbol{x}(t) \in \Delta$，此处 Δ 是**单纯型**（simplex）的简写。

$$\Delta = \left\{ \boldsymbol{x} \in \mathbb{R}^n | \boldsymbol{x} \geqslant \boldsymbol{0} \text{ 且} \boldsymbol{e}^\top \cdot \boldsymbol{x} = 1 \right\}。$$

注意，投资者将能够在第 t 个时间段结束时评估投资组合 $\boldsymbol{x}(t)$ 是否成功。所以，资产的价格将会是公开的：

$$\boldsymbol{p}(t) = (p_1(t), p_2(t), \cdots, p_n(t))^\top,$$

其中 $p_i(t)$ 表示第 i 个资产的价格，$i = 1, 2, \cdots, n$。那么，假设初始总财富为 $W(0)$，在 T 个时间段后投资者的总财富 $W(T)$ 是多少呢？为了计算 $W(T)$，我们将资产的**回报率**（return）向量表示为

$$\boldsymbol{r}(t) = (r_1(t), r_2(t), \cdots, r_n(t))^\top,$$

其中将 $r_i(t)$ 设定为

$$r_i(t) = \frac{p_i(t)}{p_i(t-1)}, \quad i = 1, 2, \cdots, n。$$

所以，投资组合 $\boldsymbol{x}(t)$ 的总回报之和为

$$\boldsymbol{r}^\top(t) \cdot \boldsymbol{x}(t) = \sum_{i=1}^{n} r_i(t) \cdot x_i(t)。$$

最后，可以得到投资者在 T 个时间段后的财富为

$$W(T) = W(T-1) \cdot \boldsymbol{r}^\top(T) \cdot \boldsymbol{x}(T) = \cdots = W(0) \cdot \prod_{t=1}^{T} \boldsymbol{r}^\top(t) \cdot \boldsymbol{x}(t)。$$

可以看到，财富 $W(T)$ 来自积极的但不依赖任何未来资产价格的信息投资策略。事实上，尽管无法预知资产在 t 时间段结束时的回报 $\boldsymbol{r}(t)$，但投资组合 $\boldsymbol{x}(t)$ 却必须在第 t 个时间段开始时确定下来，参见图 2.1。

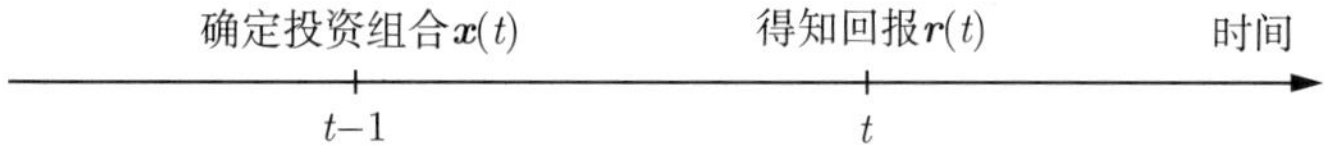

图 2.1   第 t 时间段的投资组合选择

所以，当前要紧的事情就是评估投资组合 $\boldsymbol{x}(t)$, $t = 1,\cdots,T$ 的有效性。为此，我们要构建一个**固定再平衡投资组合**（constant rebalancing portfolio）作为**基准**（benchmark）。如果事后才能获知未来的回报，则固定再平衡投资组合会最大化投资者在 T 个时间段以后的财富，即

$$\max_{\boldsymbol{x} \in \Delta} W_{\boldsymbol{x}}(T),$$

其中

$$W_{\boldsymbol{x}}(T) = W(0) \cdot \prod_{t=1}^{T} \boldsymbol{r}^\top(t) \cdot \boldsymbol{x}。$$

如果可以获得有关未来资产回报的信息，则这种最大财富可以通过被动的投资策略获得。我们比较被动和主动投资策略在 T 个时间段之中的表现：

$$\mathcal{R}(T) = \frac{1}{T} \cdot \ln\left(\frac{\max\limits_{\boldsymbol{x} \in \Delta} W_{\boldsymbol{x}}(T)}{W(T)}\right)。$$

简化上式后，可得

$$\mathcal{R}(T) = \frac{1}{T} \cdot \ln\left(\max_{\boldsymbol{x} \in \Delta} W_{\boldsymbol{x}}(T)\right) - \frac{1}{T} \cdot \ln W(T) = \frac{1}{T} \cdot \max_{\boldsymbol{x} \in \Delta} \ln W_{\boldsymbol{x}}(T) - \frac{1}{T} \cdot \ln W(T)$$

$$= \max_{\boldsymbol{x} \in \Delta} \frac{1}{T} \cdot \ln\left(W(0) \cdot \prod_{t=1}^{T} \boldsymbol{r}^\top(t) \cdot \boldsymbol{x}\right) - \frac{1}{T} \cdot \ln\left(W(0) \cdot \prod_{t=1}^{T} \boldsymbol{r}^\top(t) \cdot \boldsymbol{x}(t)\right)$$

$$= \max_{\boldsymbol{x} \in \Delta} \frac{1}{T} \cdot \sum_{t=1}^{T} \ln\left(\boldsymbol{r}^\top(t) \cdot \boldsymbol{x}\right) - \frac{1}{T} \cdot \sum_{t=1}^{T} \ln\left(\boldsymbol{r}^\top(t) \cdot \boldsymbol{x}(t)\right)$$

$$= \frac{1}{T} \cdot \sum_{t=1}^{T} -\ln\left(\boldsymbol{r}^\top(t) \cdot \boldsymbol{x}(t)\right) - \min_{\boldsymbol{x} \in \Delta} \frac{1}{T} \cdot \sum_{t=1}^{T} -\ln\left(\boldsymbol{r}^\top(t) \cdot \boldsymbol{x}\right) \, 。$$

这种效率的衡量标准可以理解为在线优化问题背景下的后悔:

$$\mathcal{R}(T) = \frac{1}{T} \cdot \sum_{t=1}^{T} f_t(x(t)) - \min_{\boldsymbol{x} \in X} \frac{1}{T} \cdot \sum_{t=1}^{T} f_t(\boldsymbol{x}),$$

其中

$$X = \Delta, \quad f_t(\boldsymbol{x}) = -\ln(\boldsymbol{r}^\top(t) \cdot \boldsymbol{x}) \, 。$$

在线优化中,**智能体**(agent)将连续地做出可行的决策 $\boldsymbol{x} \in X$。然而,在做出决策的时刻,智能体尚且不知道相关的结果。在做出决策 $\boldsymbol{x}(t)$ 之后,决策的智能体将得知一个损失 $f_t(\boldsymbol{x}(t))$。这些损失通常取决于环境,决策者事先无法估计。特别是当决策者采取某些动作时,其损失甚至可能是由**对手**(adversary)的选择决定的。那么智能体如何了解已做出的决策 $\boldsymbol{x}(t)$, $t = 1, \cdots, T$ 的效率呢?这是通过计算**平均后悔**(average regret)$\mathcal{R}(T)$ 来实现的。它衡量了智能体随时间变动提出的决策所产生的相应损失与 T 时间后做出最佳固定再平衡决策所产生的损失之间的差异。在接下来的内容中,我们的目标是调整决策 $\boldsymbol{x}(t)$, $t = 1, \cdots, T$,进而使得当 $T \to \infty$ 时,平均后悔 $\mathcal{R}(T)$ 缩小或**渐近地**(asymptotically)缩小。

2.2 研究结果

2.2.1 在线镜像下降

首先,回忆凸分析中的基本概念,请参考 Nesterov et al.[2018] 了解更多的细节。通过使用凸性,下面介绍和分析一种被称为在线镜像下降的在线学习技术。

1. 范数

$\mathbb{R}^n$ 上的**范数**(norm)是一个非负函数 $\|\cdot\| : \mathbb{R}^n \to \mathbb{R}$,它具有以下性质($\alpha \in \mathbb{R}, x, y \in \mathbb{R}^n$)。

- 正定性(positive definite):$\|\boldsymbol{x}\| = 0$,当且仅当 $\boldsymbol{x} = 0$。
- 绝对齐次性(absolutely homogeneous):$\|\alpha \cdot \boldsymbol{x}\| = |\alpha| \cdot \|\boldsymbol{x}\|$。
- 三角不等式(triangle inequality):$\|x + y\| \leqslant \|x\| + \|y\|$。

对于任意范数 $\|\cdot\|$,在 $\mathbb{R}^n$ 上定义相应的对偶范数:

$$\|\boldsymbol{g}\|_* = \max_{\|\boldsymbol{x}\| \leqslant 1} \boldsymbol{g}^\top \cdot \boldsymbol{x} \, 。$$

对偶范数继承了正定性、绝对齐次性和三角不等式的特性，参见后文的练习 2.1。对于任何向量 $\boldsymbol{x} \neq 0, \boldsymbol{g} \in \mathbb{R}^n$，可以进一步得到

$$\frac{\left|\boldsymbol{g}^\top \cdot \boldsymbol{x}\right|}{\|\boldsymbol{x}\|} = \left|\boldsymbol{g}^\top \cdot \frac{\boldsymbol{x}}{\|\boldsymbol{x}\|}\right| \leqslant \max_{\|\boldsymbol{x}\| \leqslant 1} \boldsymbol{g}^\top \cdot \boldsymbol{x} = \|\boldsymbol{g}\|_* \, 。$$

因此可以得到 **Hölder 不等式**（Hölder inequality）：

$$\left|\boldsymbol{g}^\top \cdot \boldsymbol{x}\right| \leqslant \|\boldsymbol{g}\|_* \cdot \|\boldsymbol{x}\| \, 。 \tag{2.1}$$

2. 凸性

如果在集合 $X \subset \mathbb{R}^n$ 中，任意两个点之间的线段都包含在该集合中，则这个集合是**凸**（convex）的，即对于所有 $\boldsymbol{x}, \boldsymbol{y} \in X$ 和 $\lambda \in [0,1]$ 有：

$$\lambda \cdot \boldsymbol{x} + (1 - \lambda) \cdot \boldsymbol{y} \in X \, 。$$

对于一个连续可微函数 $f : X \to \mathbb{R}$，如果其曲线的每个相切超平面都位于曲线下方，则该函数 f 是凸的，即对于所有 $\boldsymbol{x}, \boldsymbol{y} \in X$，有：

$$f(\boldsymbol{y}) \geqslant f(\boldsymbol{x}) + \nabla^\top f(\boldsymbol{x}) \cdot (\boldsymbol{y} - \boldsymbol{x}), \tag{2.2}$$

其中，f 在 $\boldsymbol{x}$ 处的梯度由偏导数向量给出：

$$\nabla f(\boldsymbol{x}) = \left(\frac{\partial f}{\partial x_1}(\boldsymbol{x}), \cdots, \frac{\partial f}{\partial x_n}(\boldsymbol{x}) \right)^\top \, 。$$

如果 f 恰好是两次连续可微的，则其凸性可以通过曲线的非负曲率来表征，即对于所有 $\boldsymbol{x} \in X$ 和 $\boldsymbol{\xi} \in \mathbb{R}^n$，式 (2.3) 均成立：

$$\boldsymbol{\xi}^\top \cdot \nabla^2 f(\boldsymbol{x}) \cdot \boldsymbol{\xi} \geqslant \boldsymbol{0}, \tag{2.3}$$

其中，f 在 $\boldsymbol{x}$ 处的二阶导数由 Hesse 矩阵给出：

$$\nabla^2 f(\boldsymbol{x}) = \begin{pmatrix} \dfrac{\partial^2 f}{\partial x_1^2}(\boldsymbol{x}) & \cdots & \dfrac{\partial^2 f}{\partial x_1 \partial x_n}(\boldsymbol{x}) \\ \vdots & \ddots & \vdots \\ \dfrac{\partial^2 f}{\partial x_n \partial x_1}(\boldsymbol{x}) & \cdots & \dfrac{\partial^2 f}{\partial x_n^2}(\boldsymbol{x}) \end{pmatrix} \, 。$$

现在，我们关心优化问题

$$\min_{\boldsymbol{x} \in X} f(\boldsymbol{x}),$$

其中，$X \subset \mathbb{R}^n$ 是闭凸集，$f: X \to \mathbb{R}$ 是凸可微函数。我们以变分形式表示相应的最优性条件：

> f 在 $\bar{\boldsymbol{x}}$ 处取得最小值，当且仅当对任意 $\boldsymbol{x} \in X$，都有 $\nabla^\top f(\bar{\boldsymbol{x}}) \cdot (\boldsymbol{x} - \bar{\boldsymbol{x}}) \geqslant \boldsymbol{0}$。 (2.4)

对于充分性部分，利用 f 的凸性，来推导出对任意 $\boldsymbol{x} \in X$，都有：

$$f(\boldsymbol{x}) \geqslant f(\bar{\boldsymbol{x}}) + \underbrace{\nabla^\top f(\bar{\boldsymbol{x}}) \cdot (\boldsymbol{x} - \bar{\boldsymbol{x}})}_{\geqslant 0} \geqslant f(\bar{\boldsymbol{x}}).$$

因此，f 在 X 中的 $\boldsymbol{x}$ 取最小。

对于必要性部分，假设存在 $\boldsymbol{x} \in X$ 使得

$$\nabla^\top f(\bar{\boldsymbol{x}}) \cdot (\boldsymbol{x} - \bar{\boldsymbol{x}}) < 0,$$

对于 $\boldsymbol{x}$ 和 $\bar{\boldsymbol{x}}$ 的凸组合，存在 $\lambda \in [0,1]$，下式成立：

$$\boldsymbol{z}(\lambda) = \lambda \cdot \boldsymbol{x} + (1 - \lambda) \cdot \bar{\boldsymbol{x}} \in X,$$

并通过链式法则：

$$\lim_{\lambda \to 0+} \frac{f(\boldsymbol{z}(\lambda)) - f(\boldsymbol{z}(0))}{\lambda} = \nabla^\top f(\boldsymbol{z}(0)) \cdot \frac{\mathrm{d}\boldsymbol{z}(\lambda)}{\mathrm{d}\lambda}\bigg|_{\lambda=0} = \nabla^\top f(\bar{\boldsymbol{x}}) \cdot (\boldsymbol{x} - \bar{\boldsymbol{x}}) < 0.$$

然而，如果 $\bar{\boldsymbol{x}}$ 是最优的，则对于任意 $\lambda \in [0,1]$，都有 $f(\boldsymbol{z}(\lambda)) \geqslant f(\bar{\boldsymbol{x}}) = f(\boldsymbol{z}(0))$，构成矛盾。

3. 迫近函数

假设 $X \subset \mathbb{R}^n$ 是一个闭凸集。我们将通过一个与 X 关联的迫近函数 $d: X \to \mathbb{R}$ 来求解 X 的几何形状。一个迫近函数应该是连续可微的，并且相对于范数 $\|\cdot\|$ 是 $\boldsymbol{\beta}$**-强凸**（β-strongly convex）的，即对于任意 $\boldsymbol{x}, \boldsymbol{y} \in X$ 有：

$$d(\boldsymbol{y}) \geqslant d(\boldsymbol{x}) + \nabla^\top d(\boldsymbol{x}) \cdot (\boldsymbol{y} - \boldsymbol{x}) + \frac{\beta}{2} \cdot \|\boldsymbol{y} - \boldsymbol{x}\|^2. \tag{2.5}$$

注意，**凸度参数**（convexity parameter）β 可以衡量 X 上的迫近函数 d 的曲率。事实上，如果 d 恰好是两次连续可微的，则其强凸性可以通过曲线曲率的下界来表征，即对于任意 $\boldsymbol{x} \in X$ 和 $\boldsymbol{\xi} \in \mathbb{R}^n$ 有下式成立：

$$\boldsymbol{\xi}^\top \cdot \nabla^2 f(\boldsymbol{x}) \cdot \boldsymbol{\xi} \geqslant \beta \cdot \|\boldsymbol{\xi}\|^2. \tag{2.6}$$

对于上面结论的证明，请参考 Nesterov et al. [2018]。现在，我们将转向研究迫近函数的最小化：

$$\min_{\boldsymbol{x} \in X} d(\boldsymbol{x})。 \tag{2.7}$$

由于 d 的强凸性，优化问题式(2.7)是唯一可解的。它的唯一解称为 X 的**迫近中心**（prox-center），即

$$\boldsymbol{x}(1) = \arg\min_{\boldsymbol{x} \in X} d(\boldsymbol{x})。$$

另一个 X 关于 d 的几何概念是它的**直径**（diameter）：

$$D = \sqrt{\max_{\boldsymbol{x}, \boldsymbol{y} \in X} d(\boldsymbol{x}) - d(\boldsymbol{y})}。$$

4. Bregman 散度

迫近函数 d 在 X 上引入了一个类似距离的函数。这就是定义在任意 $\boldsymbol{x}, \boldsymbol{y} \in X$ 上的所谓 **Bregman 散度**：

$$B(\boldsymbol{x}, \boldsymbol{y}) = d(\boldsymbol{x}) - d(\boldsymbol{y}) - \nabla^{\top} d(\boldsymbol{y}) \cdot (\boldsymbol{x} - \boldsymbol{y})。$$

由于 d 的强凸性，即式(2.5)，交换式中的 $\boldsymbol{x}, \boldsymbol{y} \in X$，可得：

$$d(\boldsymbol{x}) \geqslant d(\boldsymbol{y}) + \nabla^{\top} d(\boldsymbol{y}) \cdot (\boldsymbol{x} - \boldsymbol{y}) + \frac{\beta}{2} \cdot \|\boldsymbol{x} - \boldsymbol{y}\|^2。$$

因此，Bregman 散度是非负的：

$$B(\boldsymbol{x}, \boldsymbol{y}) \geqslant \frac{\beta}{2} \cdot \|\boldsymbol{x} - \boldsymbol{y}\|^2。$$

Bregman 散度的**三点恒等式**（three-point identity）将会在后文内容中用到，详见练习2.3。这一恒等式表明，对于集合 X 中任意的 $\boldsymbol{x}, \boldsymbol{y}, \boldsymbol{z}$，以下关系均成立：

$$B(\boldsymbol{x}, \boldsymbol{y}) - B(\boldsymbol{x}, \boldsymbol{z}) - B(\boldsymbol{z}, \boldsymbol{y}) = \left(\nabla^{\top} d(\boldsymbol{y}) - \nabla^{\top} d(\boldsymbol{z}) \right) \cdot (\boldsymbol{z} - \boldsymbol{x})。 \tag{2.8}$$

通过 Bregman 散度，可以进一步联想到一个辅助优化问题：

$$\min_{\boldsymbol{x} \in X} \boldsymbol{c}^{\top} \cdot \boldsymbol{x} + B(\boldsymbol{x}, \boldsymbol{y}), \tag{2.9}$$

其中，$\boldsymbol{y} \in X$ 和 $\boldsymbol{c} \in \mathbb{R}^n$ 均已给定。我们假设式(2.9)很简单，即它存在唯一的解析解。

5. 在线学习技术

我们对**可行集**（feasible set）X 和损失函数 f_t 做出以下假设。

A1 假设 X 是 $\mathbb{R}^n$ 的一个闭凸子集，在 X 上有迫近函数 $d : X \to \mathbb{R}$。我们用 β 表示它相对于范数 $\|\cdot\|$ 的凸度参数，并用 $\boldsymbol{x}(1)$ 表示 X 的相应的迫近中心。令 X 的直径 D 在 d 上是**有限的**（finite）。我们将迫近函数 d 与 Bregman 散度 B 关联起来：$X \times X \to \mathbb{R}$。

A2 假设损失函数 $f_t : X \to \mathbb{R}$ 是凸的，其关于对偶范数 $\|\cdot\|_*$ 的梯度为一致有界（uniformly bounded）的 ∇f_t，即存在正的常数 G 使得对于任意的 $\boldsymbol{x} \in X$ 和 $t = 1, 2, \cdots$，有以下关系成立：

$$\|\nabla f_t(\boldsymbol{x})\|_* \leqslant G。$$

现在，我们准备介绍**在线镜像下降**（online mirror descent）。因此，下一个决策将会使在可行集上由 Bregman 散度正则化的线性损失函数最小化。因此对于 $t = 1, 2, \cdots$，有以下设定：

$$\boldsymbol{x}(t+1) = \arg\min_{\boldsymbol{x} \in X} \underbrace{f_t(\boldsymbol{x}(t)) + \nabla^\top f_t(\boldsymbol{x}(t)) \cdot \boldsymbol{x}}_{\text{线性化损失函数}} + \underbrace{\frac{1}{\eta} \cdot B(\boldsymbol{x}, \boldsymbol{x}(t))}_{\text{Bregman 散度正则化}} \tag{2.10}$$

此处 $\boldsymbol{x}(1)$ 是 X 的迫近中心，η 是恰当选择的**步长**（stepsize）。请注意，式(2.10)的更新可以使用辅助优化问题式(2.9)等价地写成：

$$\boldsymbol{x}(t+1) = \arg\min_{\boldsymbol{x} \in X} \boldsymbol{c}^\top \cdot \boldsymbol{x} + B(\boldsymbol{x}, \boldsymbol{y}),$$

其中

$$\boldsymbol{c} = \eta \cdot \nabla f_t(\boldsymbol{x}(t)), \quad \boldsymbol{y} = \boldsymbol{x}(t)。$$

6. 式(2.10)的收敛性分析

我们将注意力转向式(2.10)的最坏情况的收敛分析，希望能推导出相应后悔的界限。下面的论述主要遵循 Beck and Teboulle [2003] 的思想。

步骤 1（估计损失） 对任意 $\boldsymbol{x} \in X$ 以及 $t = 1, 2, \cdots$，有：

$$f_t(\boldsymbol{x}(t)) - f(\boldsymbol{x}) \leqslant \frac{1}{\eta} \cdot (B(\boldsymbol{x}, \boldsymbol{x}(t)) - B(\boldsymbol{x}, \boldsymbol{x}(t+1))) + \frac{\eta}{2\beta} \cdot \|\nabla f_t(\boldsymbol{x}(t))\|_*^2。$$

步骤 1 证明 根据式(2.5)得知 f_t 的凸性，有：

$$f_t(\boldsymbol{x}(t)) - f(\boldsymbol{x}) \leqslant \nabla^\top f_t(\boldsymbol{x}(t)) \cdot (\boldsymbol{x}(t) - \boldsymbol{x}),$$

或者通过放大右侧可得：

$$f_t(\boldsymbol{x}(t)) - f(\boldsymbol{x}) \leqslant \underbrace{\nabla^\top f_t(\boldsymbol{x}(t)) \cdot (\boldsymbol{x}(t+1) - \boldsymbol{x})}_{\text{表达式 1}} + \underbrace{\nabla^\top f_t(\boldsymbol{x}(t)) \cdot (\boldsymbol{x}(t) - \boldsymbol{x}(t+1))}_{\text{表达式 2}}。$$

让我们首先估计表达式 1。把最优条件式(2.4)应用于式(2.10)的更新中，可以得到：

$$\left(\nabla f_t(\boldsymbol{x}(t)) + \frac{1}{\eta} \cdot (\nabla d(\boldsymbol{x}(t+1)) - \nabla d(\boldsymbol{x}(t)))\right)^\top \cdot (\boldsymbol{x} - \boldsymbol{x}(t+1)) \geqslant 0,$$

或等价地：

$$\nabla^\top f_t(\boldsymbol{x}(t)) \cdot (\boldsymbol{x}(t+1) - \boldsymbol{x}) \leqslant \frac{1}{\eta} \cdot (\nabla d(\boldsymbol{x}(t)) - \nabla d(\boldsymbol{x}(t+1)))^\top \cdot (\boldsymbol{x}(t+1) - \boldsymbol{x})。$$

此式可以利用三点恒等式(2.8)重写为：

$$(\nabla d(\boldsymbol{x}(t)) - \nabla d(\boldsymbol{x}(t+1)))^\top \cdot (\boldsymbol{x}(t+1) - \boldsymbol{x}) = B(\boldsymbol{x}, \boldsymbol{x}(t)) - B(\boldsymbol{x}, \boldsymbol{x}(t+1)) - B(\boldsymbol{x}(t+1), \boldsymbol{x}(t))。$$

综上，可以得到：

$$\text{表达式 1} \leqslant \frac{1}{\eta} \cdot (B(\boldsymbol{x}, \boldsymbol{x}(t)) - B(\boldsymbol{x}, \boldsymbol{x}(t+1)) - B(\boldsymbol{x}(t+1), \boldsymbol{x}(t)))。$$

现在，我们估计表达式 2。Hölder 不等式(2.1)给出：

$$\nabla^\top f_t(\boldsymbol{x}(t)) \cdot (\boldsymbol{x}(t) - \boldsymbol{x}(t+1)) \leqslant \|\nabla f_t(\boldsymbol{x}(t))\|_* \cdot \|\boldsymbol{x}(t) - \boldsymbol{x}(t+1)\|。$$

此外，由于

$$\left(\sqrt{\frac{\eta}{2\beta}} \cdot \|\nabla f_t(\boldsymbol{x}(t))\|_* - \sqrt{\frac{\beta}{2\eta}} \|\boldsymbol{x}(t) - \boldsymbol{x}(t+1)\|\right)^2 \geqslant 0,$$

经过展开和整理得：

$$\|\nabla f_t(\boldsymbol{x}(t))\|_* \cdot \|\boldsymbol{x}(t) - \boldsymbol{x}(t+1)\| \leqslant \frac{\eta}{2\beta} \cdot \|\nabla f_t(\boldsymbol{x}(t))\|_*^2 + \frac{\beta}{2\eta} \cdot \|\boldsymbol{x}(t) - \boldsymbol{x}(t+1)\|^2。$$

综上，可以得到：

$$\text{表达式 2} \leqslant \frac{\eta}{2\beta} \cdot \|\nabla f_t(\boldsymbol{x}(t))\|_*^2 + \frac{\beta}{2\eta} \cdot \|\boldsymbol{x}(t+1) - \boldsymbol{x}(t)\|^2。$$

比较表达式 1 和表达式 2,并回顾

$$B(\boldsymbol{x}(t+1), \boldsymbol{x}(t)) \geqslant \frac{\beta}{2} \cdot \|\boldsymbol{x}(t+1) - \boldsymbol{x}(t)\|^2,$$

可知步骤 1 得证。

步骤 2(后悔的界限)　对任意 $T > 0$,有以下关系成立:

$$\mathcal{R}(T) \leqslant \frac{1}{\eta} \cdot \frac{D^2}{T} + \eta \cdot \frac{G^2}{2\beta}.$$

步骤 2 证明　对于后悔的均值,有:

$$\mathcal{R}(T) = \frac{1}{T} \cdot \sum_{t=1}^{T} f_t(\boldsymbol{x}(t)) - \min_{\boldsymbol{x} \in X} \frac{1}{T} \cdot \sum_{t=1}^{T} f_t(\boldsymbol{x}) = \frac{1}{T} \cdot \max_{\boldsymbol{x} \in X} \sum_{t=1}^{T} (f_t(\boldsymbol{x}(t)) - f_t(\boldsymbol{x})).$$

通过使用步骤 1,并对 $t = 1, \cdots, T$ 求和,可以得到:

$$\sum_{t=1}^{T} (f_t(\boldsymbol{x}(t)) - f_t(\boldsymbol{x})) \leqslant \frac{1}{\eta} \cdot \underbrace{\sum_{t=1}^{T} (B(\boldsymbol{x}, \boldsymbol{x}(t)) - B(\boldsymbol{x}, \boldsymbol{x}(t+1)))}_{\text{表达式 3}} + \frac{\eta}{2\beta} \cdot \underbrace{\sum_{t=1}^{T} \|\nabla f_t(\boldsymbol{x}(t))\|_*^2}_{\text{表达式 4}}.$$

对于表达式 3,我们有:

$$\sum_{t=1}^{T} (B(\boldsymbol{x}, \boldsymbol{x}(t)) - B(\boldsymbol{x}, \boldsymbol{x}(t+1))) = B(\boldsymbol{x}, \boldsymbol{x}(1)) - \underbrace{B(\boldsymbol{x}, \boldsymbol{x}(t+1))}_{\geqslant 0} \leqslant B(\boldsymbol{x}, \boldsymbol{x}(1)).$$

现在,我们回想一下 $\boldsymbol{x}(1)$ 是 X 的迫近中心,即优化问题式(2.7)的唯一解。对于式(2.7),通过最优条件式(2.4)可以得到:

$$\nabla^\top d(\boldsymbol{x}(1)) \cdot (\boldsymbol{x} - \boldsymbol{x}(1)) \geqslant \boldsymbol{0}.$$

因此,由 Bregman 散度的定义可知:

$$B(\boldsymbol{x}, \boldsymbol{x}(1)) = d(\boldsymbol{x}) - d(\boldsymbol{x}(1)) - \underbrace{\nabla^\top d(\boldsymbol{x}(1)) \cdot (\boldsymbol{x} - \boldsymbol{x}(1))}_{\geqslant \boldsymbol{0}} \leqslant d(\boldsymbol{x}) - d(\boldsymbol{x}(1)) \leqslant D^2.$$

为了估计表达式 4,我们使用损失函数的梯度的一致界限得到:

$$\sum_{t=1}^{T} \|\nabla f_t(\boldsymbol{x}(t))\|_*^2 \leqslant \sum_{t=1}^{T} G^2 = T \cdot G^2.$$

比较表达式 3 和表达式 4 的估计值可以得到步骤 2 的证明。

步骤 3（调整步长） 对任意 $T > 0$，通过选择步长

$$\eta = \frac{D}{G} \cdot \sqrt{\frac{2\beta}{T}},$$

有

$$\mathcal{R}(T) \leqslant D \cdot G \cdot \sqrt{\frac{2}{\beta \cdot T}}。$$

步骤 3 证明 我们可以方便地取到步骤 2 中界限关于 η 的最小值。详细信息如练习 2.7所示。可以得出结论，平均后悔 $\mathcal{R}(T)$ 在 $T \to \infty$ 时，以 $1/\sqrt{T}$ 阶的速率渐近地消失。这是在线学习方法的最佳收敛速率，参见 Hazan [2016]。我们已经证明通过式(2.10)得到的决策 $\boldsymbol{x}(t)$, $t = 1, \cdots, T$ 可以达到这个速率。

2.2.2 熵设定

我们在熵设定中明确说明式(2.10)算法。之后，我们就能够有效地解决在线模式下的投资组合选择问题。

1. Manhattan 范数和最大范数

下面考虑 **Manhattan 范数**（Manhattan norm）和 $\mathbb{R}^n$ 的**最大范数**（maximum norm）：

$$\|\boldsymbol{x}\|_1 = \sum_{i=1}^{n} |x_i|, \quad \|\boldsymbol{x}\|_\infty = \max_{i=1,\cdots,n} |x_i|。$$

Manhattan 范数是向量元素的绝对值之和，而最大范数是它们的最大值。不难看出，函数 $\|\cdot\|_1$ 和 $\|\cdot\|_\infty$ 都是正定的、绝对齐次的，并且满足三角不等式。我们证明 Manhattan 范数是最大范数的对偶。首先，我们估计：

$$\boldsymbol{g}^\top \cdot \boldsymbol{x} \leqslant \sum_{i=1}^{n} |g_i| \cdot |x_i| \leqslant \max_{i=1,\cdots,n} |g_i| \cdot \sum_{i=1}^{n} |x_i| = \|\boldsymbol{g}\|_\infty \cdot \|\boldsymbol{x}\|_1。$$

因此，对偶范数是有上界的：

$$\max_{\|\boldsymbol{x}\|_1 \leqslant 1} \boldsymbol{g}^\top \cdot \boldsymbol{x} \leqslant \|\boldsymbol{g}\|_\infty \cdot \|\boldsymbol{x}\|_1 \leqslant \|\boldsymbol{g}\|_\infty。$$

但是能否达到此上界仍有待证明。为此，假设 i 是满足下式的一个索引：

$$\|\boldsymbol{g}\|_\infty = \max_{i=1,\cdots,n} |g_i| = |g_i|。$$

通过取 $\bar{x}_i = \text{sign}(g_i)$，以及对于任意 $j \neq i$ 取 $\bar{x}_j = 0$，可以得到：

$$\|\bar{\boldsymbol{x}}\|_1 = |\text{sign}(g_i)| = 1, \quad \boldsymbol{g}^\top \cdot \bar{\boldsymbol{x}} = g_i \cdot \text{sign}(g_i) = |g_i| = \|\boldsymbol{g}\|_\infty 。$$

2. 损失函数

考虑对数损失函数

$$f_t(\boldsymbol{x}) = -\ln \boldsymbol{r}^\top(t) \cdot \boldsymbol{x} 。$$

使用链式法则计算它的梯度和 Hesse 矩阵：

$$\nabla f_t(\boldsymbol{x}) = -\frac{\boldsymbol{r}(t)}{\boldsymbol{r}^\top(t) \cdot \boldsymbol{x}}, \quad \nabla^2 f_t(\boldsymbol{x}) = \frac{\boldsymbol{r}(t) \cdot \boldsymbol{r}^\top(t)}{\left(\boldsymbol{r}^\top(t) \cdot \boldsymbol{x}\right)^2} 。$$

对数损失函数的 Hesse 矩阵是半正定的，即对于任意 $\boldsymbol{x} \in \Delta$ 和 $\boldsymbol{\xi} \in \mathbb{R}^n$ 有下式成立：

$$\boldsymbol{\xi}^\top \cdot \nabla f_t^2(\boldsymbol{x}) \cdot \boldsymbol{\xi} = \boldsymbol{\xi}^\top \cdot \frac{\boldsymbol{r}(t) \cdot \boldsymbol{r}^\top(t)}{\left(\boldsymbol{r}^\top(t) \cdot \boldsymbol{x}\right)^2} \cdot \boldsymbol{\xi} = \left(\frac{\boldsymbol{r}^\top(t) \cdot \boldsymbol{\xi}}{\boldsymbol{r}^\top(t) \cdot \boldsymbol{x}}\right)^2 \geqslant 0 。$$

应用二阶导数准则式(2.3)，我们推导出 f 是凸的。现在，我们引入一个对于 $t = 1, 2, \cdots$ 时的资产回报向量的假设：

$$\rho_{\min} \leqslant \|\boldsymbol{r}(t)\|_\infty \leqslant \rho_{\max},$$

其中，函数 $\rho_{\min}, \rho_{\max}$ 分别是下界和上界。然后，损失函数的梯度变为一致有界的，即对于任意 $\boldsymbol{x} \in \Delta$ 和 $t \in \mathbb{N}$，存在：

$$\|\nabla f_t(\boldsymbol{x})\|_\infty = \left\|-\frac{\boldsymbol{r}(t)}{\boldsymbol{r}^\top(t) \cdot \boldsymbol{x}}\right\|_\infty = \frac{\|\boldsymbol{r}(t)\|_\infty}{\boldsymbol{r}^\top(t) \cdot \boldsymbol{x}} \leqslant \frac{\rho_{\max}}{\rho_{\min} \cdot \sum_{i=1}^n x_i} = \frac{\rho_{\max}}{\rho_{\min}} = G 。$$

3. 负熵

考虑单纯形上的**负熵**（negative entropy）：

$$d(\boldsymbol{x}) = \sum_{i=1}^n x_i \cdot \ln x_i, \quad \boldsymbol{x} \in \Delta 。$$

首先，可见 d 是连续可微的，其偏导数为：

$$\frac{\partial d}{\partial x_i}(\boldsymbol{x}) = \ln x_i + \frac{x_i}{x_i} = \ln x_i + 1, \quad i = 1, \cdots, n 。$$

它的 Hesse 矩阵是对角矩阵：

$$\nabla^2 d(\boldsymbol{x}) = \text{diag}\left(\frac{1}{x_1}, \cdots, \frac{1}{x_n}\right) 。$$

我们证明 d 相对于 Manhattan 范数是 1-强凸的。为此，我们应用对于强凸性的二阶导数准则式(2.6)，且设 $\beta = 1$ 以及 $\|\cdot\| = \|\cdot\|_1$：

$$\boldsymbol{\xi}^\top \cdot \nabla^2 d(\boldsymbol{x}) \cdot \boldsymbol{\xi} = \sum_{i=1}^n \frac{\xi_i^2}{x_i} \geqslant \left(\sum_{i=1}^n |\xi_i|\right)^2 = \|\boldsymbol{\xi}\|_1^2。$$

由于最后一个不等式成立的原因是

$$\sum_{i=1}^n |\xi_i| = \sum_{i=1}^n \frac{|\xi_i|}{\sqrt{x_i}} \cdot \sqrt{x_i} \leqslant \sqrt{\sum_{i=1}^n \frac{\xi_i^2}{x_i}} \cdot \sqrt{\sum_{i=1}^n x_i} = \sqrt{\sum_{i=1}^n \frac{\xi_i^2}{x_i}}。$$

熵的迫近函数（entropic prox-function）的强凸性也可以通过使用信息论中的 Pinsker 不等式来直接表示。迫近中心的计算以及熵设置中直径的估计将在后文的练习 2.4中提及：

$$\boldsymbol{x}(1) = \left(\frac{1}{n}, \cdots, \frac{1}{n}\right)^\top, \quad D \leqslant \sqrt{\ln n}。$$

4. Kullback-Leibler 散度（Kullback-Leibler divergence）

我们导出对应于单纯形上的熵的迫近函数的 Bregman 散度：

$$B(\boldsymbol{x}, \boldsymbol{y}) = d(\boldsymbol{x}) - d(\boldsymbol{y}) - \nabla^\top d(\boldsymbol{y}) \cdot (\boldsymbol{x} - \boldsymbol{y})$$

$$= \sum_{i=1}^n x_i \cdot \ln x_i - \sum_{i=1}^n y_i \cdot \ln y_i - \sum_{i=1}^n (\ln y_i + 1) \cdot (x_i - y_i)$$

$$= \sum_{i=1}^n x_i \cdot \ln x_i - \sum_{i=1}^n x_i \cdot \ln y_i = \sum_{i=1}^n x_i \cdot \ln \frac{x_i}{y_i}。$$

这就是信息论的 **Kullback-Leibler 散度**（Kullback-Leibler divergence）。还剩下要解决的问题是单纯形上的辅助优化问题式(2.9)：

$$\min_{\boldsymbol{x} \geqslant \boldsymbol{0}} \boldsymbol{c}^\top \cdot \boldsymbol{x} + B(\boldsymbol{x}, \boldsymbol{y}) = \sum_{i=1}^n c_i \cdot x_i + \sum_{i=1}^n x_i \cdot \ln \frac{x_i}{y_i} \quad \text{s.t.} \quad \sum_{i=1}^n x_i - 1 = 0,$$

其中 $\boldsymbol{y} \in \Delta$ 和 $c \in \mathbb{R}^n$ 是给定的。给等式约束引入乘子 $\mu \in \mathbb{R}$，任意元素的拉格朗日乘子法则为下式，可参见 Jongen et al. [2004]。

$$c_i + \ln \frac{x_i}{y_i} + 1 = \mu,$$

或者整理后：

$$x_i = e^{\mu-1} \cdot y_i \cdot e^{-c_i}。$$

对 $i = 1, \cdots, n$ 求和，有：

$$\sum_{i=1}^{n} x_i = e^{\mu-1} \cdot \sum_{i=1}^{n} y_i \cdot e^{-c_i}。$$

想起 $e^{\top} \cdot x = 1$，有如下关系①：

$$e^{\mu-1} = \frac{1}{\displaystyle\sum_{i=1}^{n} y_i \cdot e^{-c_i}},$$

将其代回，最终得到式(2.9)的唯一解：

$$x_i = \frac{y_i \cdot e^{-c_i}}{\displaystyle\sum_{i=1}^{n} y_i \cdot e^{-c_i}}, \quad i = 1, \cdots, n。$$

5. 在线投资组合选择

我们在投资组合选择的问题中使用式(2.10)。对于 $t = 1, 2, \cdots$ 设

$$x_i(t+1) = \frac{x_i(t) \cdot e^{\frac{\eta \cdot r_i(t)}{r^{\top}(t) \cdot x(t)}}}{\displaystyle\sum_{i=1}^{n} x_i(t) \cdot e^{\frac{\eta \cdot r_i(t)}{r^{\top}(t) \cdot x(t)}}}, \quad i = 1, \cdots, n。$$

此处，从**等权重投资组合**（equally weighted portfolio）开始：

$$x(1) = \left(\frac{1}{n}, \cdots, \frac{1}{n}\right)^{\top}。$$

一旦回报 $r(t)$ 成为已知，下一个投资组合 $x(t+1)$ 就可以确定了。请注意，这个新的投资组合 $x(t+1)$ 不仅取决于当前的迭代 $x(t)$，还取决于

$$\frac{r_i(t)}{r^{\top}(t) \cdot x(t)}, \quad i = 1, \cdots, n。$$

后者代表第 i 个资产的回报，即 $r_i(t), i = 1, \cdots, n$，在投资组合的整体回报 $r^{\top}(t) \cdot x(t)$ 内的份额。此外，让我们指定步长：

---

① 译者注：请注意此处的符号区分——e 为自然对数的底，而 e 为单位向量，因此 $e^{\top} \cdot x = \sum_{i=1}^{n} x_i$。

$$\eta = \frac{\rho_{\min}}{\rho_{\max}} \cdot \sqrt{\frac{2\ln n}{T}}。$$

由式(2.10)的收敛性分析可知：

$$\mathcal{R}(T) \leqslant \frac{\rho_{\max}}{\rho_{\min}} \cdot \sqrt{\frac{2\ln n}{T}}。$$

此式表明，平均后悔 $\mathcal{R}(T)$ 随着 $T \to \infty$ 逐渐消失。

2.3 案例分析：专家建议

本节将展示一个基于专家建议的预测模型。这是历史上第一个被提出的在线学习框架。具体来说，假设一家公司供应**同质商品**（homogeneous good）S，并反复不断地调整其零售价格 p。相应的需求 D 很难估计，并且随时间变化。这主要是由于竞争对手对市场的干预及市场可能的波动。为了应对需求的不确定性，公司就其零售定价的政策征求专家意见。我们可以简单地假设市场营销专家有获得外部信息的渠道，进而做出决策。有 n 个专家，他们每个人都在区间 $[0,\bar{p}]$ 提出了一个他们认为的最优价格 p_i。然后公司利用这些信息预测平均价格

$$\boldsymbol{p}^{\top} \cdot \boldsymbol{x} = \sum_{i=1}^{n} p_i \cdot x_i,$$

其中 $\boldsymbol{x} \in \Delta$ 是对专家可信度的分布的建模，即

$$x_i \geqslant 0, \quad i = 1, \cdots, n, \quad \sum_{i=1}^{n} x_i = 1。$$

专家可信度的调整必须以最大化公司的销售收入为目的。

$$(\boldsymbol{p}^{\top} \cdot \boldsymbol{x}) \cdot \min\{D, S\}。$$

任务 1 在在线学习的框架内陈述专家建议的问题，具体的平均后悔是怎样的？

提示 1 平均后悔是

$$\mathcal{R}(T) = \frac{1}{T} \cdot \sum_{t=1}^{T} f_t(\boldsymbol{x}(t)) - \min_{\boldsymbol{x} \in X} \frac{1}{T} \cdot \sum_{t=1}^{T} f_t(\boldsymbol{x}),$$

其中可行集和损失函数如下：

$$X = \Delta, \quad f_t(\boldsymbol{x}) = -\left(\boldsymbol{p}^{\top}(t) \cdot \boldsymbol{x}\right) \cdot \min\{D(t), S\}。$$

任务 2 用经济学术语解释平均后悔，表明信誉调整的目标是在销售收入和最佳专家上发挥作用，即

$$\mathcal{R}(T) = \max_{i=1,\cdots,n} \frac{1}{T} \cdot \sum_{t=1}^{T} p_i(t) \cdot \min\{D(t),S\} - \frac{1}{T} \cdot \sum_{t=1}^{T} \big(\boldsymbol{p}^\top(t) \cdot \boldsymbol{x}(t)\big) \cdot \min\{D(t),S\}。$$

提示 2 导出，然后对给定向量 $\boldsymbol{c} \in \mathbb{R}^n$ 使用以下恒等式：

$$\max_{\boldsymbol{x}\in\Delta} \boldsymbol{c}^\top \cdot \boldsymbol{x} = \max_{i=1,\cdots,n} c_i。$$

任务 3 针对熵设置中的专家建议问题应用式(2.10)。

提示 3 式(2.10)在熵设置中对 $t=1,2,\cdots$ 有如下关系：

$$x_i(t+1) = \frac{x_i(t) \cdot \mathrm{e}^{\eta \cdot p_i(t) \cdot \min\{D(t),S\}}}{\displaystyle\sum_{i=1}^{n} x_i(t) \cdot \mathrm{e}^{\eta \cdot p_i(t) \cdot \min\{D(t),S\}}}, \quad i=1,\cdots,n。$$

在这里，我们从等权重可信度开始 $\boldsymbol{x}(1) = \left(\dfrac{1}{n},\cdots,\dfrac{1}{n}\right)^\top$。

任务 4 通过在式(2.10)更新中指定一个适当的步长 η，推导出相应平均后悔 $\mathcal{R}(T)$ 的最佳收敛速度。

提示 4 对任意 $T>0$，有

$$\mathcal{R}(T) \leqslant S \cdot \bar{\boldsymbol{p}} \cdot \sqrt{\frac{2\ln n}{T}}。$$

2.4 练习

练习 2.1（对偶范数） 假设 $\|\cdot\|$ 是 $\mathbb{R}^n$ 上的任意范数，试证明对应的对偶范数是正定的、绝对齐次的，并且满足三角不等式：

$$\|\boldsymbol{g}\|_* = \max_{\|\boldsymbol{x}\|\leqslant 1} \boldsymbol{g}^\top \cdot \boldsymbol{x}。$$

练习 2.2（Cauchy-Schwarz 不等式） 试证明**欧几里得范数**（Euclidean norm）$\|\cdot\|_2$ 是自对偶的：

$$\|\boldsymbol{x}\|_2 = \sqrt{\sum_{i=1}^{n} x_i^2}。$$

进而得到 **Cauchy-Schwarz 不等式**（Cauchy-Schwarz inequality）：

$$\left|\boldsymbol{g}^\top \cdot \boldsymbol{x}\right| \leqslant \|\boldsymbol{g}\|_2 \cdot \|\boldsymbol{x}\|_2 \text{。} \tag{2.11}$$

练习 2.3（三点恒等式） 假设 d 是 $X \subset \mathbb{R}^n$ 上的一个迫近函数。证明能推导出 Bregman 散度的三点恒等式(2.8)，即对于任意 $x, y, z \in X$，以下关系成立：

$$B(\boldsymbol{x}, \boldsymbol{y}) - B(\boldsymbol{x}, \boldsymbol{z}) - B(\boldsymbol{z}, \boldsymbol{y}) = \left(\nabla^\top d(\boldsymbol{y}) - \nabla^\top d(\boldsymbol{z})\right) \cdot (\boldsymbol{z} - \boldsymbol{x})\text{。}$$

练习 2.4（负熵） 考虑单纯形上的熵近似函数：

$$d(\boldsymbol{x}) = \sum_{i=1}^n x_i \cdot \ln x_i, \quad \boldsymbol{x} \in \Delta\text{。}$$

计算单纯形的相应迫近中心并估计其直径：

$$\boldsymbol{x}(1) = \left(\frac{1}{n}, \cdots, \frac{1}{n}\right)^\top, \quad D \leqslant \sqrt{\ln n}\text{。}$$

练习 2.5（欧几里得设定） 详细说明在线学习的欧几里得设定。
(i) 证明 $d(\boldsymbol{x}) = \frac{1}{2} \cdot \|x\|_2^2$ 是一个关于欧几里得范数 $\|\cdot\|_2$ 的迫近函数，其凸度参数为 $\beta = 1$。我们称其为**欧几里得近似函数**（Euclidean prox-function）。
(ii) 证明 $B(\boldsymbol{x}, \boldsymbol{y}) = \frac{1}{2} \cdot \|\boldsymbol{x} - \boldsymbol{y}\|_2^2$ 是由欧几里得迫近函数 d 导出的 Bregman 散度。我们称其为**欧几里得散度**（Euclidean divergence）。

练习 2.6（投影（projection）） 设 $X \subset \mathbb{R}^n$ 是一个闭凸集。考虑使用了欧几里得散度的辅助优化问题式(2.9)：

$$\min_{\boldsymbol{x} \in X} \boldsymbol{c}^\top \cdot \boldsymbol{x} + \frac{1}{2} \cdot \|\boldsymbol{x} - \boldsymbol{y}\|_2^2,$$

其中 $\boldsymbol{y} \in X$ 和 $\boldsymbol{c} \in \mathbb{R}^n$ 是给定的。请证明这个优化问题等价于投影问题：

$$\min_{\boldsymbol{x} \in X} \|\boldsymbol{x} - (\boldsymbol{y} - \boldsymbol{c})\|_2\text{。}$$

它的唯一解称为 $\boldsymbol{y} - \boldsymbol{c}$ 在 X 上的**欧几里得投影**（Euclidean projection），即

$$\mathrm{proj}_X(\boldsymbol{y} - \boldsymbol{c}) = \arg\min_{\boldsymbol{x} \in X} \|\boldsymbol{x} - (\boldsymbol{y} - \boldsymbol{c})\|_2\text{。}$$

练习 2.7（在线梯度下降，参考 Zinkevich [2003]） 假设 $X \subset \mathbb{R}^n$ 是一个闭凸集。进一步假设其欧几里得迫近函数相应的直径 D 是有限的。此外，假设损失函数 $f_t : X \to R$ 是

连续可微的并且是凸的，并且其对于欧几里得范数的梯度 ∇f_t 具有一致边界 G。试证明欧几里得设定中的式(2.10)可以归结为所谓的**在线梯度下降**（online gradient descent）：

$$\boldsymbol{x}(t+1) = \mathrm{proj}_X(\boldsymbol{x}(t) - \eta \cdot \nabla f_t(\boldsymbol{x}(t))), \quad \boldsymbol{x}(1) = \mathrm{proj}_X(0)。 \tag{2.12}$$

通过适当选择步长 η，推导出对应于平均后悔的最佳收敛速度，即对于任意 $T > 0$，以下公式成立：

$$\mathcal{R}(T) \leqslant D \cdot G \cdot \sqrt{\frac{2}{T}}。$$

第3章 推荐系统

推荐系统（recommendation system）要实现的目的是预测用户对尚未消费的产品的兴趣程度，然后，它会根据预测向用户提供最具吸引力的产品。典型的推荐服务包括视频网站、音乐软件等提供的视频和音乐，电商平台提供的消费品，以及社交网站的社交内容。推荐系统的主要任务是帮助管理用户的信息过载，具体来说，就是从海量纷繁复杂的产品中选出一些与用户相关的并推送给他们。为了生成适当的预测，本章使用了**信息检索**（information retrieval）的数学方法。在本章中，我们将讨论**协同过滤**（collaborative filtering）技术并将其应用于**电影评分**（movie ratings）的预测以及文档中**潜在语义**（latent semantics）的分析。我们还详细阐述了基于近邻和模型的协同过滤方法。在基于近邻的方法中，我们引入了**相似性度量**（similarity measures）并描述了 **k-近邻**（k-nearest neighbors）算法。基于模型的方法使用**奇异值分解**（singular value decomposition）的线性代数算法。奇异值分解能够发现用户选择行为的隐藏模式。在奇异值分解上叠加一个低秩模型后，预测问题就变成了优化问题。为了解决这一低秩近似问题，我们使用了著名的梯度下降优化算法。低秩近似的矩阵分解就是梯度下降算法的一个有效应用。

3.1 研究动因：Netflix 大赛

2006 年，网飞公司（Netflix）公开征集一个可以根据用户历史评分来预测电影评分的最佳推荐系统。这场比赛也被称为 **Netflix 大赛**（Netflix prize），在后来的几年吸引了很多关注，并为数据科学研究界做出了重大贡献。比赛的主要难点是 Netflix 没有提供除了电影评分以外的关于用户或电影的任何信息。在 Netflix 发布电影评分后，参赛者的任务是预测特定用户-电影组合缺失的评分。为此，Netflix 提供了一个庞大的数据集，其中包含480,189 位用户对 17,770 部电影的 100,480,507 个评分记录。测试评价的**数据集**（qualifying set）包含 2 817 131 个没有评分的用户-电影组合，只有评审方知道。参赛团队的算法必须预测测试评价数据集里全部的缺失评分。2009 年，Netflix 宣布团队 "BellKor's Pragmatic Chaos" 成为获奖者。他们的算法在测试评价数据集上的效果比 Netflix 自己的基准算法 Cinemaatch 提高了 10%。

让我们对这一问题进行数学建模。推荐系统依赖先前由 n 个用户给出的 m 部电影的评分。这些信息存储在一个 $n \times m$ **评分矩阵**（rating matrix）$\boldsymbol{R} = (r_{ij})$ 中。这一矩阵第 i 行第 j 列中的元素 r_{ij} 表示用户 i 对电影 j 的评分。例如，我们给出以下这个评分从 1 到 5 的 Netflix 矩阵：

$$
\boldsymbol{R} = \begin{array}{c|cccc}
 & \text{M1} & \text{M2} & \text{M3} & \text{M4} \\
\hline
\text{U1} & 5 & 3 & - & 1 \\
\text{U2} & 4 & - & - & 1 \\
\text{U3} & 1 & 1 & - & 5 \\
\text{U4} & 1 & - & - & 4 \\
\text{U5} & - & 1 & 5 & 4
\end{array}
$$

矩阵 $\boldsymbol{R}$ 的第 i 行包含第 i 个用户对每部电影的评分。$\boldsymbol{R}$ 的第 j 列则由用户给的第 j 部电影的评分组成。注意，如果第 i 个用户尚未给第 j 个电影打分，则元素 r_{ij} 缺失。推荐系统的主要目标是通过考虑已有的评分来合理地推断以填满缺失的评分。此任务传统上是通过分析用户-物品交互来解决的[①]。这个预测过程被称为协同过滤。协同过滤的思想是，虽然评分是由多个用户分别单独给出的，但他们的选择行为却是以某些经过群体验证的模式为基础的。设计协同过滤方法的主要挑战是底层的评分矩阵 $\boldsymbol{R}$ 是**稀疏**（sparse）的。事实上，大多数用户只会观看海量电影中的一小部分，所以大多数评分都是缺失的。尽管如此，如果用户提出电影推荐的需求，Netflix 等电影网站仍然应该能够提供一个有吸引力的选项。

3.2　研究结果

3.2.1　基于近邻的方法

最早出现的一个简单直接的协同过滤方法是**基于近邻**（neighboring-based）的方法，参见 Aggarwal et al. [2016]。这一方法假设相似的用户会表现出相似的评分行为模式，相似的物品也会得到相似的评分。它的基本思想是首先确定与目标用户相似的用户，并为相应的缺失的评分推荐这个相似用户组对该物品评分的加权平均值。让我们用数学术语来表达这个想法。

1. 相似性度量

首先，让我们介绍用户 i 和 l 之间的相似性度量 $\text{Sim}(i,l)$。为此，我们考虑第 i 个用户评过分的那些电影：

---

① 译者注：item 此处翻译为"物品"，指代的是推荐系统所推荐的实体，如电影、新闻、商品和音乐等。

$$M_i = \{j \in \{1, \cdots, m\} | r_{ij} \text{ 是有评分的}\} \text{。}$$

对于两个用户 i 和 l，使用两人均评过分的电影集合 $M_i \cap M_l$ 来计算它们之间的相似度。将用户 i 和 l 之间的**余弦相似度**（cosine similarity）定义为：

$$\cos(\boldsymbol{r}_i, \boldsymbol{r}_l) = \frac{\displaystyle\sum_{j \in M_i \cap M_l} r_{ij} \cdot r_{lj}}{\sqrt{\displaystyle\sum_{j \in M_i \cap M_l} r_{ij}^2} \cdot \sqrt{\displaystyle\sum_{j \in M_i \cap M_l} r_{lj}^2}} \text{。}$$

余弦相似度衡量相应评分向量之间的角度：

$$\boldsymbol{r}_i = (r_{ij}, j \in M_i \cap M_l)^\top, \quad \boldsymbol{r}_l = (r_{lj}, j \in M_i \cap M_l)^\top \text{。}$$

使用标量积和欧几里得范数，有：

$$\cos(\boldsymbol{r}_i, \boldsymbol{r}_l) = \frac{\boldsymbol{r}_i^\top \cdot \boldsymbol{r}_l}{\|\boldsymbol{r}_i\|_2 \cdot \|\boldsymbol{r}_l\|_2} \text{。}$$

另一种常用的相似性度量是 Pearson 相关系数。为此，我们首先定义用户 i 和 l 的平均评分：

$$\mu_i = \frac{1}{|M_i \cap M_l|} \cdot \sum_{j \in M_i \cap M_l} r_{ij}, \mu_l = \frac{1}{|M_i \cap M_l|} \cdot \sum_{j \in M_i \cap M_l} r_{lj},$$

我们用 $|M_i \cap M_l|$ 表示两人均评分的电影数量。用户 i 和 l 之间的 Pearson 相关系数定义为

$$\text{Pearson}(\boldsymbol{r}_i, \boldsymbol{r}_l) = \frac{\displaystyle\sum_{j \in M_i \cap M_l} (r_{ij} - \mu_i) \cdot (r_{lj} - \mu_l)}{\sqrt{\displaystyle\sum_{j \in M_i \cap M_l} (r_{ij} - \mu_i)^2} \cdot \sqrt{\displaystyle\sum_{j \in M_i \cap M_l} (r_{lj} - \mu_l)^2}} \text{。}$$

它还可以用统计术语等效地重写为

$$\text{Pearson}(\boldsymbol{r}_i, \boldsymbol{r}_l) = \frac{\sigma_{il}}{\sigma_i \cdot \sigma_l},$$

其中 σ_{il} 代表评分向量 $\boldsymbol{r}_i$ 和 $\boldsymbol{r}_l$ 的协方差，而 σ_i，σ_l 分别代表它们的标准差。与余弦相似性相反，Pearson 相关系数在平均评分上是**没有偏差**（not biased）的。这种调整解释了用户在他们的选择行为中表现出不同的慷慨程度的事实。

2. k-近邻

我们选定用户 i 和 l 之间的相似性度量 $\text{Sim}(i, l)$——可以是余弦相似性或 Pearson 相关系数。下面在此基础上介绍名为 k-近邻的推荐算法。k-近邻算法的工作方式与我们中有

一些人向我们的朋友询问电影推荐的方式非常相似。首先，我们从与我们有共同品味的用户开始，然后我们请他们中的一群人向我们推荐一些影片。这里称这些人是我们的"邻居"。如果他们中许多人的推荐相同，我们会通过推断认为自己也会喜欢这些影片。接下来尝试用数学的形式描述这个过程。为此，我们假设第 i 个用户尚且没有点评过第 j 个电影，因此 r_{ij} 是缺失的。我们考虑那些评价过第 j 个电影的用户群：

$$U_j = \{l \in \{1, \cdots, n\} | r_{lj} \text{为确定值}\}。$$

假设集合 U 非空，并用 $n_j = |U_j| > 0$ 表示它的基数。按照用户与第 i 个用户的相似度降序对 U_j 中的用户进行排序，即

$$U_j = \{l_1, \cdots, l_{n_j}\} \quad \text{且} \quad \text{Sim}(i, l_1) \geqslant \cdots \geqslant \text{Sim}(i, l_{n_j})。$$

现在选择第 i 个用户的至多 k 个最近邻居：

$$N_j(i) = \left\{l_1, \cdots, l_{\min\{k, n_j\}}\right\}。$$

最后，将第 j 个电影的缺失评分设置为第 i 个用户的 k 个最近邻居相应给出的评分的加权和：

$$r_{ij} = \sum_{l \in N_j(i)} \frac{\text{Sim}(i, l)}{\sum\limits_{l \in N_j(i)} |\text{Sim}(i, l)|} \cdot r_{lj}。 \tag{3.1}$$

对上面的 Netflix 矩阵 $\boldsymbol{R}$ 应用 2-近邻算法（即 $k = 2$），且对用户使用余弦相似性度量。由此可将基于近邻的矩阵补全如下，参见后文的练习 3.1：

$$\boldsymbol{R}_{\text{neighbor}} = \begin{pmatrix} & \boxed{\text{M1}} & \boxed{\text{M2}} & \boxed{\text{M3}} & \boxed{\text{M4}} \\ \boxed{\text{U1}} & 5 & 3 & \mathbf{5.00} & 1 \\ \boxed{\text{U2}} & 4 & \mathbf{1.99} & \mathbf{5.00} & 1 \\ \boxed{\text{U3}} & 1 & 1 & \mathbf{5.00} & 5 \\ \boxed{\text{U4}} & 1 & \mathbf{1.00} & \mathbf{5.00} & 4 \\ \boxed{\text{U5}} & \mathbf{2.50} & 1 & 5 & 4 \end{pmatrix}。$$

基于近邻的方法的优点是它们易于实现并且产生的推荐结果通常易于解释。然而，正如我们从例子中可见的，式(3.1)的方法也有一些缺点。首先，当两个用户之间共同评价过的电影数量很少时，这种稀疏性会导致难以确保相似性计算的**稳健性**（robustness，或称健壮性）。不幸的是，这种情况在 Netflix 的应用中经常发生。如上文所示，电影 M3 从用户 U1~U4 得到的推荐评分是相同的，只是因为用户 U5 的评分。其次，式(3.1)并没有揭示用

户选择行为背后的共同行为模式。事实上,它的预测阶段是局限于用户的,且需要在预测开始之前先明确用户的邻居是谁。这种方法没有预先为预测专门建立的模型,而是通过一个预处理阶段,这也是为确保有效实现算法所必需的。为了克服这个基本缺点,我们需要另外一种协同过滤方法。

3.2.2 基于模型的方法

基于模型(model-based)的协同过滤使用已有的评分数据来估计预测模型,例如 Aggarwal et al. [2016]。模型是预先建立的,即建模阶段与预测阶段明显分开。在 Netflix 的应用场景中,建模基于这样一种思想,即用户在给电影评分时只关注几个**重要特征**(feature)。显然,几乎所有用户在对电影进行评分时都是根据一种大体一致的评估方案来评分的。对于所有已知的评分来说,它们可能只与几个特征相关,可能是电影的类型、参演的知名演员、特殊的拍摄地点、激动人心的电影剧本或优秀的导演等。这种观点使得我们可以以特定方式将用户选择行为的**结构特性**(structural properties)整合到模型中。在随后开始的预测阶段,底层模型的参数将通过优化技术来学习。

1. 奇异值分解

为了建立预测模型,我们暂时假设 $n \times m$ 的评分矩阵 $\boldsymbol{R}$ 的所有元素均为已知的。如何才能揭示这些评级背后的隐藏模式呢?接下来,我们想要确定 m 部电影的特征,且有 n 个用户根据这些特征为它们评分。这是可以通过一个名为奇异值分解的线性代数技术完成的,参见 Lancaster [1969]。对于评分矩阵 $\boldsymbol{R}$,写出**奇异值分解**(singular value decomposition)的简化形式:

$$\boldsymbol{R} = \boldsymbol{U} \cdot \boldsymbol{\Sigma} \cdot \boldsymbol{V} \text{。} \tag{3.2}$$

这里,$\boldsymbol{U} = (u_{ik})$ 是一个由正交列向量组成的 $n \times r$ 维矩阵,而 $\boldsymbol{V} = (v_{kj})$ 是一个由正交行向量组成的 $r \times m$ 维矩阵。如果用 $\boldsymbol{I}$ 表示单位矩阵,则有:

$$\boldsymbol{U}^\top \cdot \boldsymbol{U} = \boldsymbol{I}, \quad \boldsymbol{V} \cdot \boldsymbol{V}^\top = \boldsymbol{I} \text{。}$$

$\boldsymbol{\Sigma}$ 是一个 $r \times r$ 维的对角矩阵,即

$$\boldsymbol{\Sigma} = \text{diag}(\sigma_1, \cdots, \sigma_r),$$

其对角线上的元素 σ_i,$i = 1, \cdots, r$ 称为**奇异值**(singular values),且均为正。一般来说,我们可以按非递减次序对它们排序:

$$\sigma_1 \geqslant \cdots \geqslant \sigma_r > 0 \text{。}$$

正奇异值的个数 r 对应矩阵 $\boldsymbol{R}$ 的秩，即

$$r = \text{rank}(\boldsymbol{R})。$$

让我们从**潜在特征**（latent features）的角度来解释奇异值分解。$\boldsymbol{U}$ 可以视为一个"用户-特征评分"的矩阵，其元素 u_{ik} 是第 i 个用户给第 k 个特征的评分。$\boldsymbol{V}$ 可以看作一个"电影-特征"的矩阵，其元素 v_{kj} 刻画了第 j 个电影中第 k 个特征的特点。奇异值 σ_k 表示第 k 个特征对所有用户而言的重要性，即权重。通过计算式(3.2)的矩阵乘积，我们得到第 i 个用户为第 j 个电影的评分为加权和：

$$r_{ij} = \sum_{k=1}^{r} \sigma_k \cdot u_{ik} \cdot v_{kj},$$

其中，r 为特征的总数量。总而言之，潜在特征揭示了用户选择行为背后的隐藏模式。

2. 左右奇异向量

先来推导式(3.2)。我们首先分别证明对于 $1, \cdots, \min\{n, m\}$，矩阵 $\boldsymbol{R}$ 的**左、右奇异向量**（left- and right- singular vectors）$\boldsymbol{u}_i \in \mathbb{R}^n$ 和 $\boldsymbol{v}_i \in \mathbb{R}^m$ 的存在性。它们应该满足：

$$\boldsymbol{R} \cdot \boldsymbol{v}_i = \sigma_i \cdot \boldsymbol{u}_i, \quad \boldsymbol{R}^\top \cdot \boldsymbol{u}_i = \sigma_i \cdot \boldsymbol{v}_i,$$

同时两两之间相互正交：

$$\boldsymbol{u}_i^\top \cdot \boldsymbol{u}_j = \boldsymbol{v}_i^\top \cdot \boldsymbol{v}_j = \begin{cases} 1, & i = j, \\ 0, & i \neq j。 \end{cases}$$

给定 k 对左右奇异向量 $(\boldsymbol{u}_i, \boldsymbol{v}_i)$，$i = 1, \cdots, k$。那么如何构造第 $(k+1)$ 对奇异向量呢？应用以下变分原理：

$$\max_{\boldsymbol{u}, \boldsymbol{v} \in \mathbb{R}^n} \sigma(\boldsymbol{u}, \boldsymbol{v}) = \boldsymbol{u}^\top \cdot \boldsymbol{R} \cdot \boldsymbol{v} \quad \text{s.t.} \quad \begin{cases} \text{(i)} \ \boldsymbol{u}^\top \cdot \boldsymbol{u} = \boldsymbol{v}^\top \cdot \boldsymbol{v} = 1, \\ \text{(ii)} \ \boldsymbol{u}_i^\top \cdot \boldsymbol{u} = \boldsymbol{v}_i^\top \cdot \boldsymbol{v} = 0, \quad i = 1, \cdots, k。 \end{cases}$$

我们希望通过解决这个优化问题，找到新的左右奇异向量对 $(\boldsymbol{u}, \boldsymbol{v})$，一方面它们与之前的 k 个正交，另一方面能将奇异值 $\sigma(\boldsymbol{u}, \boldsymbol{v})$ 最大化。请注意，$\sigma(\boldsymbol{u}, \boldsymbol{v})$ 的最大值必须是非负的。因为如果它是负的，单独改变 $\boldsymbol{u}$ 或 $\boldsymbol{v}$ 的符号会使它为正，因而它的值可以变得更大。此外，我们为上述等式的约束 (i) 引入乘子 $\lambda, \mu \in \mathbb{R}$，为约束 (ii) 引入 $\lambda_i, \mu_i \in \mathbb{R}$，其中 $i = 1, \cdots, k$。相应的拉格朗日乘子规则如下，参见 Jongen et al. [2004]：

$$\nabla \sigma(\boldsymbol{u}, \boldsymbol{v}) = \lambda \cdot \nabla \left(\boldsymbol{u}^\top \cdot \boldsymbol{u} \right) + \mu \cdot \nabla \left(\boldsymbol{v}^\top \cdot \boldsymbol{v} \right) + \sum_{i=1}^{k} \lambda_i \cdot \nabla \left(\boldsymbol{u}_i^\top \cdot \boldsymbol{u} \right) + \sum_{i=1}^{k} \mu_i \cdot \left(\nabla \boldsymbol{v}_i^\top \cdot \boldsymbol{v} \right)。$$

计算梯度后，可以得到

$$\text{(a)} \ \boldsymbol{R} \cdot \boldsymbol{v} = 2 \cdot \lambda \cdot \boldsymbol{u} + \sum_{i=1}^{k} \lambda_i \cdot \boldsymbol{u}_i, \quad \text{(b)} \ \boldsymbol{R}^{\top} \cdot \boldsymbol{u} = 2 \cdot \mu \cdot \boldsymbol{v} + \sum_{i=1}^{k} \mu_i \cdot \boldsymbol{v}_i \text{。}$$

将上述方程 (a) 乘以 $\boldsymbol{u}^{\top}$，方程 (b) 乘以 $\boldsymbol{v}^{\top}$：

$$\underbrace{\boldsymbol{u}^{\top} \cdot \boldsymbol{R} \cdot \boldsymbol{v}}_{=\sigma(\boldsymbol{u},\boldsymbol{v})} = 2 \cdot \lambda \cdot \underbrace{\boldsymbol{u}^{\top} \cdot \boldsymbol{u}}_{=1} + \sum_{i=1}^{k} \lambda_i \cdot \underbrace{\boldsymbol{u}^{\top} \cdot \boldsymbol{u}_i}_{=0}, \quad \underbrace{\boldsymbol{v}^{\top} \cdot \boldsymbol{R}^{\top} \cdot \boldsymbol{u}}_{=\sigma(\boldsymbol{u},\boldsymbol{v})} = 2 \cdot \mu \cdot \underbrace{\boldsymbol{v}^{\top} \cdot \boldsymbol{v}}_{=1} + \sum_{i=1}^{k} \mu_i \cdot \underbrace{\boldsymbol{v}^{\top} \cdot \boldsymbol{v}_i}_{=0} \text{。}$$

因此，得到两个拉格朗日乘子：

$$\sigma(\boldsymbol{u},\boldsymbol{v}) = 2 \cdot \lambda = 2 \cdot \mu \text{。}$$

接下来，将方程 (a) 乘以 $\boldsymbol{u}_i^{\top}$，将方程 (b) 乘以 $\boldsymbol{v}_i^{\top}$，对于 $i = 1, \cdots, k$：

$$\boldsymbol{u}_i^{\top} \cdot \boldsymbol{R} \cdot \boldsymbol{v} = 2 \cdot \lambda \cdot \boldsymbol{u}_i^{\top} \cdot \boldsymbol{u} + \boldsymbol{u}_i^{\top} \cdot \left(\sum_{i=1}^{k} \lambda_i \cdot \boldsymbol{u}_i \right), \quad \boldsymbol{v}_i^{\top} \cdot \boldsymbol{R}^{\top} \cdot \boldsymbol{u} = 2 \cdot \mu \cdot \boldsymbol{v}_i^{\top} \cdot \boldsymbol{v} + \boldsymbol{v}_i^{\top} \cdot \left(\sum_{i=1}^{k} \mu_i \cdot \boldsymbol{v}_i \right) \text{。}$$

对 (i) 和 (ii) 做简化后，我们得到：

$$\boldsymbol{u}_i^{\top} \cdot \boldsymbol{R} \cdot \boldsymbol{v} = \lambda_i, \quad \boldsymbol{v}_i^{\top} \cdot \boldsymbol{R}^{\top} \cdot \boldsymbol{u} = \mu_i \text{。}$$

我们利用 $\boldsymbol{u}_i$ 和 $\boldsymbol{v}_i$ 分别是 $\boldsymbol{R}$ 的左奇异向量和右奇异向量的事实，可以得出：

$$\lambda_i = \underbrace{\boldsymbol{u}_i^{\top} \cdot \boldsymbol{R}}_{=\sigma_i \cdot \boldsymbol{v}_i^{\top}} \cdot \boldsymbol{v} = \sigma_i \cdot \underbrace{\boldsymbol{v}_i^{\top} \cdot \boldsymbol{v}}_{=0} = 0, \quad \mu_i = \underbrace{\boldsymbol{v}_i^{\top} \cdot \boldsymbol{R}^{\top}}_{=\sigma_i \cdot \boldsymbol{u}_i^{\top}} \cdot \boldsymbol{u} = \sigma_i \cdot \underbrace{\boldsymbol{u}_i^{\top} \cdot \boldsymbol{u}}_{=0} = 0 \text{。}$$

由此可知其他拉格朗日乘子为

$$\lambda_i = \mu_i = 0 \text{。}$$

总之，将导出的拉格朗日乘子代入方程 (a) 和 (b)，可得：

$$\boldsymbol{R} \cdot \boldsymbol{v} = \sigma(\boldsymbol{u},\boldsymbol{v}) \cdot \boldsymbol{u}, \quad \boldsymbol{R}^{\top} \cdot \boldsymbol{u} = \sigma(\boldsymbol{u},\boldsymbol{v}) \cdot \boldsymbol{v} \text{。}$$

最后，我们通过如下设定找到下一个，即第 $(k+1)$ 个左和右奇异向量对：

$$\boldsymbol{u}_{k+1} = \boldsymbol{u}, \quad \boldsymbol{v}_{k+1} = \boldsymbol{v}, \quad \sigma_{k+1} = \sigma(\boldsymbol{u},\boldsymbol{v}) \text{。}$$

注意，利用上述方法最多可以构造 $\min\{n,m\}$ 对左右奇异向量。事实上，由于维度的原因，如果我们尝试计算第 $(\min\{n,m\}+1)$ 对奇异向量，则会在上述优化问题中得到空的可行集。

3. 降维

我们以矩阵形式写出定义了左奇异向量和右奇异向量的方程组[①]：

$$\boldsymbol{R} \cdot \boldsymbol{V}^\top = \boldsymbol{U} \cdot \boldsymbol{\Sigma}, \quad \boldsymbol{R}^\top \cdot \boldsymbol{U} = \boldsymbol{V}^\top \cdot \boldsymbol{\Sigma},$$

其中有

$$\boldsymbol{U}^\top \cdot \boldsymbol{U} = \boldsymbol{V} \cdot \boldsymbol{V}^\top = \boldsymbol{I}。$$

分别讨论以下情况。

（1）$m \leqslant n$ 时，且有以下表示：

$$\boldsymbol{U} = (\boldsymbol{u}_1, \cdots, \boldsymbol{u}_m), \quad \boldsymbol{V} = (\boldsymbol{v}_1, \cdots, \boldsymbol{v}_m)^\top, \quad \boldsymbol{\Sigma} = \mathrm{diag}(\sigma_1, \cdots, \sigma_m)。$$

由于 $\boldsymbol{V}$ 的行是正交且线性无关的，所以 $m \times m$ 维的矩阵 $\boldsymbol{V}$ 是**正则**（regular）矩阵。对于它的逆，我们有：

$$\boldsymbol{V}^{-1} = \boldsymbol{V}^{-1} \cdot \underbrace{\boldsymbol{V} \cdot \boldsymbol{V}^\top}_{=\boldsymbol{I}} = \underbrace{\boldsymbol{V}^{-1} \cdot \boldsymbol{V}}_{=\boldsymbol{I}} \cdot \boldsymbol{V}^\top = \boldsymbol{V}^\top。$$

因此，$\boldsymbol{V}$ 的逆矩阵与其转置矩阵相等。因此，我们已经证明矩阵 $\boldsymbol{V}$ 是**正交**（orthogonal）的，即

$$\boldsymbol{V} \cdot \boldsymbol{V}^\top = \boldsymbol{V}^\top \cdot \boldsymbol{V} = \boldsymbol{I}。$$

现在，我们就可以导出奇异值分解如下：

$$\boldsymbol{R} = \boldsymbol{R} \cdot \underbrace{\boldsymbol{V}^\top \cdot \boldsymbol{V}}_{=\boldsymbol{I}} = \underbrace{\boldsymbol{R} \cdot \boldsymbol{V}^\top}_{=\boldsymbol{U} \cdot \boldsymbol{\Sigma}} \cdot \boldsymbol{V} = \boldsymbol{U} \cdot \boldsymbol{\Sigma} \cdot \boldsymbol{V}。$$

（2）$m > n$ 时，且有以下表示：

$$\boldsymbol{U} = (\boldsymbol{u}_1, \cdots, \boldsymbol{u}_n), \quad \boldsymbol{V} = (\boldsymbol{v}_1, \cdots, \boldsymbol{v}_n)^\top, \quad \boldsymbol{\Sigma} = \mathrm{diag}(\sigma_1, \cdots, \sigma_n)。$$

由于 $\boldsymbol{U}$ 的列是正交且线性无关的，所以 $n \times n$ 维的矩阵 $\boldsymbol{U}$ 是正则矩阵。对于它的逆，我们有：

$$\boldsymbol{U}^{-1} = \underbrace{\boldsymbol{U}^\top \cdot \boldsymbol{U}}_{=\boldsymbol{I}} \cdot \boldsymbol{U}^{-1} = \boldsymbol{U}^\top \cdot \underbrace{\boldsymbol{U} \cdot \boldsymbol{U}^{-1}}_{=\boldsymbol{I}} = \boldsymbol{U}^\top。$$

因此，$\boldsymbol{U}$ 的逆矩阵与其转置矩阵相等。由此，我们已经证明矩阵 $\boldsymbol{U}$ 是**正交**的，即

$$\boldsymbol{U}^\top \cdot \boldsymbol{U} = \boldsymbol{U} \cdot \boldsymbol{U}^\top = \boldsymbol{I}。$$

[①] 请在本章中区分 $\boldsymbol{V}$ 和 $\boldsymbol{v}$，以及 $\boldsymbol{U}$ 和 $\boldsymbol{u}$。

现在，我们就可以导出奇异值分解如下：

$$R = \underbrace{U \cdot U^\top}_{=I} \cdot R = U \cdot \left(\underbrace{R^\top \cdot U}_{=V^\top \cdot \Sigma} \right)^\top = U \cdot (V^\top \cdot \Sigma)^\top = U \cdot \Sigma \cdot V。$$

进一步地，假设正的奇异值的个数为 $r \leqslant \min\{n, m\}$，即

$$\sigma_1 \geqslant \cdots \geqslant \sigma_r > \sigma_{r+1} = \cdots = \sigma_{\min\{n,m\}} = 0。$$

由此，我们可以写出奇异值分解的降维形式：

$$R = U \cdot \Sigma \cdot V = (U, \star) \cdot \begin{pmatrix} \Sigma & 0 \\ 0 & 0 \end{pmatrix} \cdot \begin{pmatrix} V \\ \star \end{pmatrix} = U \cdot \Sigma \cdot V,$$

这就是降维版本的奇异值分解式(3.2)。

4. 秩和正奇异值

现在我们仍然需要把矩阵 R 的秩与其正奇异值的数量 r 关联起来。我们即将证明以下关系成立：

$$r = \text{rank}(R)。$$

首先考虑 $m \leqslant n$ 的情况。先回想一下，矩阵 R 的秩是其线性无关的列的最大数量。因此，它等于 R 的**值域**（range）[①]的维度，即：

$$\text{rank}(R) = \dim(\text{range}(R)),$$

其中

$$\text{range}(R) = \{R \cdot v | v \in \mathbb{R}^m\}。$$

特别地，考虑满足 $\sigma_i > 0$ 的前 r 个左奇异向量和右奇异向量，有：

$$R \cdot \left(\frac{1}{\sigma_i} \cdot v_i \right) = u_i, \quad i = 1, \cdots, r。$$

R 的值域包含至少 r 个线性无关向量 u_i，即

$$\dim(\text{range}(R)) \geqslant r。$$

① 译者注：矩阵 R 的"值域"为矩阵 R 的列向量的线性组合，或列向量张成的空间。

再来考虑满足 $\sigma_i = 0$ 的最后 $(m - r)$ 个左奇异向量和右奇异向量，有：

$$\boldsymbol{R} \cdot \boldsymbol{v}_i = 0, \quad i = r+1, \cdots, m。$$

利用 $\boldsymbol{R}$ 的**零空间**（nullspace）的概念来解释上式，就是：

$$\boldsymbol{v}_i \in \text{null}(\boldsymbol{R}) = \{\boldsymbol{v} \in \mathbb{R}^m | \boldsymbol{R} \cdot \boldsymbol{v} = \boldsymbol{0}\}, \quad i = r+1, \cdots, m。$$

$\boldsymbol{R}$ 的零空间至少包括 $(m - r)$ 个线性无关向量 $\boldsymbol{v}_i$，即

$$\dim(\text{null}(\boldsymbol{R})) \geqslant m - r。$$

最后再利用一个等式关系，参见 Lancaster [1969]，可得：

$$\dim(\text{range}(\boldsymbol{R})) + \dim(\text{null}(\boldsymbol{R})) = m。$$

当 $m > n$ 时，可以用相似的方法处理矩阵 $\boldsymbol{R}^\top$，联想到转置前后矩阵的秩不变，可知：

$$\text{rank}(\boldsymbol{R}) = \text{rank}\left(\boldsymbol{R}^\top\right)。$$

5. 低秩近似

我们再将注意力转向如何预测评分矩阵 $\boldsymbol{R} = (r_{ij})$ 中可能的缺失评分这一关键问题。为此，我们构建了一个 $n \times m$ 维的近似矩阵 $\boldsymbol{A} = (a_{ij})$. $\boldsymbol{R}$ 中缺失的评分将由 $\boldsymbol{A}$ 中的对应位置的元素来预测。$\boldsymbol{R}$ 中给出的评分应该被 $\boldsymbol{A}$ 中的相应元素尽可能地逼近，差距越小越好。它们的平方差之和可以衡量这种近似的质量好坏：

$$\sqrt{\sum_{(i,j) \in S} (r_{ij} - a_{ij})^2},$$

其中已知评分的用户-电影对存储在以下集合中：

$$S = \{(i, j) | r_{ij} \text{为已知评分}\}。$$

此外，我们希望限定近似矩阵 $\boldsymbol{A}$ 的秩如下：

$$\text{rank}(\boldsymbol{A}) = s。$$

这样，我们就对用户的选择行为施加了某种模式的限制，也就是说，假设用户在给电影评分时，只关注电影的 s 个潜在特征。综上所述，我们要解决的问题就是对 $\boldsymbol{R}$ 的**低秩近似**（low-rank approximation）问题：

$$\min_{\boldsymbol{A} = (a_{ij})} \sqrt{\sum_{(i,j) \in S} (r_{ij} - a_{ij})^2} \quad \text{s.t.} \quad \text{rank}(\boldsymbol{A}) = s。 \tag{3.3}$$

下面我们将证明低秩近似方法的合理性，并讨论如何有效地解决式(3.3)的优化问题。

6. Frobenius 范数（Frobenius norm）

我们使用一个特定的矩阵范数作为我们分析式(3.3)的主要工具。这个范数就是 **Frobenius 范数**（Frobenius norm），对于一个 $n \times m$ 维的矩阵 $\boldsymbol{B} = (b_{ij})$，它的 Frobenius 范数定义为它全部元素的平方和的平方根：

$$\|\boldsymbol{B}\|_F = \sqrt{\sum_{j=1}^{m} \sum_{i=1}^{n} b_{ij}^2}。$$

下面我们研究如何将其写为矩阵形式，首先我们计算 $m \times m$ 维的矩阵 $\boldsymbol{B}^\top \cdot \boldsymbol{B}$ 的对角线上的第 j 元素：

$$\left(\boldsymbol{B}^\top \cdot \boldsymbol{B}\right)_{jj} = (b_{1j}, \cdots, b_{nj}) \cdot \begin{pmatrix} b_{1j} \\ \vdots \\ b_{nj} \end{pmatrix} = \sum_{i=1}^{n} b_{ij}^2。$$

对上面的各项 $j = 1, \cdots, m$ 求和，我们可以得到 $\boldsymbol{B}^\top \cdot \boldsymbol{B}$ 的迹为：

$$\operatorname{trace}\left(\boldsymbol{B}^\top \cdot \boldsymbol{B}\right) = \sum_{j=1}^{m} \left(\boldsymbol{B}^\top \cdot \boldsymbol{B}\right)_{jj} = \sum_{j=1}^{m} \sum_{i=1}^{n} b_{ij}^2。$$

上式需要回顾，二维矩阵的**迹**（trace）的定义是其对角线上项的总和。类似地，对于 $n \times n$ 维矩阵 $\boldsymbol{B} \cdot \boldsymbol{B}^\top$ 的迹，有：

$$\operatorname{trace}\left(\boldsymbol{B} \cdot \boldsymbol{B}^\top\right) = \sum_{i=1}^{n} \left(\boldsymbol{B} \cdot \boldsymbol{B}^\top\right)_{ii} = \sum_{i=1}^{n} \sum_{j=1}^{m} b_{ij}^2。$$

将这两个式子与 Frobenius 范数相比较，可以得到：

$$\|B\|_F = \sqrt{\operatorname{trace}\left(\boldsymbol{B}^\top \cdot \boldsymbol{B}\right)} = \sqrt{\operatorname{trace}\left(\boldsymbol{B} \cdot \boldsymbol{B}^\top\right)}。$$

从此处推导出 Frobenius 范数在正交变换下是不变的，即：

$$\|\boldsymbol{U} \cdot \boldsymbol{B} \cdot \boldsymbol{V}\|_F^2 = \operatorname{trace}\left((\boldsymbol{U} \cdot \boldsymbol{B} \cdot \boldsymbol{V})^\top \cdot \boldsymbol{U} \cdot \boldsymbol{B} \cdot \boldsymbol{V}\right) = \operatorname{trace}\left(\boldsymbol{V}^\top \cdot \boldsymbol{B}^\top \cdot \underbrace{\boldsymbol{U}^\top \cdot \boldsymbol{U}}_{=I} \cdot \boldsymbol{B} \cdot \boldsymbol{V}\right)$$

$$= \operatorname{trace}\left((\boldsymbol{B} \cdot \boldsymbol{V})^\top \cdot \boldsymbol{B} \cdot \boldsymbol{V}\right) = \operatorname{trace}\left(\boldsymbol{B} \cdot \boldsymbol{V} \cdot (\boldsymbol{B} \cdot \boldsymbol{V})^\top\right)$$

$$= \operatorname{trace}\left(\boldsymbol{B} \cdot \underbrace{\boldsymbol{V} \cdot \boldsymbol{V}^\top}_{=I} \cdot \boldsymbol{B}^\top\right) = \operatorname{trace}\left(\boldsymbol{B} \cdot \boldsymbol{B}^\top\right) = \|\boldsymbol{B}\|_F^2。$$

7. Eckart-Young-Mirsky 定理

现在，我们来证明低秩近似方法的合理性。为此，我们暂时假设 $n \times m$ 维的评分矩阵 $\boldsymbol{R}$ 的所有元素均为已知，即

$$S = \{(i,j) | i = 1, \cdots, n; \quad j = 1, \cdots, m\}。$$

然后，优化问题式(3.3)，可以利用 Frobenius 范数等价地改写为：

$$\min_{\boldsymbol{A}} \|\boldsymbol{R} - \boldsymbol{A}\|_F^2 \quad \text{s.t.} \quad \text{rank}(\boldsymbol{A}) = s。 \tag{3.4}$$

然而可以看出，通过使用 $\boldsymbol{R}$ 的奇异值分解可以很容易地构造出式(3.4)的解。根据式(3.2)，有：

$$\boldsymbol{R} = \boldsymbol{U} \cdot \boldsymbol{\Sigma} \cdot \boldsymbol{V}。$$

其中矩阵 $\boldsymbol{U}$ 的各列和矩阵 $\boldsymbol{V}$ 的各行均为两两正交的，即

$$\boldsymbol{U}^\top \cdot \boldsymbol{U} = \boldsymbol{I}, \quad \boldsymbol{V} \cdot \boldsymbol{V}^\top = \boldsymbol{I},$$

以及 $\boldsymbol{\Sigma}$ 的对角线项存储着 $\boldsymbol{R}$ 的正奇异值，即

$$\boldsymbol{\Sigma} = \text{diag}(\sigma_1, \cdots, \sigma_s, \sigma_{s+1}, \cdots, \sigma_r)。$$

我们先前已经知道，$\boldsymbol{R}$ 的正奇异值是按照非递减次序排列的，即

$$\sigma_1 \geqslant \cdots \geqslant \sigma_s \geqslant \sigma_{s+1} \geqslant \cdots \geqslant \sigma_r > 0。$$

Eckart-Young-Mirsky 定理（Eckart-Young-Mirsky theorem）提出了一个秩为 s 的对于 $\boldsymbol{R}$ 的近似（s 秩近似），请参考 Lancaster [1969]：

$$\boldsymbol{A} = \boldsymbol{U} \cdot \boldsymbol{\Sigma}_s \cdot \boldsymbol{V},$$

在其中的 $\boldsymbol{\Sigma}_s$ 矩阵里，最小的 $(r - s)$ 个奇异值均被设置为 0，即

$$\boldsymbol{\Sigma}_s = \text{diag}(\sigma_1, \cdots, \sigma_s, 0, \cdots, 0)。$$

首先，注意近似矩阵 $\boldsymbol{A}$ 对于式(3.4)是可行的。正如我们在前文中论证的，矩阵的秩等于其正奇异值的数量。由于 $\boldsymbol{A}$ 的正奇异值是 $\sigma_1, \cdots, \sigma_s$，那么可以确定

$$\text{rank}(\boldsymbol{A}) = s。$$

其次，计算评分矩阵 R 和它的 s 秩近似 A 之间的误差。利用已知的 Frobenius 范数在正交变换下的不变性，我们得到：

$$\|R - A\|_F = \|U \cdot \Sigma \cdot V - U \cdot \Sigma_s \cdot V\|_F = \|U \cdot (\Sigma - \Sigma_s) \cdot V\|_F^2 = \|\Sigma - \Sigma_s\|_F$$

$$= \|\mathrm{diag}(0, \cdots, 0, \sigma_{s+1}, \cdots, \sigma_r)\|_F = \sqrt{\sigma_{s+1}^2 + \cdots + \sigma_r^2}。$$

因此，这个近似方法的误差等于 R 的 $(r - s)$ 个最小奇异值的欧几里得范数。这证明了低秩近似方法的合理性。如果评分矩阵 R 是完全给定的，没有缺失元素，那么我们就可以捕获全部 r 个已有特征中最重要的 s 个，而这些特征可以决定底层用户的选择行为。通过求解式(3.4)，有 $(r - s)$ 个特征的信息被丢弃了，而它们是可有可无的。

8. 矩阵分解

最后，我们将注意力转向如何有效地找到 $n \times m$ 维的评分矩阵 R 的低秩近似的问题。因此，我们假设 R 中的某些元素是缺失的。那么现在，为问题式(3.3)找到一个优化方法的主要障碍就是秩的可行性条件：

$$\mathrm{rank}(A) = s。$$

实际上，在尝试去减小目标函数式(3.3)的值时，我们需要确保近似的秩一直保持为 s。为了避免做这种复杂的验证过程，我们应用**矩阵分解**（matrix factorization）技术。我们寻找可以表示为两个矩阵的乘积的 s 秩近似：

$$A = X \cdot Y,$$

其中 $X = (x_{ik})$ 是维度为 $n \times s$ 的左因子，而 $Y = (y_{kj})$ 是维度为 $s \times m$ 的右因子。一般来说，左右因子均为满秩矩阵，也就是

$$\mathrm{rank}(X) = \mathrm{rank}(Y) = s。$$

粗略地讲，这里的"一般性"意味着，如果我们随机且相互独立地选择 X 和 Y 的元素，则 X 的所有 s 列和 Y 的所有 s 行便会线性无关，其发生的概率为 1。而且需要注意的是，在这种情况下，它们的矩阵乘积 $A = X \cdot Y$ 的秩就会自动为 s，参见后文的练习 3.5。通过应用矩阵分解技术，我们可以把低秩近似 A 的元素替换为

$$a_{ij} = \sum_{k=1}^{s} x_{ik} \cdot y_{kj}。$$

于是，将新引入的变量代入松弛优化问题式(3.3)中以后可得：

$$\min_{\substack{\boldsymbol{X}=(x_{ik}) \\ \boldsymbol{Y}=(y_{kj})}} \sqrt{\sum_{(i,j)\in S} \left(r_{ij} - \sum_{k=1}^{s} x_{ik} \cdot y_{kj} \right)^2}。 \tag{3.5}$$

为什么考虑式(3.5)比考虑式(3.3)更有优势呢？第一，没有强制的秩约束更加有利于数值处理。第二，特征的数量远少于用户和电影的数量，即

$$s \ll \min\{n, m\}。$$

现在将式(3.3)和式(3.5)中的变量数量做一个比较。#variables() 表示变量数量。

$$\#\text{variables}(3.3) = \underbrace{n \cdot m}_{\boldsymbol{A}\text{的大小}} \quad \#\text{variables}(3.5) = \underbrace{n \cdot s}_{\boldsymbol{X}\text{的大小}} + \underbrace{s \cdot m}_{\boldsymbol{Y}\text{的大小}} = s \cdot (n + m)。$$

因此，把式(3.3)转换到式(3.5)，大幅减少了变量的数量，从而把必要的计算工作限定在了某个范围内。

9. 梯度下降法

我们计划通过梯度下降法来迭代解决松弛优化问题式(3.5)。为方便起见，我们先取其平方，再缩放其目标函数：

$$f(\boldsymbol{X}, \boldsymbol{Y}) = \frac{1}{2} \cdot \sum_{(i,j)\in S} \left(r_{ij} - \sum_{k=1}^{s} x_{ik} \cdot y_{kj} \right)^2。 \tag{3.6}$$

如何逼近 f 的最小值呢？为了使用梯度下降法找到一个函数的局部最小值，我们在当前迭代中移动一个与梯度负值成正比的步（step）。沿着梯度方向移动的原因是函数在梯度方向下降最快。在矩阵形式中，使用了固定步长 $\eta > 0$ 的梯度下降方法，写作：

$$\text{迭代步骤} \left\{ \begin{array}{l} \boldsymbol{X}(t+1) - \boldsymbol{X}(t) = -\eta \cdot \nabla_{\boldsymbol{X}} f(\boldsymbol{X}(t), \boldsymbol{Y}(t)) \\ \boldsymbol{Y}(t+1) - \boldsymbol{Y}(t) = -\eta \cdot \nabla_{\boldsymbol{Y}} f(\boldsymbol{X}(t), \boldsymbol{Y}(t)) \end{array} \right\} \text{梯度方向} \tag{3.7}$$

这里，后一轮（第 $t+1$ 轮）和前一轮（第 t 轮）迭代的差的取值是与 f 的梯度成正比的。我们将每一轮的迭代继续细化，首先计算偏导数：

$$\frac{\partial f(\boldsymbol{X}, \boldsymbol{Y})}{\partial x_{ik}} = -\sum_{j:(i,j)\in S} \left(r_{ij} - \sum_{k=1}^{s} x_{ik} \cdot y_{kj} \right) \cdot y_{kj},$$

$$\frac{\partial f(\boldsymbol{X}, \boldsymbol{Y})}{\partial y_{kj}} = -\sum_{i:(i,j)\in S} \left(r_{ij} - \sum_{k=1}^{s} x_{ik} \cdot y_{kj} \right) \cdot x_{ik}。$$

其次，重写上述两个式子，这里利用了 $n \times m$ 维的误差矩阵 $\boldsymbol{E} = (e_{ij})$，它的各项元素为

$$e_{ij} = \begin{cases} r_{ij} - \sum_{k=1}^{s} x_{ik} \cdot y_{kj}, & \text{如果} r_{ij} \text{为已知评分} \\ 0, & \text{如果} r_{ij} \text{缺失} \end{cases}。$$

将其代入 f 的偏导数，可以得到矩阵形式

$$\nabla_{\boldsymbol{X}} f(\boldsymbol{X}, \boldsymbol{Y}) = -\boldsymbol{E} \cdot \boldsymbol{Y}^{\top}, \quad \nabla_{\boldsymbol{Y}} f(\boldsymbol{X}, \boldsymbol{Y}) = -\boldsymbol{X}^{\top} \cdot \boldsymbol{E}。$$

最后，我们得到了可以求解松弛优化问题式(3.5)的 **梯度下降**（gradient descent）公式为

$$\begin{aligned} \boldsymbol{X}(t+1) &= \boldsymbol{X}(t) + \eta \cdot \boldsymbol{E}(t) \cdot \boldsymbol{Y}^{\top}(t), \\ \boldsymbol{Y}(t+1) &= \boldsymbol{Y}(t) + \eta \cdot \boldsymbol{X}^{\top}(t) \cdot \boldsymbol{E}(t)。 \end{aligned} \tag{3.8}$$

将式(3.8)应用到 Netflix 矩阵上。假设用户的选择行为是由两个潜在特征来引导的，即 $s = 2$。经过一些轮次的迭代后，基于模型的矩阵补全结果大致如下，参考练习 3.7：

$$\boldsymbol{R}_{\text{model}} = \begin{pmatrix} & \boxed{\text{M1}} & \boxed{\text{M2}} & \boxed{\text{M3}} & \boxed{\text{M4}} \\ \boxed{\text{U1}} & 4.99 & 2.97 & \mathbf{1.25} & 0.94 \\ \boxed{\text{U2}} & 3.97 & \mathbf{2.38} & \mathbf{1.24} & 0.96 \\ \boxed{\text{U3}} & 0.96 & 1.01 & \mathbf{5.54} & 4.81 \\ \boxed{\text{U4}} & 0.99 & \mathbf{0.93} & 4.44 & 3.85 \\ \boxed{\text{U5}} & \mathbf{0.97} & 0.95 & \mathbf{4.76} & 4.13 \end{pmatrix}。$$

可以看到，$\boldsymbol{R}$ 中的已知评分在 $\boldsymbol{R}_{\text{model}}$ 中没有太大变化。这些已知评分连同被补全的缺失评分揭示了用户选择行为的潜在模式。补全 $\boldsymbol{R}_{\text{model}}$ 的正奇异值可以通过数值计算得出：

$$\sigma_1 = 12.36, \quad \sigma_2 = 6.41, \quad \sigma_3 = 0.0048, \quad \sigma_4 = 0.0018。$$

这些奇异值与我们的假设是相符的，即只有两个特征是重要的。第 3 个和第 4 个特征可以忽略，因为 $\sigma_3 = 0.0048$，$\sigma_4 = 0.0018$，它们的重要性相对较小。此外，请读者注意，基于模型和基于近邻的矩阵补全的结果有很大不同。具体来说，基于模型的补全结果 $\boldsymbol{R}_{\text{model}}$ 告诉我们，推荐用户 U2 去观看电影 M2。这个推荐与基于近邻的补全结果 $\boldsymbol{R}_{\text{neighbor}}$ 的推荐形成强烈对比。对于后者，我们会推荐用户 U2 去观看电影 M3，而非 M2。

3.3 案例分析：潜在语义分析

潜在语义分析（latent semantic analysis）是自然语言处理中的一项技术。它通过识别一些与词语（以及英文中的词组、短语）和文档相关的中间概念来分析词语与包含它们的文档之间的关系。潜在语义分析基于一个**分布假设**（distributional hypothesis）：具有相似分布的词语具有相似的含义。或者正如 Firth [1957] 所说的那样，一个词的特点可以由跟它一起出现的词来描述和刻画。分布假设背后的一般思想十分合理：分布相似性和语义相似性之间存在相关性，这使得我们能够利用前者来估计后者，参见 Sahlgren [2008]。

下面通过一个例子仔细了解潜在语义分析。想象一下，一个假日主题的门户网站雇用了你，要你为他们的用户改进旅行建议。你可以访问一个数据库，其中包含大量的用户关于目的的 D1~D6 的评论。相关评论的内容摘录如下。

D1: 我在美丽的、**丘陵**环绕的加尔达**湖**度过了一个星期。在那里，我体验了很多运动和健康服务，但大部分时间我都在**海滩**上放松并享受阳光。

D2: 我们在**海**边度过了令人惊叹的**海滩**假日。天气和酒店都很完美。

D3: 假期我唯一想做的事情就是在水边放松，同时晒晒太阳。我们的阳台可以欣赏到**湖**景，还有一些**山丘**。

D4: 我们在奥地利的**丘陵**和**山脉**间进行了一次短途徒步旅行。

D5: 我们骑自行车穿行了**丘陵**，因为我们喜欢安静的环境。幸运的是，我们还有时间在美丽的温泉区度过一天。

D6: 我讨厌**海滩**，但热爱**山**和雪。斜坡非常适合滑雪。我们度过了美好的一天！

任务 1 从上面的评论中构建**词语-文档矩阵**（term-document matrix）$F = (f_{ij})$，其中相关的词语 T1~T5 如"湖""海""海滩""山丘""丘陵"以粗体标记。其中的"山丘"可以等同于"山"和"山脉"。F 中的元素 f_{ij} 是二进制的频率，即如果词语 i 出现在文档 j 中则 f_{ij} 等于 1，否则等于 0。将 F 的列 $x_1, \cdots, x_6 \in \{0,1\}^5$ 解释为文档 D1~D6 关于词语 T1~T5 的表示。

提示 1 下面给出了词语-文档矩阵：

$$F = \begin{pmatrix} & D1 & D2 & D3 & D4 & D5 & D6 \\ T1 & 1 & 0 & 1 & 0 & 0 & 0 \\ T2 & 0 & 1 & 0 & 0 & 0 & 0 \\ T3 & 1 & 1 & 0 & 0 & 0 & 1 \\ T4 & 1 & 0 & 0 & 1 & 1 & 0 \\ T5 & 0 & 0 & 1 & 1 & 0 & 1 \end{pmatrix}。$$

任务 2 一个潜在的用户输入了以下文本查询:

Q:在海边的度假选择,并且有机会在山路骑自行车。

将查询 Q 表示为一个与 T1~T5 相关的二进制频率的向量 $q \in \{0,1\}^5$。分别计算查询 Q 的表示 q 和文档 D1~D6 的表示 $x_1, \cdots, x_6$ 的余弦相似度。基于上述计算,应该为用户推荐哪个目的地呢?这样的结果推荐会令人满意吗?

提示 2 易知 $q = (0,1,0,0,1)^\top$,与各个文档的余弦相似度也容易计算:

$$\cos(q, x_1) = 0, \quad \cos(q, x_2) = 1/2, \quad \cos(q, x_3) = 1/2,$$

$$\cos(q, x_4) = 1/2, \quad \cos(q, x_5) = 0, \quad \cos(q, x_6) = 1/2。$$

相似度最高的目的地是 D2、D3、D4 和 D6。暂时还不清楚究竟选择哪一个。

任务 3 计算词语-文档矩阵 F 的最优的 2 秩近似矩阵 A。求 A 的降维形式的奇异值分解,即

$$A = U \cdot \Sigma_2 \cdot V,$$

其中 U 是有正交列的 5×2 维的术语-概念矩阵,V 是有正交行的 2×6 维的概念-文档矩阵,而 Σ 是 2×2 维的对角矩阵,对角线上元素为按非递减顺序排列的矩阵 A 的奇异值。

提示 3 F 的最优 2 秩近似是 $A = U \cdot \Sigma_2 \cdot V$,其中

$$U = \begin{pmatrix} & \boxed{\text{C1}} & \boxed{\text{C2}} \\ \boxed{\text{T1}} & 0.40 & 0.12 \\ \boxed{\text{T2}} & 0.11 & -0.48 \\ \boxed{\text{T3}} & 0.54 & -0.69 \\ \boxed{\text{T4}} & 0.51 & 0.37 \\ \boxed{\text{T5}} & 0.51 & 0.37 \end{pmatrix},$$

$$V = \begin{pmatrix} & \boxed{\text{D1}} & \boxed{\text{D2}} & \boxed{\text{D3}} & \boxed{\text{D4}} & \boxed{\text{D5}} & \boxed{\text{D6}} \\ \boxed{\text{C1}} & 0.61 & 0.27 & 0.38 & 0.42 & 0.21 & 0.44 \\ \boxed{\text{C2}} & -0.13 & -0.75 & 0.31 & 0.48 & 0.24 & -0.20 \end{pmatrix},$$

$$\Sigma_2 = \text{diag}(2.42, 1.56)。$$

任务 4 将 V 的各列解释为文档 D1~D6 关于概念 C1~C2 的 2 维表示 $\widetilde{x_1}, \cdots, \widetilde{x_6}$。通过假设 $q = U \cdot \Sigma_2 \cdot \widetilde{q}$,为查询 Q 找到一个相似的二维表示 $\widetilde{q}$。

提示 4 我们可以导出:

$$\widetilde{q} = \underbrace{\Sigma_2^{-1} \cdot \Sigma_2}_{=I} \cdot \widetilde{q} = \Sigma_2^{-1} \cdot \underbrace{U^\top \cdot U}_{=I} \cdot \Sigma_2 \cdot \widetilde{q} = \Sigma_2^{-1} \cdot U^\top \underbrace{U \cdot \Sigma_2 \cdot \widetilde{q}}_{=q} = \Sigma_2^{-1} \cdot U^\top \cdot q。$$

最后，我们可以证明

$$\widetilde{\boldsymbol{q}} = \boldsymbol{\Sigma}_2^{-1} \cdot \boldsymbol{U}^\top \cdot \boldsymbol{q} = \begin{pmatrix} 2.42 & 0 \\ 0 & 1.56 \end{pmatrix}^{-1} \cdot \begin{pmatrix} 0.40 & 0.12 \\ 0.11 & -0.48 \\ 0.54 & -0.69 \\ 0.51 & 0.37 \\ 0.51 & 0.37 \end{pmatrix}^\top \cdot \begin{pmatrix} 0 \\ 1 \\ 0 \\ 0 \\ 1 \end{pmatrix} = \begin{pmatrix} 0.26 \\ -0.07 \end{pmatrix} \text{。}$$

任务 5　计算查询 Q 的二维表示 $\widetilde{\boldsymbol{q}}$ 和文档 D1~D6 的表示 $\widetilde{\boldsymbol{x}_1}, \cdots, \widetilde{\boldsymbol{x}_6}$ 之间的余弦相似度。基于这些相似度，应该向用户推荐哪个目的地？这次得到的推荐结果会令人满意吗？

提示 5　对余弦相似度容易计算得知：

$$\cos(\widetilde{\boldsymbol{q}}, \widetilde{\boldsymbol{x}}_1) = 1.00, \quad \cos(\widetilde{\boldsymbol{q}}, \widetilde{\boldsymbol{x}}_2) = 0.57, \quad \cos(\widetilde{\boldsymbol{q}}, \widetilde{\boldsymbol{x}}_3) = 0.58,$$

$$\cos(\widetilde{\boldsymbol{q}}, \widetilde{\boldsymbol{x}}_4) = 0.44, \quad \cos(\widetilde{\boldsymbol{q}}, \widetilde{\boldsymbol{x}}_5) = 0.44, \quad \cos(\widetilde{\boldsymbol{q}}, \widetilde{\boldsymbol{x}}_6) = 0.99 \text{。}$$

令人惊讶的是，我们发现应该推荐的目的地是 D1。虽然文档 D1 和查询 Q 没有共享的词语，但它们的描述中却都包含了与"水"和"徒步旅行"相关的概念。也是由于同样的原因，文档 D6 与查询 Q 也有很高的相似度。但请注意，我们对词语的选择忽略了文档 D6 中对海滩的负面态度。

3.4　练习

练习 3.1（用户和影片的相似度）　给定一个 Netflix 评分矩阵：

$$\boldsymbol{R} = \begin{pmatrix} & \boxed{\text{M1}} & \boxed{\text{M2}} & \boxed{\text{M3}} & \boxed{\text{M4}} \\ \boxed{\text{U1}} & 5 & 3 & - & 1 \\ \boxed{\text{U2}} & 4 & - & - & 1 \\ \boxed{\text{U3}} & 1 & 1 & - & 5 \\ \boxed{\text{U4}} & 1 & - & - & 4 \\ \boxed{\text{U5}} & - & 1 & 5 & 4 \end{pmatrix} \text{。}$$

试通过应用 k-近邻算法式(3.1)补全 $\boldsymbol{R}$。一方面计算用户之间的余弦相似度，另一方面计算电影之间的余弦相似度。将这两种情况进行对比。

练习 3.2（特征值和奇异值）　给定一个具有正奇异值 $\sigma_1, \cdots, \sigma_r$ 的 $n \times m$ 维矩阵 $\boldsymbol{R}$。试证明以下结论：

（i）$\boldsymbol{R}^{\top} \cdot \boldsymbol{R}$ 和 $\boldsymbol{R} \cdot \boldsymbol{R}^{\top}$ 分别有恰好 r 个正特征值。

（ii）$\boldsymbol{R}$ 的正奇异值与 $\boldsymbol{R}^{\top} \cdot \boldsymbol{R}$ 和 $\boldsymbol{R} \cdot \boldsymbol{R}^{\top}$ 的正特征值 $\lambda_1, \cdots, \lambda_r$ 的平方根重合，即

$$\sigma_i = \sqrt{\lambda_i}, \quad i = 1, \cdots, r。$$

练习 3.3（Frobenius 范数和奇异值） 假设一个 $n \times m$ 维矩阵 $\boldsymbol{R}$ 具有正奇异值 $\sigma_1, \cdots,$ σ_r，证明 $\boldsymbol{R}$ 的 Frobenius 范数可以通过其奇异值表示为

$$\|\boldsymbol{R}\|_F = \sqrt{\sigma_1^2 + \cdots + \sigma_r^2}。$$

练习 3.4（最大和最小奇异值） 证明对于 $n \times m$ 维的矩阵 $\boldsymbol{R}$ 的最大和最小奇异值而言，以下关系成立：

$$\sigma_{\max}(\boldsymbol{R}) = \max_{\|\boldsymbol{z}\|_2 = 1} \|\boldsymbol{R} \cdot \boldsymbol{z}\|_2, \quad \sigma_{\min}(\boldsymbol{R}) = \min_{\|\boldsymbol{z}\|_2 = 1} \|\boldsymbol{R} \cdot \boldsymbol{z}\|_2。$$

练习 3.5（特征） 给定以下用户-电影评分矩阵：

$$\boldsymbol{R} = \begin{pmatrix} 1 & 2 & 4 & -9 \\ 1 & 1 & 3 & -6 \\ -5 & 6 & -4 & -3 \end{pmatrix}。$$

（i）试计算潜在特征的数量及其对所有用户的重要性。

（ii）试计算 $\boldsymbol{R}$ 的最优 1 秩近似，并计算相应的误差。

练习 3.6（矩阵乘积的秩） 给定一个 $n \times s$ 维矩阵 $\boldsymbol{X}$ 和一个 $s \times m$ 维矩阵 $\boldsymbol{Y}$。假设 $\boldsymbol{X}$ 和 $\boldsymbol{Y}$ 是满秩的，且 $s \leqslant \min\{n, m\}$。证明这两个矩阵的乘积 $\boldsymbol{A} = \boldsymbol{X} \cdot \boldsymbol{Y}$ 的秩也等于 s。

练习 3.7（低秩近似） 通过计算其 2 秩近似，补全练习 3.1中的 Netflix 矩阵 $\boldsymbol{R}$。使用梯度下降法式(3.8)完成后续的计算。

第 4 章　分　　类

分类（classification）是一个根据相同类的成员间拥有相似特征，且不同类成员间相互区分的特征，把新的物体、时间、人或者经历分配给一个类的过程。在数据科学的工作内容中，经常需要做的一件事是利用新的**未标记的**（unlabeled）信息与已知的标记数据的相关性来对未标记的数据进行分类。分类的常见应用包括利用过去或者当前客户已公开的财务历史对潜在客户进行**信用调查**（credit investigation）。另一个重要的应用与分析**质量管理**（quality control）有关。这个应用通过对比一位患者自己的和其他患者的测试结果，来确定这位患者是否可能已感染某种病毒。本章将使用**线性分类器**（linear classifier）将一个新来者分配给某个特定的类。这个分配结果取决于这个新来者的相应指标是否超过了一定的界限。

我们会讨论 3 种类型的线性分类器。首先，我们将引入统计学上的 **Fisher 判别式**（Fisher's discriminant）。Fisher 判别式会将不同类间的样本方差最大化，同类样本方差最小化。Fisher 判别式的计算会引出一个优美的结构化的特征值问题。其次，我们将研究著名的**支持向量机**（support-vector machine），它是建立在几何学背景上的，并将两个类之间的间隔最大化。它会在凸对偶性的基础上检测最优的分隔超平面。最后，我们会推导**朴素贝叶斯分类器**（naïve Bayes classifier）。朴素贝叶斯分类器来源于概率论中的贝叶斯定理，即通过比较在给定观测数据的条件下，对一个或另一个类分配的伯努利概率（Bernoulli probabilities）进行比较。

4.1　研究动因：信用调查

信用调查是金融机构为审查潜在客户的偿还贷款能力而进行的程序。未能通过此程序意味着不予批准对该客户的贷款。当客户向银行申请贷款时，银行会要求该客户披露有关其财务历史的详细信息。根据这些信息，银行会对预测该新客户的信用度。因此，银行将根据其预期的偿还贷款能力将潜在客户分为可以放贷或不可以放贷的两类之一。该分类任务所使用的数据集是曾披露了财务历史，并获得了贷款，最终能够或者未能维持信誉的历史客户或现有客户的数据集。

现在对信用调查问题进行数学建模。为此，假设有 n 个财务状况已知的客户：

$$\boldsymbol{x}_1, \cdots, \boldsymbol{x}_n \in \mathbb{R}^m,$$

其中 m 是相关**特征**（features）的个数，例如收入、债务或工资等。根据客户披露的财务历史，我们可以依据他们是否还清了贷款进一步将这些客户细分为 C_{yes} 和 C_{no} 两类。与此等效地，根据这些客户的**信用度**（credit worthiness），这些客户被标记为 $y_i \in \{\pm 1\}, i = 1, \cdots, n$。

$$y_i = \begin{cases} +1, & i \in C_{\text{yes}} \\ -1, & i \in C_{\text{no}} \end{cases}$$

这里，$y_i = +1$ 表示第 i 个客户过去是**可信的**（credible），而 $y_i = -1$ 表示相反的意思，即客户过去是不可信的。信用调查问题需要准确地预测一个已知财务状况资料 $\boldsymbol{x} \in \mathbb{R}^m$ 的新客户是否值得信赖。换句话说，我们首先需要对比新客户的财务资料 $\boldsymbol{x}$ 与那些已知数据集中的财务资料 $\boldsymbol{x}_1, \cdots, \boldsymbol{x}_n$。我们希望这种对比能够帮助我们对新客户进行分类，即分到类 C_{yes} 或 C_{no}。进而，新客户将被标记为 $y = +1$ 或者 $y = -1$。

本章将通过线性分类器来解决分类任务。**线性分类器**（linear classifier）$\boldsymbol{a} \in \mathbb{R}^m$ 是表示特征的权重的向量。特征向量 $\boldsymbol{x} \in \mathbb{R}^m$ 的**信用表现**（performance）就是标量积 $\boldsymbol{a}^\top \cdot \boldsymbol{x}$。为了对 $\boldsymbol{x}$ 分类，我们将以它的信用表现 $\boldsymbol{a}^\top \cdot \boldsymbol{x}$，而非以特征向量 $\boldsymbol{x}$ 本身为指导。更准确地说，如果信用表现 $\boldsymbol{a}^\top \cdot \boldsymbol{x}$ 高于某个界限 $b \in \mathbb{R}$，则新客户 $\boldsymbol{x}$ 就会被分类到 C_{yes}，反之如果它低于 b，则被分类到 C_{no}。**线性分类器规则**（linear classifier rule）总结如下：

$$y = \begin{cases} +1, & \boldsymbol{a}^\top \cdot \boldsymbol{x} \geqslant b, \\ -1, & \text{其他。} \end{cases} \tag{4.1}$$

那么现在，最关键的问题就是如何根据数据集 $(\boldsymbol{x}_i, y_i) \in \mathbb{R}^m \times \{\pm 1\}$，其中 $i = 1, \cdots, n$，来准确地选择线性分类器 $\boldsymbol{a}$ 和界限 b。

4.2 研究结果

4.2.1 Fisher 判别规则

下面介绍用于分类的 Fisher 判别规则，参见 Mathar et al. [2020]。其动机主要来源于统计学的思想，涉及样本均值和样本方差的概念。

1. 样本均值

Fisher 判别规则（Fisher's discriminant rule）将新客户 $\boldsymbol{x}$ 与一个类的**样本均值**（sample means）进行比较：

$$\boldsymbol{x}_{\mathrm{yes}} = \frac{1}{n_{\mathrm{yes}}} \cdot \sum_{i \in C_{\mathrm{yes}}} \boldsymbol{x}_i, \quad \boldsymbol{x}_{\mathrm{no}} = \frac{1}{n_{\mathrm{no}}} \cdot \sum_{i \in C_{\mathrm{no}}} \boldsymbol{x}_i,$$

其中, n_{yes} 和 n_{no} 分别表示 C_{yes} 和 C_{no} 中的数据点的个数。我们可以合理地依据信用表现 $\boldsymbol{a}^\top \cdot \boldsymbol{x}$ 是更接近 C_{yes} 类的平均信用表现 $\boldsymbol{a}^\top \cdot \boldsymbol{x}_{\mathrm{yes}}$ 还是更接近 C_{no} 类的平均信用表现 $\boldsymbol{a}^\top \cdot \boldsymbol{x}_{\mathrm{no}}$ 来将 $\boldsymbol{x}$ 的标记设定为 $+1$ 或者 -1。

$$y = \begin{cases} +1, & \left| \boldsymbol{a}^\top \cdot \boldsymbol{x} - \boldsymbol{a}^\top \cdot \boldsymbol{x}_{\mathrm{yes}} \right| \leqslant \left| \boldsymbol{a}^\top \cdot \boldsymbol{x} - \boldsymbol{a}^\top \cdot \boldsymbol{x}_{\mathrm{no}} \right|, \\ -1, & \text{其他。} \end{cases} \tag{4.2}$$

向量 $\boldsymbol{a} \in \mathbb{R}^m$ 的选择是从统计学的角度切入的。大体来说, 各类的平均信用表现之间的差异应该相差最大, 而某类内部数据点的信用表现应该相差最小。就各数据点的信用表现的角度而言, 这些不同的类应该彼此远离, 但同时它们各类中的数据点应该彼此相对接近, 见图 4.1。我们通过样本方差的概念来描述上述想法。

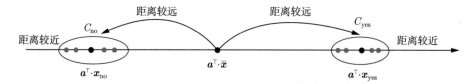

图 4.1 Fisher 判别式

2. 样本方差

下面考虑数据点的信用表现的**样本方差**（sample variance）：

$$\mathrm{Var}\,(\boldsymbol{a}) = \frac{1}{n} \cdot \sum_{i=1}^{n} \left(\boldsymbol{a}^\top \cdot \boldsymbol{x}_i - \boldsymbol{a}^\top \cdot \bar{\boldsymbol{x}} \right)^2,$$

其中数据点的样本均值由下式给出：

$$\bar{\boldsymbol{x}} = \frac{1}{n} \cdot \sum_{i=1}^{n} \boldsymbol{x}_i。$$

接下来, 将样本方差 $\mathrm{Var}\,(\boldsymbol{a})$ 分解为两部分：

- 类内方差 $W(\boldsymbol{a})$（within-classes variance）；
- 类间方差 $B(\boldsymbol{a})$（between-classes variance）。

为了简化符号表达, 进一步设：

$$z_i = \boldsymbol{a}^\top \cdot \boldsymbol{x}_i, \quad z_{\mathrm{yes}} = \boldsymbol{a}^\top \cdot \boldsymbol{x}_{\mathrm{yes}}, \quad z_{\mathrm{no}} = \boldsymbol{a}^\top \cdot \boldsymbol{x}_{\mathrm{no}}, \quad \bar{z} = \boldsymbol{a}^\top \cdot \bar{\boldsymbol{x}}。$$

可得下式:

$$\mathrm{Var}\,(\boldsymbol{a}) = \frac{1}{n} \cdot \sum_{i=1}^{n} \left(\boldsymbol{a}^\top \cdot \boldsymbol{x}_i - \boldsymbol{a}^\top \cdot \bar{\boldsymbol{x}}\right)^2 = \frac{1}{n} \cdot \sum_{i=1}^{n} \left(z_i - \bar{z}\right)^2$$

$$= \frac{1}{n} \cdot \left(\sum_{i \in C_{\mathrm{yes}}} (z_i - z_{\mathrm{yes}} + z_{\mathrm{yes}} - \bar{z})^2 + \sum_{i \in C_{\mathrm{no}}} (z_i - z_{\mathrm{no}} + z_{\mathrm{no}} - \bar{z})^2\right)$$

$$= \frac{1}{n} \cdot \left(\sum_{i \in C_{\mathrm{yes}}} \left((z_i - z_{\mathrm{yes}})^2 + (z_{\mathrm{yes}} - \bar{z})^2\right) + \sum_{i \in C_{\mathrm{no}}} \left((z_i - z_{\mathrm{no}})^2 + (z_{\mathrm{no}} - \bar{z})^2\right)\right) +$$

$$\frac{1}{n} \cdot \left(\sum_{i \in C_{\mathrm{yes}}} 2(z_i - z_{\mathrm{yes}}) \cdot (z_{\mathrm{yes}} - \bar{z}) + \sum_{i \in C_{\mathrm{no}}} 2(z_i - z_{\mathrm{no}}) \cdot (z_{\mathrm{no}} - \bar{z})\right) \text{。}$$

不难看出, 最后一项将会消失, 见后文的练习 4.2:

$$\sum_{i \in C_{\mathrm{yes}}} (z_i - z_{\mathrm{yes}}) \cdot (z_{\mathrm{yes}} - \bar{z}) + \sum_{i \in C_{\mathrm{no}}} (z_i - z_{\mathrm{no}}) \cdot (z_{\mathrm{no}} - \bar{z}) = 0 \text{。}$$

因此, 我们整理后得到:

$$\mathrm{Var}\,(\boldsymbol{a}) = W(\boldsymbol{a}) + B(\boldsymbol{a}),$$

其中类内方差由下式给出:

$$W(\boldsymbol{a}) = \frac{1}{n} \cdot \left(\sum_{i \in C_{\mathrm{yes}}} (z_i - z_{\mathrm{yes}})^2 + \sum_{i \in C_{\mathrm{no}}} (z_i - z_{\mathrm{no}})^2\right)$$

$$= \underbrace{\frac{n_{\mathrm{yes}}}{n}}_{C_{\mathrm{yes}}\text{的权重}} \cdot \underbrace{\frac{1}{n_{\mathrm{yes}}} \cdot \sum_{i \in C_{\mathrm{yes}}} (z_i - z_{\mathrm{yes}})^2}_{C_{\mathrm{yes}}\text{的类内方差}} + \underbrace{\frac{n_{\mathrm{no}}}{n}}_{C_{\mathrm{no}}\text{的权重}} \cdot \underbrace{\frac{1}{n_{\mathrm{no}}} \cdot \sum_{i \in C_{\mathrm{no}}} (z_i - z_{\mathrm{no}})^2}_{C_{\mathrm{no}}\text{的类内方差}},$$

以及类间方差由下式给出:

$$B(\boldsymbol{a}) = \frac{1}{n} \cdot \left(\sum_{i \in C_{\mathrm{yes}}} (z_{\mathrm{yes}} - \bar{z})^2 + \sum_{i \in C_{\mathrm{no}}} (z_{\mathrm{no}} - \bar{z})^2\right)$$

$$= \underbrace{\frac{n_{\mathrm{yes}}}{n}}_{C_{\mathrm{yes}}\text{的权重}} \cdot \underbrace{(z_{\mathrm{yes}} - \bar{z})^2}_{C_{\mathrm{yes}}\text{的偏差}} + \underbrace{\frac{n_{\mathrm{no}}}{n}}_{C_{\mathrm{no}}\text{的权重}} \cdot \underbrace{(z_{\mathrm{no}} - \bar{z})^2}_{C_{\mathrm{no}}\text{的偏差}} \text{。}$$

如果将向量 $\boldsymbol{a}$ 代回，可将上述 4 个平方式写成：

$$(z_i - z_{\text{yes}})^2 = (\boldsymbol{a}^\top \cdot \boldsymbol{x}_i - \boldsymbol{a}^\top \cdot \boldsymbol{x}_{\text{yes}})^2 = \boldsymbol{a}^\top \cdot (\boldsymbol{x}_i - \boldsymbol{x}_{\text{yes}}) \cdot (\boldsymbol{x}_i - \boldsymbol{x}_{\text{yes}})^\top \cdot \boldsymbol{a},$$

$$(z_i - z_{\text{no}})^2 = (\boldsymbol{a}^\top \cdot \boldsymbol{x}_i - \boldsymbol{a}^\top \cdot \boldsymbol{x}_{\text{no}})^2 = \boldsymbol{a}^\top \cdot (\boldsymbol{x}_i - \boldsymbol{x}_{\text{no}}) \cdot (\boldsymbol{x}_i - \boldsymbol{x}_{\text{no}})^\top \cdot \boldsymbol{a},$$

与之类似地：

$$(z_{\text{yes}} - \bar{z})^2 = (\boldsymbol{a}^\top \cdot \boldsymbol{x}_{\text{yes}} - \boldsymbol{a}^\top \cdot \bar{\boldsymbol{x}})^2 = \boldsymbol{a}^\top \cdot (\boldsymbol{x}_{\text{yes}} - \bar{\boldsymbol{x}}) \cdot (\boldsymbol{x}_{\text{yes}} - \bar{\boldsymbol{x}})^\top \cdot \boldsymbol{a},$$

$$(z_{\text{no}} - \bar{z})^2 = (\boldsymbol{a}^\top \cdot \boldsymbol{x}_{\text{no}} - \boldsymbol{a}^\top \cdot \bar{\boldsymbol{x}})^2 = \boldsymbol{a}^\top \cdot (\boldsymbol{x}_{\text{no}} - \bar{\boldsymbol{x}}) \cdot (\boldsymbol{x}_{\text{no}} - \bar{\boldsymbol{x}})^\top \cdot \boldsymbol{a}。$$

注意，这里使用了两个向量 $\boldsymbol{u}, \boldsymbol{w} \in \mathbb{R}^m$ 的**并矢积**（dyadic product），会得到一个秩为 1 的 $m \times m$ 维矩阵 $\boldsymbol{u} \cdot \boldsymbol{w}^\top$。综上所述，可以得到以下类内和类间方差：

$$W(\boldsymbol{a}) = \boldsymbol{a}^\top \cdot \boldsymbol{W} \cdot \boldsymbol{a}, \quad B(\boldsymbol{a}) = \boldsymbol{a}^\top \cdot \boldsymbol{B} \cdot \boldsymbol{a},$$

其中 $\boldsymbol{W}$ 和 $\boldsymbol{B}$ 为两个 $m \times m$ 维的矩阵：

$$\boldsymbol{W} = \frac{1}{n} \cdot \left(\sum_{i \in C_{\text{yes}}} (\boldsymbol{x}_i - \boldsymbol{x}_{\text{yes}}) \cdot (\boldsymbol{x}_i - \boldsymbol{x}_{\text{yes}})^\top + \sum_{i \in C_{\text{no}}} (\boldsymbol{x}_i - \boldsymbol{x}_{\text{no}}) \cdot (\boldsymbol{x}_i - \boldsymbol{x}_{\text{no}})^\top \right),$$

$$\boldsymbol{B} = \frac{n_{\text{yes}}}{n} \cdot (\boldsymbol{x}_{\text{yes}} - \bar{\boldsymbol{x}}) \cdot (\boldsymbol{x}_{\text{yes}} - \bar{\boldsymbol{x}})^\top + \frac{n_{\text{no}}}{n} (\boldsymbol{x}_{\text{no}} - \bar{\boldsymbol{x}}) \cdot (\boldsymbol{x}_{\text{no}} - \bar{\boldsymbol{x}})^\top。$$

3. Fisher 判别式

现在，我们就可以解释如何从统计意义上合理地确定向量 $\boldsymbol{a}$ 了。即，信用表现的类间方差 $B(\boldsymbol{a})$ 应该最大化，而它的类内方差 $W(\boldsymbol{a})$ 应该最小化。这可以通过最大化它们的比值来实现：

$$\max_{\boldsymbol{a}} \frac{B(\boldsymbol{a})}{W(\boldsymbol{a})} = \frac{\boldsymbol{a}^\top \cdot \boldsymbol{B} \cdot \boldsymbol{a}}{\boldsymbol{a}^\top \cdot \boldsymbol{W} \cdot \boldsymbol{a}}。 \tag{4.3}$$

优化问题式(4.3)的解 $\boldsymbol{a}$ 被称为 **Fisher 判别式**（Fisher's discriminant）。它是由 Fisher [1936] 在植物分类学的背景下引入的。我们现在研究 Fisher 判别式的计算。首先注意到，因为矩阵 $\boldsymbol{W}$ 和 $\boldsymbol{B}$ 是向量并矢积的和，所以它们是对称的且半正定的，即对于任意 $\boldsymbol{a} \in \mathbb{R}^m$，有下式成立：

$$\boldsymbol{a}^\top \cdot \boldsymbol{W} \cdot \boldsymbol{a} \geqslant 0, \quad \boldsymbol{a}^\top \cdot \boldsymbol{B} \cdot \boldsymbol{a} \geqslant 0。$$

我们另外假设矩阵 $\boldsymbol{W}$ 是正则的。这样，在此假设下，优化问题式(4.3)就会是良定的，因为其分母会始终为正。此外，我们看到式(4.3)中目标函数的分子和分母都是二次的，或者换句话说，是二阶齐次的。那么，我们可等价地将其做如下求解，参考后文的练习 4.3：

$$\max_{\boldsymbol{a}} \boldsymbol{a}^\top \cdot \boldsymbol{B} \cdot \boldsymbol{a} \quad \text{s.t.} \quad \boldsymbol{a}^\top \cdot \boldsymbol{W} \cdot \boldsymbol{a} = 1。 \tag{4.4}$$

为等式约束引入乘子 $\mu \in \mathbb{R}$，并利用如下拉格朗日乘子法后可得，参见 Jongen et al. [2004]：

$$\nabla \left(\boldsymbol{a}^\top \cdot \boldsymbol{B} \cdot \boldsymbol{a}\right) = \mu \cdot \nabla(\boldsymbol{a}^\top \cdot \boldsymbol{W} \cdot \boldsymbol{a} - 1)。$$

可以得到：

$$\boldsymbol{B} \cdot \boldsymbol{a} = \mu \cdot \boldsymbol{W} \cdot \boldsymbol{a}。$$

由于我们假设 $\boldsymbol{W}$ 是正则的，Fisher 判别式满足：

$$\boldsymbol{W}^{-1} \cdot \boldsymbol{B} \cdot \boldsymbol{a} = \mu \cdot \boldsymbol{a}。$$

因此，$\boldsymbol{a}$ 是矩阵 $\boldsymbol{W}^{-1} \cdot \boldsymbol{B}$ 的特征向量。而且，与 $\boldsymbol{a}$ 相对应的特征值与优化问题式(4.4)的最优值相同：

$$\mu = \mu \cdot \underbrace{\boldsymbol{a}^\top \cdot \boldsymbol{W} \cdot \boldsymbol{a}}_{=1} = \boldsymbol{a}^\top \cdot \underbrace{\mu \cdot \boldsymbol{W} \cdot \boldsymbol{a}}_{=\boldsymbol{B}\cdot\boldsymbol{a}} = \boldsymbol{a}^\top \cdot \boldsymbol{B} \cdot \boldsymbol{a}。$$

因此，我们得出一个结论是优化问题式(4.3)的解是矩阵 $\boldsymbol{W}^{-1} \cdot \boldsymbol{B}$ 的最大的特征值对应的特征向量。

4. 线性分类器

最后，我们来证明 Fisher 判别式是一个线性分类器，即 Fisher 判别规则式(4.2)满足线性分类器规则式(4.1)的条件。为此，我们给出矩阵 $\boldsymbol{W}^{-1} \cdot \boldsymbol{B}$ 的最大的特征值对应的特征向量的详细计算过程。我们使用 $n = n_{\text{yes}} + n_{\text{no}}$ 和 $\bar{\boldsymbol{x}} = \frac{n_{\text{yes}}}{n} \cdot \boldsymbol{x}_{\text{yes}} + \frac{n_{\text{no}}}{n} \cdot \boldsymbol{x}_{\text{no}}$ 来推导出：

$$\begin{aligned}\boldsymbol{B} &= \frac{n_{\text{yes}}}{n} \cdot (\boldsymbol{x}_{\text{yes}} - \bar{\boldsymbol{x}}) \cdot (\boldsymbol{x}_{\text{yes}} - \bar{\boldsymbol{x}})^\top + \frac{n_{\text{no}}}{n}(\boldsymbol{x}_{\text{no}} - \bar{\boldsymbol{x}}) \cdot (\boldsymbol{x}_{\text{no}} - \bar{\boldsymbol{x}})^\top \\ &= \frac{n_{\text{yes}}}{n} \cdot \left(\boldsymbol{x}_{\text{yes}} - \left(\frac{n_{\text{yes}}}{n} \cdot \boldsymbol{x}_{\text{yes}} + \frac{n_{\text{no}}}{n} \cdot \boldsymbol{x}_{\text{no}}\right)\right) \cdot \left(\boldsymbol{x}_{\text{yes}} - \left(\frac{n_{\text{yes}}}{n} \cdot \boldsymbol{x}_{\text{yes}} + \frac{n_{\text{no}}}{n} \cdot \boldsymbol{x}_{\text{no}}\right)\right)^\top + \\ &\quad \frac{n_{\text{no}}}{n} \cdot \left(\boldsymbol{x}_{\text{no}} - \left(\frac{n_{\text{yes}}}{n} \cdot \boldsymbol{x}_{\text{yes}} + \frac{n_{\text{no}}}{n} \cdot \boldsymbol{x}_{\text{no}}\right)\right) \cdot \left(\boldsymbol{x}_{\text{no}} - \left(\frac{n_{\text{yes}}}{n} \cdot \boldsymbol{x}_{\text{yes}} + \frac{n_{\text{no}}}{n} \cdot \boldsymbol{x}_{\text{no}}\right)\right)^\top \\ &= \frac{n_{\text{yes}} \cdot n_{\text{no}}^2}{n^3} \cdot (\boldsymbol{x}_{\text{yes}} - \boldsymbol{x}_{\text{no}}) \cdot (\boldsymbol{x}_{\text{yes}} - \boldsymbol{x}_{\text{no}})^\top + \frac{n_{\text{no}} \cdot n_{\text{yes}}^2}{n^3} \cdot (\boldsymbol{x}_{\text{no}} - \boldsymbol{x}_{\text{yes}}) \cdot (\boldsymbol{x}_{\text{no}} - \boldsymbol{x}_{\text{yes}})^\top \\ &= \frac{n_{\text{yes}} \cdot n_{\text{no}} \cdot (n_{\text{no}} + n_{\text{yes}})}{n^3} \cdot (\boldsymbol{x}_{\text{yes}} - \boldsymbol{x}_{\text{no}}) \cdot (\boldsymbol{x}_{\text{yes}} - \boldsymbol{x}_{\text{no}})^\top \\ &= \frac{n_{\text{yes}} \cdot n_{\text{no}}}{n^2} \cdot (\boldsymbol{x}_{\text{yes}} - \boldsymbol{x}_{\text{no}}) \cdot (\boldsymbol{x}_{\text{yes}} - \boldsymbol{x}_{\text{no}})^\top。\end{aligned}$$

我们看到，$\boldsymbol{B}$ 可以表示为向量 $\boldsymbol{x}_{\text{yes}} - \boldsymbol{x}_{\text{no}}$ 自己的并矢积，因此 $\boldsymbol{B}$ 的秩为 1。矩阵 $\boldsymbol{W}^{-1} \cdot \boldsymbol{B}$ 的秩也是 1。因此，$\boldsymbol{W}^{-1} \cdot \boldsymbol{B}$ 恰好有一个不等于 0 的特征值。下面我们证明这个

特征值相应的特征向量是

$$\boldsymbol{a} = \boldsymbol{W}^{-1} \cdot (\boldsymbol{x}_{\text{yes}} - \boldsymbol{x}_{\text{no}})\text{。}$$

由于 $\boldsymbol{W}$ 的半正定性，因此，$\boldsymbol{W}^{-1}$ 也是半正定的，我们有：

$$\boldsymbol{W}^{-1} \cdot \boldsymbol{B} \cdot \boldsymbol{a} = \boldsymbol{W}^{-1} \cdot \frac{n_{\text{yes}} \cdot n_{\text{no}}}{n^2} \cdot (\boldsymbol{x}_{\text{yes}} - \boldsymbol{x}_{\text{no}}) \cdot \underbrace{(\boldsymbol{x}_{\text{yes}} - \boldsymbol{x}_{\text{no}})^\top \cdot \boldsymbol{W}^{-1} \cdot (\boldsymbol{x}_{\text{yes}} - \boldsymbol{x}_{\text{no}})}_{\in \mathbb{R}}$$

$$= \underbrace{\frac{n_{\text{yes}} \cdot n_{\text{no}}}{n^2} \cdot (\boldsymbol{x}_{\text{yes}} - \boldsymbol{x}_{\text{no}})^\top \cdot \boldsymbol{W}^{-1} \cdot (\boldsymbol{x}_{\text{yes}} - \boldsymbol{x}_{\text{no}})}_{=\mu \geqslant 0} \cdot \underbrace{\boldsymbol{W}^{-1} \cdot (\boldsymbol{x}_{\text{yes}} - \boldsymbol{x}_{\text{no}})}_{=\boldsymbol{a}}$$

$$= \mu \cdot \boldsymbol{a}\text{。}$$

这证明 $\boldsymbol{a}$ 确实是 $\boldsymbol{W}^{-1} \cdot \boldsymbol{B}$ 对应于最大特征值 μ 的特征向量，进而也证明 Fisher 判别式成立。

为了为 Fisher 判别式的 $\boldsymbol{a}$ 推导出在式(4.1)中的界限 b，我们首先注意到类 C_{yes} 的平均信用表现要高于 C_{no}：

$$\boldsymbol{a}^\top \cdot \boldsymbol{x}_{\text{yes}} - \boldsymbol{a}^\top \cdot \boldsymbol{x}_{\text{no}} = \boldsymbol{a}^\top \cdot (\boldsymbol{x}_{\text{yes}} - \boldsymbol{x}_{\text{no}}) = \left(\boldsymbol{W}^{-1} \cdot (\boldsymbol{x}_{\text{yes}} - \boldsymbol{x}_{\text{no}}) \right)^\top \cdot (\boldsymbol{x}_{\text{yes}} - \boldsymbol{x}_{\text{no}})$$

$$= (\boldsymbol{x}_{\text{yes}} - \boldsymbol{x}_{\text{no}})^\top \cdot \boldsymbol{W}^{-1} \cdot (\boldsymbol{x}_{\text{yes}} - \boldsymbol{x}_{\text{no}}) \geqslant 0\text{。}$$

从图 4.2可以看出，在式(4.2)中将 $\boldsymbol{x}$ 标记为 $+1$ 的条件

$$\left| \boldsymbol{a}^\top \cdot \boldsymbol{x} - \boldsymbol{a}^\top \cdot \boldsymbol{x}_{\text{yes}} \right| \leqslant \left| \boldsymbol{a}^\top \cdot \boldsymbol{x} - \boldsymbol{a}^\top \cdot \boldsymbol{x}_{\text{no}} \right|$$

等价于

$$\boldsymbol{a}^\top \cdot \boldsymbol{x} \geqslant \boldsymbol{a}^\top \cdot \left(\frac{\boldsymbol{x}_{\text{yes}} + \boldsymbol{x}_{\text{no}}}{2} \right) = b\text{。}$$

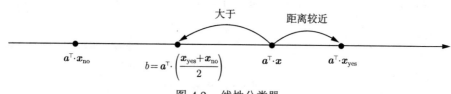

图 4.2　线性分类器

综上所述，Fisher 判别式 $\boldsymbol{a} = \boldsymbol{W}^{-1} \cdot (\boldsymbol{x}_{\text{yes}} - \boldsymbol{x}_{\text{no}})$ 是一个线性分类器，它的界限为：

$$b = \frac{(\boldsymbol{x}_{\text{yes}} - \boldsymbol{x}_{\text{no}})^\top \cdot \boldsymbol{W}^{-1} \cdot (\boldsymbol{x}_{\text{yes}} + \boldsymbol{x}_{\text{no}})}{2}\text{。}$$

5. 最大似然分类器

让我们将 Fisher 判别规则与**最大似然法**（likelihood maximization）联系起来。在这里，我们假设这两个类 C_{yes} 和 C_{no} 的分布是**多元高斯**（multivariate Gaussian）**分布** $\mathcal{N}(\boldsymbol{\mu}_{\text{yes}}, \boldsymbol{\Sigma}_{\text{yes}})$ 和 $\mathcal{N}(\boldsymbol{\mu}_{\text{no}}, \boldsymbol{\Sigma}_{\text{no}})$，其中 $\boldsymbol{\mu}_{\text{yes}}, \boldsymbol{\mu}_{\text{no}} \in \mathbb{R}^m$ 分别为两个矩阵的均值，而 $\boldsymbol{\Sigma}_{\text{yes}}, \boldsymbol{\Sigma}_{\text{no}} \in \mathbb{R}^{m \times m}$ 为两个矩阵的协方差矩阵。这两个类的条件概率密度为

$$p(\boldsymbol{x}|C_{\text{yes}}) = \frac{1}{(2\pi)^{m/2} \cdot \sqrt{\det(\boldsymbol{\Sigma}_{\text{yes}})}} \cdot \mathrm{e}^{-\frac{1}{2}(\boldsymbol{x}-\boldsymbol{\mu}_{\text{yes}})^\top \cdot \boldsymbol{\Sigma}_{\text{yes}}^{-1} \cdot (\boldsymbol{x}-\boldsymbol{\mu}_{\text{yes}})},$$

$$p(\boldsymbol{x}|C_{\text{no}}) = \frac{1}{(2\pi)^{m/2} \cdot \sqrt{\det(\boldsymbol{\Sigma}_{\text{no}})}} \cdot \mathrm{e}^{-\frac{1}{2}(\boldsymbol{x}-\boldsymbol{\mu}_{\text{no}})^\top \cdot \boldsymbol{\Sigma}_{\text{no}}^{-1} \cdot (\boldsymbol{x}-\boldsymbol{\mu}_{\text{no}})}。$$

利用**贝叶斯定理**（Bayes theorem），我们推导出两者各自的后验概率：

$$p(C_{\text{yes}}|\boldsymbol{x}) = \frac{p(\boldsymbol{x}|C_{\text{yes}}) \cdot p(C_{\text{yes}})}{p(\boldsymbol{x})}, \quad p(C_{\text{no}}|\boldsymbol{x}) = \frac{p(\boldsymbol{x}|C_{\text{no}}) \cdot p(C_{\text{no}})}{p(\boldsymbol{x})},$$

其中 $p(\boldsymbol{x})$ 是新客户的概率密度。为了确定新客户 $\boldsymbol{x}$ 应该被分配的类别，我们应该合理地选择具有最大后验概率的类别。为此，我们假设各类的先验分布都是均匀的，即

$$p(C_{\text{yes}}) = p(C_{\text{no}}) = \frac{1}{2}。$$

由于后验分布的分母总是为正的，且不依赖类别，我们可以等效地比较所谓的**似然**（likelihoods）为

$$L_{\boldsymbol{x}}(C_{\text{yes}}) = p(\boldsymbol{x}|C_{\text{yes}}), \quad L_{\boldsymbol{x}}(C_{\text{no}}) = p(\boldsymbol{x}|C_{\text{no}})。$$

最大似然规则（maximum likelihood rule）会将 $\boldsymbol{x}$ 分配给具有最大似然的类：

$$y = \begin{cases} +1, & L_{\boldsymbol{x}}(C_{\text{yes}}) \geqslant L_{\boldsymbol{x}}(C_{\text{no}}), \\ -1, & \text{其他}。 \end{cases} \tag{4.5}$$

如何通过给定的数据点的集合来估计**均值**（means）和**协方差矩阵**（covariance matrices）？为此，我们使用样本均值和样本协方差矩阵：

$$\boldsymbol{\mu}_{\text{yes}} = \boldsymbol{x}_{\text{yes}}, \quad \boldsymbol{\Sigma}_{\text{yes}} = \frac{1}{n_{\text{yes}}} \cdot \sum_{i \in C_{\text{yes}}} (\boldsymbol{x}_i - \boldsymbol{x}_{\text{yes}}) \cdot (\boldsymbol{x}_i - \boldsymbol{x}_{\text{yes}})^\top,$$

$$\boldsymbol{\mu}_{\text{no}} = \boldsymbol{x}_{\text{no}}, \quad \boldsymbol{\Sigma}_{\text{no}} = \frac{1}{n_{\text{no}}} \cdot \sum_{i \in C_{\text{no}}} (\boldsymbol{x}_i - \boldsymbol{x}_{\text{no}}) \cdot (\boldsymbol{x}_i - \boldsymbol{x}_{\text{no}})^\top。$$

事实证明，Fisher 判别规则是仿照最大似然规则的。为了看到这一点，我们假设高斯分布的**同方差性**（homoscedasticity），即 C_{yes} 和 C_{no} 对应的协方差矩阵是相同的：

$$\boldsymbol{\Sigma} = \boldsymbol{\Sigma}_{\text{yes}} = \boldsymbol{\Sigma}_{\text{no}} \text{。}$$

这一假设的直接结果是，矩阵 $\boldsymbol{\Sigma}$ 和 $\boldsymbol{W}$ 相同：

$$\boldsymbol{\Sigma} = \frac{n_{\text{yes}} + n_{\text{no}}}{n} \cdot \boldsymbol{\Sigma} = \frac{1}{n} \cdot (n_{\text{yes}} \cdot \boldsymbol{\Sigma} + n_{\text{no}} \cdot \boldsymbol{\Sigma})$$

$$= \frac{1}{n} \cdot \left(\sum_{i \in C_{\text{yes}}} (\boldsymbol{x}_i - \boldsymbol{x}_{\text{yes}}) \cdot (\boldsymbol{x}_i - \boldsymbol{x}_{\text{yes}})^\top + \sum_{i \in C_{\text{no}}} (\boldsymbol{x}_i - \boldsymbol{x}_{\text{no}}) \cdot (\boldsymbol{x}_i - \boldsymbol{x}_{\text{no}})^\top \right) = \boldsymbol{W} \text{。}$$

另外，式(4.5)中将 $\boldsymbol{x}$ 标记为 $+1$ 的条件

$$L_{\boldsymbol{x}}(C_{\text{yes}}) \geqslant L_{\boldsymbol{x}}(C_{\text{no}})$$

等价于

$$(\boldsymbol{x} - \boldsymbol{\mu}_{\text{yes}})^\top \cdot \boldsymbol{\Sigma}^{-1} \cdot (\boldsymbol{x} - \boldsymbol{\mu}_{\text{yes}}) \leqslant (\boldsymbol{x} - \boldsymbol{\mu}_{\text{no}})^\top \cdot \boldsymbol{\Sigma}^{-1} \cdot (\boldsymbol{x} - \boldsymbol{\mu}_{\text{no}}) \text{。}$$

将此式简化，可得

$$(\boldsymbol{\mu}_{\text{yes}} - \boldsymbol{\mu}_{\text{no}})^\top \cdot \boldsymbol{\Sigma}^{-1} \cdot \left(\boldsymbol{x} - \frac{\boldsymbol{\mu}_{\text{yes}} + \boldsymbol{\mu}_{\text{no}}}{2} \right) \geqslant 0 \text{。}$$

再利用 $\boldsymbol{\mu}_{\text{yes}} = \boldsymbol{x}_{\text{yes}}$，$\boldsymbol{\mu}_{\text{no}} = \boldsymbol{x}_{\text{no}}$ 和 $\boldsymbol{\Sigma} = \boldsymbol{W}$ 的相等关系将上式中的项替换掉，可以得到：

$$(\boldsymbol{x}_{\text{yes}} - \boldsymbol{x}_{\text{no}})^\top \cdot \boldsymbol{W}^{-1} \cdot \left(\boldsymbol{x} - \frac{\boldsymbol{x}_{\text{yes}} + \boldsymbol{x}_{\text{no}}}{2} \right) \geqslant 0 \text{。}$$

如果设 $\boldsymbol{a} = \boldsymbol{W}^{-1} \cdot (\boldsymbol{x}_{\text{yes}} - \boldsymbol{x}_{\text{no}})$，则上式完全与先前推导出的 Fisher 判别式相符：

$$\boldsymbol{a}^\top \cdot \boldsymbol{x} \geqslant \boldsymbol{a}^\top \cdot \left(\frac{\boldsymbol{x}_{\text{yes}} + \boldsymbol{x}_{\text{no}}}{2} \right) = b \text{。}$$

由此可以推断出，Fisher 判别式可以被视为一种最大似然分类器。

4.2.2 支持向量机

下面介绍用于分类的支持向量机，参见 Mathar et al. [2020]。支持向量机的思想主要来源于几何关系，涉及了分隔超平面和最大间隔。

1. 分隔超平面

支持向量机的思想是将带有标记 $y_i \in \{\pm 1\}$ 的数据点 $\boldsymbol{x}_i \in \mathbb{R}^m$, $i = 1, \cdots, n$, 用一个超平面分开：

$$H = \{\boldsymbol{x} \in \mathbb{R}^m | \boldsymbol{a}^\top \cdot \boldsymbol{x} - b = 0\},$$

其中 $\boldsymbol{a} \in \mathbb{R}^m$ 和 $b \in \mathbb{R}$ 尚未知。在几何上，超平面 H 将数据空间分为两部分：

$$H_\geqslant = \{\boldsymbol{x} \in \mathbb{R}^m | \boldsymbol{a}^\top \cdot \boldsymbol{x} - b \geqslant 0\}, \quad H_< = \{\boldsymbol{x} \in \mathbb{R}^m | \boldsymbol{a}^\top \cdot \boldsymbol{x} - b < 0\}。$$

C_{yes} 类位于**分隔超平面**（separating hyperplane）H 的一侧，C_{no} 类位于分隔超平面 H 的另一侧，见图 4.3，即

$$\boldsymbol{x}_i \in H_\geqslant, \text{当且仅当} y_i = +1; \quad \boldsymbol{x}_i \in H_<, \text{当且仅当} y_i = -1。$$

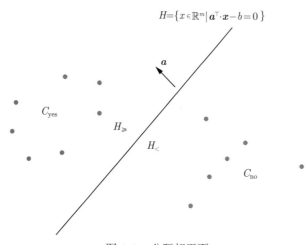

图 4.3　分隔超平面

为了给新的客户 $\boldsymbol{x} \in \mathbb{R}^m$ 分类，只须确定它位于 H 的哪一侧就足够了：

$$y = \begin{cases} +1, & \boldsymbol{x} \in H_\geqslant, \\ -1, & \text{其他。} \end{cases} \tag{4.6}$$

这个**支持向量机规则**（support-vector machine rule）式(4.6)是一个线性分类器规则，即式(4.1)：

$$y = \begin{cases} +1, & \boldsymbol{a}^\top \cdot \boldsymbol{x} \geqslant b, \\ -1, & \text{其他。} \end{cases}$$

其中 $\boldsymbol{a}$ 是一个线性分类器，而 b 是相应的界限。现在，关键的问题是如何根据数据集 $(\boldsymbol{x}_i, y_i) \in \mathbb{R}^m \times \{\pm 1\}$，$i = 1, \cdots, n$，来正确选择超平面 H。

2. 间隔最大化

我们沿着几何学的构想来选择一个特定的分隔超平面，使得这个超平面能够将每个类中距离它最近的点到它的距离最大化。为此，假设 H 是 C_{yes} 和 C_{no} 类之间的任意分隔超平面。在不破坏超平面 H 的分隔特性的情况下，将它平行移向 C_{yes} 和 C_{no}，参见图 4.4。

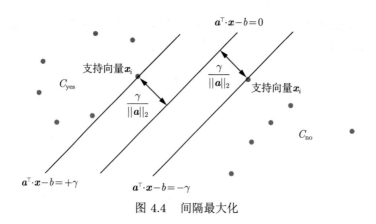

图 4.4　间隔最大化

然后，对于一些 $\gamma \geqslant 0$ 和对任意 $i = 1, \cdots, n$，有：

$$\boldsymbol{a}^\top \cdot \boldsymbol{x}_i - b \geqslant \gamma, \text{ 若 } y_i = +1; \quad \boldsymbol{a}^\top \cdot \boldsymbol{x}_i - b \leqslant -\gamma, \text{ 若 } y_i = -1.$$

这些条件可以被合并起来，即

$$y_i \cdot (\boldsymbol{a}^\top \cdot \boldsymbol{x}_i - b) \geqslant \gamma.$$

现在我们研究有两个平行超平面中间间隔的区域：

$$\boldsymbol{a}^\top \cdot \boldsymbol{x} - b = +\gamma, \quad \boldsymbol{a}^\top \cdot \boldsymbol{x} - b = -\gamma.$$

这个区域的宽度称为**间隔**（margin）。间隔大小的计算方式为这两个平行超平面之间的距离，参考后文的练习 4.4：

$$\frac{\gamma}{\|\boldsymbol{a}\|_2},$$

其中，$\|\boldsymbol{a}\|_2$ 标记了法向量 $\boldsymbol{a}$ 的欧几里得范数。现在，我们准备讨论寻找具有**最大间隔**（maximum margin）的分隔超平面的优化问题：

$$\max_{\gamma \geqslant 0, \boldsymbol{a}, b} \frac{\gamma}{\|\boldsymbol{a}\|_2} \quad \text{s.t.} \quad y_i \cdot (\boldsymbol{a}^\top \cdot \boldsymbol{x}_i - b) \geqslant \gamma, \quad i = 1, \cdots, n.$$

因为最优的 γ 是正的，我们可以将上式等价写为：

$$\min_{\gamma>0,\boldsymbol{a},b} \left\|\frac{\boldsymbol{a}}{\gamma}\right\|_2 \quad \text{s.t.} \quad y_i \cdot \left(\left(\frac{\boldsymbol{a}}{\gamma}\right)^\top \cdot \boldsymbol{x}_i - \frac{b}{\gamma}\right) \geqslant 1, \quad i = 1, \cdots, n。$$

不妨再次利用 $\boldsymbol{a}$ 和 b 来表示缩放后的变量，我们就可以消除 γ：

$$\min_{\boldsymbol{a},b} \|\boldsymbol{a}\|_2 \quad \text{s.t.} \quad y_i \cdot (\boldsymbol{a}^\top \cdot \boldsymbol{x}_i - b) \geqslant 1, \quad i = 1, \cdots, n。$$

最后，目标函数可以利用平方的单调性变换为

$$\min_{\boldsymbol{a},b} \frac{1}{2} \cdot \|\boldsymbol{a}\|_2^2 \quad \text{s.t.} \quad y_i \cdot (\boldsymbol{a}^\top \cdot \boldsymbol{x}_i - b) \geqslant 1, \quad i = 1, \cdots, n。 \tag{4.7}$$

注意，式(4.7)是一个凸优化问题，其二次目标函数受线性不等式的约束。求解式(4.7)的困难之处在于约束的数量 n 通常很大。事实上，约束条件与数据点一样多（$i = 1, \cdots, n$）。与其直接求解优化问题式(4.7)，不如寻求推导一个更容易求解的对偶问题。

3. 对偶问题

引入拉格朗日乘子

$$\boldsymbol{\lambda} = (\lambda_1, \cdots, \lambda_n)^\top \in \mathbb{R}^n,$$

然后将约束条件对偶化

$$1 - y_i \cdot (\boldsymbol{a}^\top \cdot \boldsymbol{x}_i - b) \leqslant 0, \quad i = 1, \cdots, n。$$

然后，我们等价地重写式(4.7)：

$$\min_{\boldsymbol{a},b} \ \max_{\boldsymbol{\lambda} \geqslant 0} \frac{1}{2} \cdot \|\boldsymbol{a}\|_2^2 + \sum_{i=1}^n \lambda_i \cdot (1 - y_i \cdot (\boldsymbol{a}^\top \cdot \boldsymbol{x}_i - b))。$$

如果最优的 $\boldsymbol{a}, b$ 不满足第 i 个约束条件，即 $1 - y_i \cdot (\boldsymbol{a}^\top \cdot \boldsymbol{x}_i - b) > 0$，那么通过选择 $\lambda_i \to \infty$，则这个和就会爆炸，这与 $\boldsymbol{a}, b$ 能将目标函数最小化相违背。另一方面，如果第 i 个约束条件得到满足，即 $1 - y_i \cdot (\boldsymbol{a}^\top \cdot \boldsymbol{x}_i - b) \leqslant 0$，那么关于非负的拉格朗日乘子的最大化会导致 $\lambda_i = 0$，进而使求和项消失。现在应用凸优化的**强对偶性**（strong duality），具体参考 Nesterov et al. [2018]。与线性规划相似，我们可以交换上式中的最大最小化，可得

$$\max_{\boldsymbol{\lambda} \geqslant 0} \ \min_{\boldsymbol{a},b} \frac{1}{2} \cdot \|\boldsymbol{a}\|_2^2 + \sum_{i=1}^n \lambda_i \cdot (1 - y_i \cdot (\boldsymbol{a}^\top \cdot \boldsymbol{x}_i - b))。$$

使内部的最小化成立的必要最优条件为

$$\nabla_{\boldsymbol{a},b}\left(\frac{1}{2}\cdot\|\boldsymbol{a}\|_2^2+\sum_{i=1}^n\lambda_i\cdot(1-y_i\cdot(\boldsymbol{a}^\top\cdot\boldsymbol{x}_i-b))\right)=0,$$

或者, 等价地:

$$\boldsymbol{a}=\sum_{i=1}^n\lambda_i\cdot y_i\cdot\boldsymbol{x}_i,\quad\sum_{i=1}^n\lambda_i\cdot y_i=0。$$

将其代入目标函数, 可得:

$$\frac{1}{2}\cdot\|\boldsymbol{a}\|_2^2+\sum_{i=1}^n\lambda_i-\boldsymbol{a}^\top\cdot\underbrace{\sum_{i=1}^n\lambda_i\cdot y_i\cdot\boldsymbol{x}_i}_{=\boldsymbol{a}}+\underbrace{\sum_{i=1}^n\lambda_i\cdot y_i\cdot b}_{=0}=\sum_{i=1}^n\lambda_i-\frac{1}{2}\cdot\left\|\sum_{i=1}^n\lambda_i\cdot y_i\cdot\boldsymbol{x}_i\right\|_2^2。$$

综上, 我们得到了对偶问题:

$$\max_{\boldsymbol{\lambda}\geqslant 0}\sum_{i=1}^n\lambda_i-\frac{1}{2}\cdot\sum_{i,j=1}^n\lambda_i\cdot\lambda_j\cdot y_i\cdot y_j\cdot\boldsymbol{x}_i^\top\cdot\boldsymbol{x}_j\quad\text{s.t.}\quad\sum_{i=1}^n\lambda_i\cdot y_i=0。\tag{4.8}$$

这也是一个优化问题, 它在**非负数象限** (nonnegative orthant) 有一个二次的目标函数, 且仅受一个线性等式的约束。然而, 式(4.8)中大量的变量数目 n 是一个严重的问题。通过引入对偶问题, 我们将数值处理难度从处理式(4.7)中的大量约束转化为处理式(4.8)中的大量变量。然而, 正如我们稍后将看到的, 大多数变量 λ_i, $i=1,\cdots,n$, 将在最优解处消失。

4. 支持向量

下面我们从式(4.8)的解 $\boldsymbol{\lambda}$ 来还原出式(4.7)中 $\boldsymbol{a}$ 和 b 的最优解。为此, 我们首先定义正的拉格朗日乘子的索引的集合:

$$S=\{i\in\{1,\cdots,n\}|\lambda_i>0\}。$$

可以直观地还原出 $\boldsymbol{a}$:

$$\boldsymbol{a}=\sum_{i\in S}\lambda_i\cdot y_i\cdot\boldsymbol{x}_i。$$

与线性规划相似, 我们由**互补松弛条件** (complementary slackness) 可得:

$$\lambda_i\cdot\left(1-y_i\cdot\left(\boldsymbol{a}^\top\cdot\boldsymbol{x}_i-b\right)\right)=0,\quad i=1,\cdots,n。$$

特别地，对于 $i \in S$，有以下关系成立：

$$y_i \cdot \left(\boldsymbol{a}^\top \cdot \boldsymbol{x}_i - b\right) = 1。$$

将左右两边分别乘以 y_i，并利用 $(y_i)^2 = 1$ 可得：

$$b = \boldsymbol{a}^\top \cdot \boldsymbol{x}_i - y_i。$$

此外，我们看到数据点 $\boldsymbol{x}_i$，$i \in S$，以等式的形式满足了式(4.7)的线性约束。我们回顾最大间隔的定义，可以得出结论，$\boldsymbol{x}_i$，$i \in S$，就是**支持向量**（supporting vectors），即它们到分隔超平面的距离最小，见图 4.4：

$$H = \{\boldsymbol{x} \in \mathbb{R}^m | \boldsymbol{a}^\top \cdot \boldsymbol{x} - b = 0\}。$$

这种由 Vapnik 和 Chervonenkis 于 20 世纪 60 年代发明的分类技术而得名**支持向量机**（support-vector machine），参见 Cortes 和 Vapnik [1995]。我们得出结论，只有支持向量连同其相应的标签和拉格朗日乘子在求式(4.7)的最优解时起作用。由于其数量 $|S|$ 通常远小于 n，式(4.8)中的大多数变量很有可能会在最优解中消失。这将会提高使用凸优化的**坐标梯度下降**（coordinate gradient descent）法求解对偶问题的效率，例如参见 Hsieh et al. [2008]。

5. 正则化

到目前为止，我们一直假设 C_{yes} 和 C_{no} 类之间的分隔超平面是存在的。如果情况不是这样，该怎么办呢？那么，我们可以放松可分隔性的要求：允许数据点违背式(4.7)中的线性不等式。为了保持"违背"得足够小，它们的和会成为目标函数的惩罚项。现在考虑以下正则优化问题：

$$\min_{\boldsymbol{\xi} \geqslant 0, \boldsymbol{a}, b} \frac{1}{2} \cdot \|\boldsymbol{a}\|_2^2 + c \cdot \underbrace{\sum_{i=1}^{n} \xi_i}_{\text{惩罚项}} \quad \text{s.t.} \quad y_i \cdot \left(\boldsymbol{a}^\top \cdot \boldsymbol{x}_i - b\right) \geqslant \underbrace{1 - \boldsymbol{\xi}_i}_{\text{违背项}}, \quad i = 1, \cdots, n。 \quad (4.9)$$

这里，$c > 0$ 是一个常数，表示正则化项的重要性。不难推导出式(4.9)的对偶问题，见练习 4.5：

$$\max_{c \cdot \boldsymbol{e} \geqslant \boldsymbol{\lambda} \geqslant 0} \sum_{i=1}^{n} \lambda_i - \frac{1}{2} \cdot \sum_{i,j=1}^{n} \lambda_i \cdot \lambda_j \cdot y_i \cdot y_j \cdot \boldsymbol{x}_i^\top \cdot \boldsymbol{x}_j \quad \text{s.t.} \quad \sum_{i=1}^{n} \lambda_i \cdot y_i = 0。 \quad (4.10)$$

注意，这两个对偶问题式(4.8)和式(4.10)的不同之处仅在于式(4.10)定义了拉格朗日乘子的边界。因此，式(4.10)也可以通过坐标梯度下降法有效地求解。正则化的结果是会有少数数据点可能位于分隔超平面的分类错误的一侧，见图 4.5。

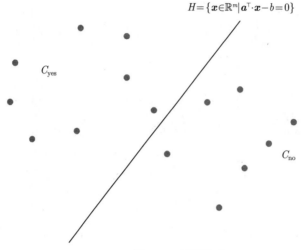

$$H = \{\boldsymbol{x} \in \mathbb{R}^m \,|\, \boldsymbol{a}^\top \cdot \boldsymbol{x} - b = 0\}$$

C_{yes}

C_{no}

图 4.5 正则化 SVM

6. 核技巧

另一种处理类 C_{yes} 和 C_{no} 间的线性不可分性的方法是**核技巧**（kernel trick）。核技巧不是直接在 m 维数据上应用支持向量机，而是先通过**特征映射**（feature mapping）的方式对它们进行变换：$\Phi : \mathbb{R}^m \to \mathbb{R}^r$，其中所谓的**本征度**（intrinsic degree）r 表示新特征的数量，见图 4.6。然后，我们再在数据集 $(\Phi(\boldsymbol{x}_i), y_i) \in \mathbb{R}^r \times \{\pm 1\}, i = 1, \cdots, n$，应用先前讨论的支持向量机。它的对偶版本由式(4.8)给出：

$$\max_{\boldsymbol{\lambda} \geqslant 0} \sum_{i=1}^n \lambda_i - \frac{1}{2} \cdot \sum_{i,j=1}^n \lambda_i \cdot \lambda_j \cdot y_i \cdot y_j \cdot \Phi(\boldsymbol{x}_i)^\top \cdot \Phi(\boldsymbol{x}_j) \quad \text{s.t.} \quad \sum_{i=1}^n \lambda_i \cdot y_i = 0 \text{。}$$

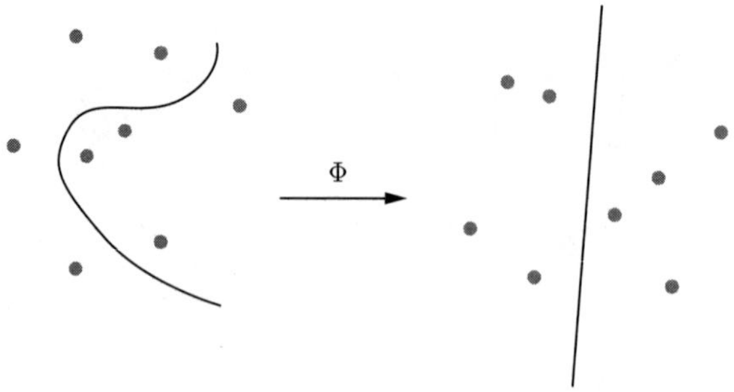

Φ

图 4.6 特征映射

现在，关键的问题是如何找到一个特征映射 Φ 使得转换后的数据集变得线性可分。正是在这里，核技巧提供了帮助。这个核技巧启示我们用适当的核函数代替标积，即对于 $i, j = 1, \cdots, n$，设定：

$$\Phi(\boldsymbol{x}_i)^\top \cdot \Phi(\boldsymbol{x}_j) = K(\boldsymbol{x}_i, \boldsymbol{x}_j) \text{。}$$

那么，核支持向量机需要求解的问题是：

$$\max_{\boldsymbol{\lambda} \geqslant 0} \sum_{i=1}^{n} \lambda_i - \frac{1}{2} \cdot \sum_{i,j=1}^{n} \lambda_i \cdot \lambda_j \cdot y_i \cdot y_j \cdot K(\boldsymbol{x}_i, \boldsymbol{x}_j) \quad \text{s.t.} \quad \sum_{i=1}^{n} \lambda_i \cdot y_i = 0 \text{。} \quad (4.11)$$

核方法背后的思想是，如果 $\Phi(\boldsymbol{x}_i)$ 和 $\Phi(\boldsymbol{x}_j)$ 很接近，那么它们的标积 $\Phi(\boldsymbol{x}_i)^\top \cdot \Phi(\boldsymbol{x}_j)$ 就很大。因此，核 $\boldsymbol{K}(\boldsymbol{x}_i, \boldsymbol{x}_j)$ 度量了 $\boldsymbol{x}_i$ 和 $\boldsymbol{x}_j$ 之间的**相似性**（similarity）。此外，只要我们保证以下关系成立，使用核就不要求我们明确知道特征映射函数是怎样计算的：对于一个给定的**核函数**（或核，kernel）$\boldsymbol{K} : \mathbb{R}^m \times \mathbb{R}^m \to \mathbb{R}$，某种特征映射 $\Phi : \mathbb{R}^m \to \mathbb{R}^r$ 存在，且使得对于任意 $\boldsymbol{u}, \boldsymbol{v} \in \mathbb{R}^m$，有

$$\boldsymbol{K}(\boldsymbol{u}, \boldsymbol{v}) = \Phi(\boldsymbol{u})^\top \cdot \Phi(\boldsymbol{v}) \text{。}$$

如果一个核可以表示为某些特征映射的标积，则我们称它是**有效**（valid）的。如何表征有效的核呢？这个问题的答案引出了 Mercer 定理，参见 Kung [2014]。为了说明 Mercer 定理，我们定义 $n \times n$ 维的**核矩阵**（kernel matrix）：

$$\boldsymbol{K}_X = (\boldsymbol{K}(\boldsymbol{x}_i, \boldsymbol{x}_j))_{i,j} \text{,}$$

它对应一个给定的数据样本集合

$$X = \{\boldsymbol{x}_i \in \mathbb{R}^m | i = 1, \cdots, n\} \text{。}$$

Mercer 定理（Mercer's theorem）：一个连续且对称的核 $\boldsymbol{K}$ 是有效的，当且仅当核矩阵 $\boldsymbol{K}_X$ 对于所有数据样本 X 都是半正定的，即对于所有 $\boldsymbol{\xi} \in \mathbb{R}^n$，下式成立：

$$\boldsymbol{\xi}^\top \cdot \boldsymbol{K}_X \cdot \boldsymbol{\xi} = \sum_{i,j=1}^{n} \xi_i \cdot \xi_j \cdot \boldsymbol{K}(\boldsymbol{x}_i, \boldsymbol{x}_j) \geqslant 0 \text{。}$$

7. 二次核

下面我们以**二次核**（quadratic kernel）为例：

$$\boldsymbol{K}(\boldsymbol{u}, \boldsymbol{v}) = \left(\boldsymbol{u}^\top \cdot \boldsymbol{v}\right)^2 \text{,}$$

其中 $\boldsymbol{u}, \boldsymbol{v} \in \mathbb{R}^m$。下面通过 Mercer 定理证明 $\boldsymbol{K}$ 是有效的。为了证明这一点，我们计算：

$$\boldsymbol{\xi}^\top \cdot \boldsymbol{K}_X \cdot \boldsymbol{\xi} = \sum_{i,j=1}^{n} \xi_i \cdot \xi_j \left(\boldsymbol{x}_i^\top \cdot \boldsymbol{x}_j\right)^2 = \sum_{i,j=1}^{n} \xi_i \cdot \xi_j \cdot \left(\sum_{k=1}^{m} (\boldsymbol{x}_i)_k \cdot (\boldsymbol{x}_j)_k\right)^2$$

$$= \sum_{i,j=1}^{n} \xi_i \cdot \xi_j \cdot \sum_{k,l=1}^{m} (\boldsymbol{x}_i)_k \cdot (\boldsymbol{x}_j)_k \cdot (\boldsymbol{x}_i)_l \cdot (\boldsymbol{x}_j)_l$$

$$= \sum_{k,l=1}^{m} \left(\sum_{i=1}^{n} \xi_i \cdot (\boldsymbol{x}_i)_k \cdot (\boldsymbol{x}_i)_l \right)^2 \geqslant 0.$$

因此，核矩阵 $\boldsymbol{K}_X$ 是正定的。由于 Mercer 定理，二次核 $\boldsymbol{K}$ 是有效的，即它可以表示如下：

$$\boldsymbol{K}(\boldsymbol{u}, \boldsymbol{v}) = \Phi(\boldsymbol{u})^{\top} \cdot \Phi(\boldsymbol{v}).$$

一个对应的特征映射 $\Phi : \mathbb{R}^m \to \mathbb{R}^r$ 可以明确给出：

$$\Phi(\boldsymbol{u}) = \left(u_1^2, \cdots, u_m^2, \sqrt{2} \cdot u_1 \cdot u_2, \cdots, \sqrt{2} \cdot u_{m-1} \cdot u_m \right)^{\top},$$

而其本征度 r 为

$$r = \binom{m+1}{2} = \frac{m \cdot (m+1)}{2}.$$

可以得出结论，在支持向量机中使用二次核可以通过抛物线、双曲线或椭圆表面来非线性地分隔 C_{yes} 和 C_{no}，而不仅是通过超平面分隔。而它需要付出的代价是特征数量从 m 到 r 的一个数量级的提升。

4.3 案例分析：质量控制

分析领域的**质量控制**（quality control，QC）可以确保实验室内检验分析的结果是始终一致的、可比较的、准确的，且在规定的精度范围内的。质量控制的目的是在实验室发布患者的化验结果之前，检测、减少和纠正实验室内部分析过程中的缺陷。换句话说，分析质量控制试图去回答这样一个问题，即检测系统在不同的操作条件和不同的实验时间下，复现出相同结果的能力如何。有时会有多个实验室同时分析样品，并将数据输入一个大型工作程序中。在这种情况下，分析质量控制也可以用一个实验室的结果来验证另一个实验室的结果，具体可以查阅**实验室间校准**（inter-laboratory calibration）的相关资料。具体来说，让 m 个实验室在患者的样本上检测病毒，数据集由实验室的测试结果 $\boldsymbol{x}_i \in \{0,1\}^m$ 和第 i 个患者的真实诊断 $y_i \in \{0,1\}$ 组成，$i = 1, \cdots, n$。此处，0 代表阴性（未感染病毒），1 代表阳性（感染病毒）。据统计估计，人群中被病毒感染的概率为 $\pi \in (0,1)$。我们打算构建一个所谓的**朴素贝叶斯分类器**（naïve Bayes classifier），以确定新患者的测试结果 $\boldsymbol{x} \in \{0,1\}^m$ 是否更有可能被标记为 $y = 0$ 或 $y = 1$。

任务 1 对于第 j 个实验室,我们分别估计得到假阳性和假阴性的测试结果的概率 p_j 和 q_j。我们假设多元伯努利事件模型,请分别计算当测试结果为 $\boldsymbol{x} \in \{0,1\}^m$ 时,患者未感染病毒和感染病毒各自的条件概率 $\mathbb{P}(\boldsymbol{x}|y=0)$ 和 $\mathbb{P}(\boldsymbol{x}|y=1)$。

提示 1 假阳性和假阴性的概率分别为:

$$p_j = \frac{\#\{i|(\boldsymbol{x}_i)_j = 1, y_i = 0\}}{\#\{i|y_i = 0\}}, \quad q_j = \frac{\#\{i|(\boldsymbol{x}_i)_j = 0, y_i = 1\}}{\#\{i|y_i = 1\}}。$$

条件概率为:

$$\mathbb{P}(\boldsymbol{x}|y=0) = \prod_{j=1}^m p_j^{\boldsymbol{x}_j} \cdot (1-p_j)^{1-\boldsymbol{x}_j}, \quad \mathbb{P}(\boldsymbol{x}|y=1) = \prod_{j=1}^m (1-q_j)^{\boldsymbol{x}_j} \cdot q_j^{1-\boldsymbol{x}_j}。$$

任务 2 通过应用**贝叶斯定理**(Bayes theorem),分别推导出测试结果为 $\boldsymbol{x}$ 的患者未感染病毒或感染病毒的条件概率 $\mathbb{P}(y=0|\boldsymbol{x})$ 和 $\mathbb{P}(y=1|\boldsymbol{x})$。

提示 2 贝叶斯定理可以导出:

$$\mathbb{P}(y=0|\boldsymbol{x}) = \frac{\mathbb{P}(\boldsymbol{x}|y=0) \cdot \mathbb{P}(y=0)}{\mathbb{P}(\boldsymbol{x})}, \quad \mathbb{P}(y=1|\boldsymbol{x}) = \frac{\mathbb{P}(\boldsymbol{x}|y=1) \cdot \mathbb{P}(y=1)}{\mathbb{P}(\boldsymbol{x})}。$$

任务 3 对于测试结果为 $\boldsymbol{x}$ 的患者来说,其朴素贝叶斯规则如下:

$$y = \begin{cases} 0, & \mathbb{P}(y=0|\boldsymbol{x}) \geqslant \mathbb{P}(y=1|\boldsymbol{x}) \\ 1, & \text{其他} \end{cases} 。 \tag{4.12}$$

试将朴素贝叶斯规则式(4.12)表示为一个线性分类规则式(4.1)。

提示 3 把 $\boldsymbol{x}$ 标记为 $y=0$ 的条件

$$\mathbb{P}(y=0|\boldsymbol{x}) \geqslant \mathbb{P}(y=1|\boldsymbol{x})$$

等价于

$$\prod_{j=1}^m p_j^{\boldsymbol{x}_j} \cdot (1-p_j)^{1-\boldsymbol{x}_j} \cdot (1-\pi) \geqslant \prod_{j=1}^m (1-q_j)^{\boldsymbol{x}_j} \cdot q_j^{1-\boldsymbol{x}_j} \cdot \pi。$$

取上式对数并进行整理后,可以得到:

$$\sum_{j=1}^m \boldsymbol{x}_j \cdot \ln \frac{p_j}{1-p_j} \cdot \frac{q_j}{1-q_j} \geqslant \ln \frac{\pi}{1-\pi} + \sum_{j=1}^m \ln \frac{q_j}{1-p_j}。$$

上述关系可以对应以下线性分类器规则：

$$y = \begin{cases} 0, & \boldsymbol{a}^\top \cdot \boldsymbol{x} \geqslant b \\ 1, & \text{其他} \end{cases} 。$$

其中朴素贝叶斯分类器是

$$\boldsymbol{a} = \left(\ln \frac{p_j}{1-p_j} \cdot \frac{q_j}{1-q_j}, j = 1, \cdots, m \right)^\top ,$$

而界限 b 是

$$b = \ln \frac{\pi}{1-\pi} + \sum_{j=1}^{m} \ln \frac{q_j}{1-p_j} 。$$

任务 4　假设所有实验室都具有相同的检测性能，即对于 $j = 1, \cdots, m$，$p = p_j$ 和 $q = q_j$。此外，假阳性和假阴性的结果的比例低于 50%。那么根据朴素贝叶斯规则，需要多少阳性测试结果 j 才能将患者确定地标记为病毒感染者？

提示 4　阳性的测试结果的数量需要满足以下条件才可以将一个患者标记为 $y = 1$：

$$j > \frac{\ln \dfrac{\pi}{1-\pi} + m \cdot \ln \dfrac{q}{1-p}}{\ln \dfrac{p}{1-p} \cdot \dfrac{q}{1-q}} 。$$

任务 5　让我们模拟疫病大流行的初期，彼时测试的可靠性很低，即假阴性结果出现得非常频繁。我们假设 80% 的人口没有任何症状。此外，假阳性结果的占比为 1%，假阴性结果的占比为 40%。这时，3/10 的阳性测试结果（即测试 10 次中有 3 次阳性）是否足以让患者住院？

提示 5　当 $\pi = 0.2$，$p = 0.01$，$q = 0.4$ 以及 $m = 10$ 时，我们有 $j \geqslant 2.09$。所以，一个有 3 个阳性测试结果的病人更有可能是一个病毒感染者。

4.4　练习

练习 4.1（Fisher 判别式）　我们假定一些具有以下收入、债务和工资（单位：千美元）的客户的信用度如下表所示。

	客户 1	客户 2	客户 3	客户 4	客户 5	客户 6
收入	5	6	7	1	2	3
债务	10	20	0	30	20	40
工资	2	3	1	2	4	2
信用度	Yes	Yes	Yes	No	Yes	No

试使用 Fisher 判别规则，判定是否应该向收入为 4、债务为 10、工资为 1000 美元的新客户提供贷款。

练习 4.2（样本均值）　请证明以下公式的正确性：

$$\sum_{i \in C_{\text{yes}}} (z_i - z_{\text{yes}}) \cdot (z_{\text{yes}} - \bar{z}) + \sum_{i \in C_{\text{no}}} (z_i - z_{\text{no}}) \cdot (z_{\text{no}} - \bar{z}) = 0,$$

其中的样本均值为

$$z_{\text{yes}} = \frac{1}{n_{\text{yes}}} \cdot \sum_{i \in C_{\text{yes}}} z_i, \quad z_{\text{no}} = \frac{1}{n_{\text{no}}} \cdot \sum_{i \in C_{\text{no}}} z_i, \quad \bar{z} = \frac{1}{n} \cdot \sum_{i=1}^{n} z_i。$$

练习 4.3（齐次函数）　设 $f, g : \mathbb{R}^m \to \mathbb{R}$ 是 $\alpha > 0$ 阶的同阶齐次函数，即对于任意 $t > 0$，有以下公式成立：

$$f(t \cdot \boldsymbol{a}) = t^\alpha \cdot f(\boldsymbol{a}), \quad g(t \cdot \boldsymbol{a}) = t^\alpha \cdot g(\boldsymbol{a})。$$

如果对于所有 $\boldsymbol{a} \in \mathbb{R}^m$，有额外条件 $g(\boldsymbol{a}) > 0$，则有

$$\max_{\boldsymbol{a}} \frac{f(\boldsymbol{a})}{g(\boldsymbol{a})} = \max_{\boldsymbol{a}} \{ f(\boldsymbol{a}) | g(\boldsymbol{a}) = 1 \}。$$

请利用这个结果证明优化问题式(4.3)和式(4.4)的等价性。

练习 4.4（超平面）　假定有两个平行的超平面：

$$\boldsymbol{a}^\top \cdot \boldsymbol{x} - b_1 = 0, \boldsymbol{a}^\top \cdot \boldsymbol{x} - b_2 = 0,$$

其中 $\boldsymbol{a} \in \mathbb{R}^m$，$b_1, b_2 \in \mathbb{R}$。请证明它们之间的距离等于

$$\frac{|b_1 - b_2|}{\|\boldsymbol{a}\|_2}。$$

试使用这个结果推导出间隔的公式。

练习 4.5（正则化 SVM）　试证明式(4.10)是正则化优化问题式(4.9)的对偶问题，并且从式(4.10)的解中还原出式(4.9)的解。

练习 4.6（核规则） 假设 $\boldsymbol{K}: \mathbb{R}^m \times \mathbb{R}^m \to \mathbb{R}$ 和 $L: \mathbb{R}^m \times \mathbb{R}^m \to \mathbb{R}$ 分别为具有本征度 r_K 和 r_L 的有效的核函数。试证明以下两个核函数也是有效的：

$$S(\boldsymbol{u}, \boldsymbol{v}) = \boldsymbol{K}(\boldsymbol{u}, \boldsymbol{v}) + L(\boldsymbol{u}, \boldsymbol{v}), \quad P(\boldsymbol{u}, \boldsymbol{v}) = K(\boldsymbol{u}, \boldsymbol{v}) \cdot L(\boldsymbol{u}, \boldsymbol{v})。$$

同时证明，它们的本征度分别为：

$$r_S = r_K + r_L, \quad r_P = r_K \cdot r_L。$$

练习 4.7（多项式核函数） 请证明**多项式核函数**（polynomial kernel）是有效的：

$$\boldsymbol{K}(\boldsymbol{u}, \boldsymbol{v}) = \left(\boldsymbol{u}^\top \cdot \boldsymbol{v}\right)^d,$$

其中 $\boldsymbol{u}, \boldsymbol{v} \in \mathbb{R}^m$，$d \in \mathbb{N}$。试构建相应的特征映射并计算它的本征度。

第 5 章 聚　　类

聚类（clustering）的目的是将一个对象集合按照以下的方式分组：在同一个聚类中的各个对象的相似度比它们与其他聚类中的对象的相似度更高。尽管不同对象的特征不同，如基因的 DNA 序列、社交网络中的成员、自然语言的文本、股票价格的时间序列、计算机断层扫描的医学图像或电子商务平台上的消费产品等，它们各自的聚类任务可能是非常相关的。聚类本身并不是一个特定的算法，而是一个需要解决的任务。聚类可以通过很多算法来实现，但这些算法在对聚类的构成以及如何有效识别聚类的理解上存在显著的差异。本章将介绍著名的基于对象之间的一般**差异性度量**（dissimilarity measure）的 **k-均值聚类**（k-means clustering）。首先，该算法会将每个对象分配到与其差异度最小的聚类中心。然后，该算法会通过最小化聚类内部的差异性来重新计算聚类中心。k-均值算法是根据欧几里得设定执行的，其中聚类的中心就是聚类中样本的均值。此外，我们讨论了 k-均值算法基于其他不同的相异性度量的改动，包括 **Levenshtein 距离**（Levenshtein distance）、**Manhattan 范数**（Manhattan norm）、**余弦相似度**（cosine similarity）、**Pearson 相关性**（Pearson correlation）和 **Jaccard 系数**（Jaccard coefficient）。最后，我们将**谱聚类**（spectral clustering）技术应用在了**社区发现**（community detection）问题上。这一应用是建立在研究信息通过社交网络的传播和对相应的转移概率矩阵做谱分析来实现的。

5.1　研究动因：DNA 测序

近年来，人们采集了大量的**基因表达数据**（gene expression data），其中的 DNA 测序问题引起了大量关注。1998 年，冰岛议会决定允许生物制药公司 deCODE Genetics 收集和存储其全国人口的所有健康数据。其法律依据是随后不久批准的生物样本库法案（Act of Biobanks）。在之后的 2003 年，deCODE Genetics 就推出了一个在线版本的 DNA 测序数据库，名为 Íslendingabók，又名"冰岛人之书"（Book of Icelanders）。任何拥有冰岛社会保障号码的人都可以研究他们的家谱，并查看他们与该国其他任何人之间最近的家庭关系。到 2020 年，"冰岛人之书"已经拥有了超过 20 万名注册用户和超过 90 万个 DNA 序列的关联条目，这些用户中包括大多数冰岛人，无论他们是仍然健在还是已经去世。由于 deCODE 基因表达数据集一直是世界上最大的且支持维护得最好的数据集之一，因此人们侧重使用它做谱系关系的分析。具体地说，人们在基因表达数据中探寻有意义的信息模式和依赖关系，这项任务虽然困难，但却是必不可少的，因为它可以为假设检验提供基础。谱系分析的一种解决方案是将 DNA 序列相互关联，而非每次都独立地重新访问每个新的 DNA 序列。识别具有相似 DNA 模式的同质群体的任务通常是由**聚类**（clustering）实现的。DNA 序列的聚类已被证明可以很好地应用于揭示基因表达数据中内在的自然结构，其中包括基因功能、细胞过程和细胞类型。另一个好处是它能够更好地帮助人们理解基因同源性，这一点在设计疫苗的过程中非常重要。DNA 序列的差异性度量是对基因表达数据聚类的关键所在。简单来说，DNA 链可以表示为一个字符串，即一个由以下字母表所构成的有限字符序列：

$$\Sigma = \{\text{Adenin(A), Guanin(G), Thymin(T), Cytosin(C)}\}。 ①$$

用 Σ^s 表示长度为 s 的字符串集合，所有有限字符串（无论长度）的集合用克林星（Kleene star）算子表示：

$$\Sigma^* = \bigcup_{s \in \mathbb{N} \cup \{0\}} \Sigma^s。$$

对于任意两个 DNA 序列 $x, y \in \Sigma^*$，我们需要定义相应的差异性度量 $d(x,y)$。为此，一个合理的选项是 Levenshtein 距离，它可以衡量两个序列之间的编辑距离：

$$d(x,y) = \text{lev}(x,y)。$$

Levenshtein 距离（Levenshtein distance）$\text{lev}(x,y)$ 表示将字符串 x 更改为字符串 y 所需的最小单字符编辑（插入、删除或替换）次数。它以 Levenshtein 的名字命名。为了更好地理解这个定义，让我们计算下面两个字符串之间的 Levenshtein 距离

$$x = \text{ACCGAT}, \quad y = \text{AGCAT}。$$

从 x 编辑获得 y 的一种可能的操作是将第 2 个字符 C 替换为 G，将第 4 个字符 G 替换为 A，将第 5 个字符 A 替换为 T，并删除最后一个字符 T：

$$
\begin{array}{cccccc}
\text{A} & \text{C} & \text{C} & \text{G} & \text{A} & \text{T} \\
 & \uparrow & & \uparrow & \uparrow & \uparrow \\
 & \text{G} & & \text{A} & \text{T} & \times
\end{array}
$$

总共需要进行 4 次编辑，但其实我们可以做得更好。实际上，我们可以将第 2 个字符 C 替换为 G，并删除第 4 个字符 G：

---

① 译者注：这里的 A、T、G、C 代表的分别是四种碱基，即腺嘌呤（Adenin）、鸟嘌呤（Guanin）、胸腺嘧啶（Thymin）和胞嘧啶（Cytosin）。

$$
\begin{array}{cccccc}
\text{A} & \text{C} & \text{C} & \text{G} & \text{A} & \text{T} \\
 & \uparrow & & \uparrow & & \\
 & \text{G} & & \times & &
\end{array}
$$

因此，如果使用 Levenshtein 距离，有 $\mathrm{lev}(x,y)=2$。现在，我们将注意力转向更一般的问题：如何通过给定的差异性度量来有效地将对象聚类？

5.2 研究结果

5.2.1 k-均值算法

我们首先描述和分析用于聚类的基本 k-均值算法。

1. 总差异性

假定已知来自一个数据集中的 n 个对象 $x_1,\cdots,x_n$。它们需要被分为 k 个同质的聚类 $C_1,\cdots,C_k$，它们是互不相交的，且其并集可以构成一个划分，即

$$
\bigcup_{l=1}^{k} C_l = \{1,\cdots,n\}。
$$

聚类的同质性意味着它的成员相互之间较为近似。同时，不同聚类间的成员又应该具有显著的可区分性。为了落实这个想法，假设我们可以有效地测量任意两个对象 x 和 y 之间的**差异度**（dissimilarity）$d(x,y)$。这个度量是执行聚类的基础。为此，我们将聚类 $C_1,\cdots,C_k$ 与它们的聚类中心 $z_1,\cdots,z_k$ 关联起来。聚类中心 z_l 可以代表聚类 C_l，因此聚类内的差异度可以计算为

$$
d(C_l,z_l) = \sum_{i\in C_l} d(x_i,z_l)。
$$

所以，总的差异度可以由下式给出

$$
d(C,z) = \sum_{l=1}^{k} d(C_l,z_l),
$$

其中聚类和其相应的聚类中心可以表示为

$$
C = (C_1,\cdots,C_k), \quad z = (z_1,\cdots,z_k)。
$$

我们的目标是找到总差异度最小的聚类划分 C 和这个划分的相应聚类中心 z：

$$
\min_{C,z} d(C,z)。 \tag{5.1}
$$

2. 朴素 k-均值方法

由于优化问题式 (4.8) 的组合性质,所以它很难解决。然而,目前有一个简单的迭代方案,它可以交替地更新聚类划分和聚类中心。结果证明,这种方法非常有效。这个算法由贝尔实验室的 Lloyd 提出 [Lloyd, 1982],起初是一种用来做脉冲编码调制的技术,而这个想法最早可以追溯到 [Steinhaus et al., 1956]。我们下面正式介绍 **k-均值聚类算法** (k-means clustering):

(1) 下一个迭代中的每个聚类均由与前一个迭代的聚类中心差异度最低的对象组成,即对于所有 $l = 1, \cdots, k$,有:

$$C_l(t+1) = \{i \in \{1, \cdots, n\} | d(x_i, z_l(t)) \leqslant d(x_i, z_{l'}(t)) \text{ 对任意} l' = 1, \cdots, k\}。$$

(2) 下一个迭代的**聚类中心** (centers) 的选择会将新形成的聚类内的差异度最小化,即对于所有 $l = 1, \cdots, k$,有

$$z_l(t+1) \in \arg\min_z d(C_l(t+1), z)。$$

k-均值聚类由一系列从第 t 次到第 $t+1$ 次的迭代构成,每次迭代会进行聚类-中心的交替更新。

$$(C(t), z(t)) \xmapsto{(1)} (C(t+1), z(t)) \xmapsto{(2)} (C(t+1), z(t+1))。$$

现在证明总差异度没有增加:

$$
\begin{aligned}
d(C(t+1), z(t+1)) &= \sum_{l=1}^{k} d(C_l(t+1), z_l(t+1)) \overset{(2)}{\leqslant} \sum_{l=1}^{k} d(C_l(t+1), z_l(t)) \\
&= \sum_{l=1}^{k} \sum_{i \in C_l(t+1)} d(x_i, z_l(t)) \overset{(1)}{\leqslant} \sum_{l'=1}^{k} \sum_{i \in C_{l'}(t)} d(x_i, z_{l'}(t)) \\
&= \sum_{l'=1}^{k} d(C_{l'}(t), z_{l'}(t)) = d(C(t), z(t))。
\end{aligned}
$$

由于划分的数量是有限的,因此总差异度的序列 $(d(C(t), z(t)))_{t \in \mathbb{N}}$ 也是一个有限数量的非递增序列。因此,k-均值方法将在有限次数的迭代步骤后停止,收敛至优化问题式(5.1)的**局部** (local) 最小值。k-均值方法向**全局** (global) 最小值的收敛的关键在于聚类中心的初始化,并且在通常情况下该方法并不能保证会得到全局最小值。我们将通过图 5.1 的示例看到,除非聚类中心的初始化非常恰当,否则 k-均值算法将很难达成收敛至全局最小化,至少在欧几里得设定中将是如此。为了克服这个障碍,一个简单的方法是可以重复多次执行 k-均值法,每次将聚类中心初始化为不同的值。Arthur 和 Vassilvitskii[Vassilvitskii and

Arthur, 2007] 提出了另一种称为 **k-均值** ++（**k**-means++）的初始化策略。在这种方法中，聚类中心是随机选择的，其概率与已经被选中的中心的距离平方成正比。

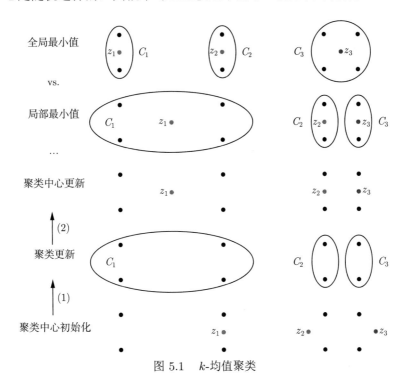

图 5.1 k-均值聚类

3. 欧几里得设定

我们考虑欧几里得设定下的 k-均值聚类。为此，假设数据点 $x_1, \cdots, x_n \in \mathbb{R}^m$ 描述了对象的 m 个特征，对于任意两个对象 $x, y \in \mathbb{R}^m$，它们之间的差异度度量由**欧几里得距离**（Euclidean distance）给出：

$$d(x, y) = \|x - y\|_2^2 。$$

分别研究由（1）和（2）给出的聚类及其中心的结构。为简单起见，我们省略了迭代次数 $t + 1$。首先，我们来具体表述（2）中的中心的更新。为此，需要找到可以最小化集群 C_l 内部的差异度的中心 z_l：

$$\min_z \sum_{i \in C_l} \|x_i - z\|_2^2 。$$

最优的必要条件为：

$$\nabla_z \left(\sum_{i \in C_l} \|x_i - z\|_2^2 \right) = 0,$$

或者与其等价的:

$$2 \cdot \sum_{i \in C_l} (z - x_i) = 0。$$

此式也就是众所周知的**样本均值**（sample mean）公式:

$$z_l = \frac{1}{|C_l|} \sum_{i \in C_l} x_i,$$

其中，$|C_l|$ 表示 C_l 内成员的个数。我们可以得出结论:（2）式中的聚类中心应该选取聚类内数据点的样本均值。而其实这就是 k-均值这个名称的来源。此外，请注意，可以通过聚类中心得到一个 **Voronoi 图**（Voronoi diagram），这个图将 $\mathbb{R}^m$ 分解为 k 个凸单元，每个凸单元都包含最近中心为 z_l 的空间区域，其中 $l = 1, \cdots, k$。由于由（1）得到的聚类具有以下形式:

$$C_l = \{i \in \{i, \cdots, n\} \mid \|x_i - z_l\|_2 \leqslant \|x_i - z_{l'}\|_2 \text{ 对全部} l' = 1, \cdots, k\},$$

那么数据点 x_i，$i \in C_l$ 也会落在相应的 Voronoi 单元之内，如图 5.2 所示。

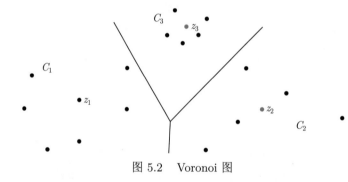

图 5.2　Voronoi 图

5.2.2　谱聚类

下面考虑一个 k-均值算法的应用，即用于社区发现的谱聚类，参见 [Mathar et al., 2020]。

1. 社区发现

社区发现（community detection）是理解复杂社交网络结构并最终从中提取有用信息的关键。社区发现背后的动机是多种多样的。它可以帮助品牌和商家了解人们对其产品的不同意见。品牌方可以针对兴趣相似且地理位置相近的特定人群量身定制解决方案，进而提高服务的绩效。识别购买关系网络中的相似客户，可以帮助在线零售商建立有效的推荐机制，从而更好地引导客户去浏览商品推荐列表，增加零售商的商机。下面对社区发现问题进行数学建模。为此，假设**社交网络**（social network）中有 n 个人可以相互交流通信，如图 5.3 所示。假设对于社交网络中的任意两个人 i 和 j，它们的**连接值**（linkage）$w_{ij} \geqslant 0$ 均为已知。w_{ij} 表示 i 和 j 两人之间的连接强度的权重。这个权重可能为每天通话的平均时间等，因此对于所有的 $i, j = 1, \cdots, n$，有以下关系成立：

$$w_{ij} = w_{ji}。$$

简洁起见，我们定义在非负元素上的 $n \times n$ 维对称连接矩阵：

$$\boldsymbol{W} = (w_{ij})。$$

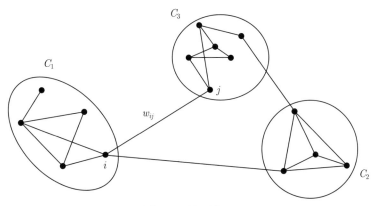

图 5.3 社区发现

为了将所有的人聚类到 k 个组中，需要一个适当的差异性度量。通常，直接使用连接值的信息是不够的。事实上，尽管有时人们彼此交谈很多，但最终还是意见相左，因为他们各自也会与其他人有联系。而谱聚类的主要思想则是观察分析社会网络中的**信息扩散**（diffusion of information）。粗略来说，如果两个人一段时间后在社交网络上产生了大致相同的信息足迹，那么我们就认为他们是相似的。换句话说，人的差异度是通过他们以不同方式影响和操纵他人的意见的能力来衡量的。下面用数学的术语来表达这个想法。

2. 信息扩散

首先，信息从第 j 个人扩散到第 i 个人的概率为：

$$p_{ij} = \frac{w_{ij}}{\sum\limits_{i=1}^{n} w_{ij}}。$$

对于 $n \times n$ 维度的矩阵 $\boldsymbol{P} = (p_{ij})$，有：

$$\boldsymbol{P} = \boldsymbol{W} \cdot \boldsymbol{D}^{-1},$$

其中关于度的对角矩阵由下式给出

$$\boldsymbol{D} = \operatorname{diag}\left(\sum_{i=1}^{n} w_{ij}, j = 1, \cdots, n\right)。$$

注意，$\boldsymbol{P}$ 是构造出的**随机矩阵**（stochastic matrix），即它的元素是非负的，并且它的列的总和为 1：

$$\boldsymbol{P} \geqslant 0, \quad \boldsymbol{e}^{\top} \cdot \boldsymbol{P} = \boldsymbol{e}^{\top},$$

其中 $\boldsymbol{e} = (1, \cdots, 1)^{\top}$ 表示 n 维的全 1 向量。现在，我们描述信息扩散的过程。为此，假设八卦消息是从第 j 个人开始的：

$$\boldsymbol{x}_j(0) = \boldsymbol{e}_j,$$

其中 $\boldsymbol{e}_j$ 是 $\mathbb{R}^n$ 的第 j 个坐标向量，即 $\boldsymbol{e}_j$ 的第 j 个元素等于 1，而其余元素为零。这意味着社交网络中的所有人，除了第 j 个人，都还暂时不知道这条新闻。一旦这个信息被传递给第 j 个人的朋友后，它就会被一传十十传百地传播到整个社交网络中。因此，这种信息的扩散是由以下的更新方程给出的：

$$\boldsymbol{x}_j(t) = \boldsymbol{P} \cdot \boldsymbol{x}_j(t-1),$$

其中 $\boldsymbol{x}_j(t-1) \in \Delta$ 可以被看作社交网络上的第 j 个人在时间 $t-1$ 时刻引发的信息足迹。回想我们在这里使用过的单纯形：

$$\Delta = \{\boldsymbol{x} \in \mathbb{R}^n | \boldsymbol{x} \geqslant 0 \text{ 且 } \boldsymbol{e}^{\top} \cdot \boldsymbol{x} = 1\}。$$

这里，我们提出的动态过程是良定的，因为在零时刻，第 j 个人从信息足迹是从 $\boldsymbol{x}_j(0) \in \Delta$ 开始的。然后，$\boldsymbol{x}(t)$ 也可以构成一个社交网络上的信息足迹，即 $\boldsymbol{x}_j(t) \in \Delta$。这个结论可以通过归纳法来证明。由于矩阵 $\boldsymbol{P}$ 是随机矩阵，我们有：

$$\boldsymbol{x}_j(t) = \underbrace{\boldsymbol{P}}_{\geqslant 0} \cdot \underbrace{\boldsymbol{x}_j(t-1)}_{\geqslant 0} \geqslant 0,$$

以及

$$\boldsymbol{e}^{\top} \cdot \boldsymbol{x}_j(t) = \underbrace{\boldsymbol{e}^{\top} \cdot \boldsymbol{P}}_{=\boldsymbol{e}^{\top}} \cdot \boldsymbol{x}_j(t-1) = \boldsymbol{e}^{\top} \cdot \boldsymbol{x}_j(t-1) = 1。$$

具体地，信息的扩散可以写为

$$\boldsymbol{x}_j(t) = \boldsymbol{P} \cdot \underbrace{\boldsymbol{x}_j(t-1)}_{=\boldsymbol{P} \cdot \boldsymbol{x}_j(t-2)} = \boldsymbol{P}^2 \cdot \boldsymbol{x}_j(t-2) = \cdots = \boldsymbol{P}^t \cdot \boldsymbol{x}_j(0) = \boldsymbol{P}^t \cdot \boldsymbol{e}_j。$$

为了计算扩散矩阵 $\boldsymbol{P}$ 的 t 次方，我们将先推导出它的谱分解。

3. 谱分解

我们从辅助矩阵的对角化开始：

$$\boldsymbol{S} = \boldsymbol{D}^{-1/2} \cdot \boldsymbol{W} \cdot \boldsymbol{D}^{-1/2},$$

其中

$$\boldsymbol{D}^{-1/2} = \mathrm{diag}\left(\frac{1}{\sqrt{\sum_{i=1}^{n} w_{ij}}}, j = 1, \cdots, n\right)。$$

注意，矩阵 $\boldsymbol{S}$ 是对称的，因为对于它的转置，有：

$$\boldsymbol{S}^{\top} = \left(\boldsymbol{D}^{-1/2} \cdot \boldsymbol{W} \cdot \boldsymbol{D}^{-1/2}\right)^{\top} = \left(\boldsymbol{D}^{-1/2}\right)^{\top} \cdot \boldsymbol{W}^{\top} \cdot \left(\boldsymbol{D}^{-1/2}\right)^{\top} = \boldsymbol{D}^{-1/2} \cdot \boldsymbol{W} \cdot \boldsymbol{D}^{-1/2} = \boldsymbol{S}。$$

考虑对称矩阵 $\boldsymbol{S}$ 的特征向量 $\boldsymbol{v}_1, \cdots, \boldsymbol{v}_n \in \mathbb{R}^n$，以及它们对应的特征值 $\lambda_1, \cdots, \lambda_n \in \mathbb{R}$。根据定义，对所有 $r = 1, \cdots, n$，有：

$$\boldsymbol{S} \cdot \boldsymbol{v}_r = \lambda_r \cdot \boldsymbol{v}_r。$$

等价地，有以下矩阵形式：

$$\boldsymbol{S} \cdot \boldsymbol{V} = \boldsymbol{V} \cdot \boldsymbol{\Lambda},$$

其中矩阵 $\boldsymbol{V} = (\boldsymbol{v}_1, \cdots, \boldsymbol{v}_n)$ 的列由 $\boldsymbol{S}$ 的特征向量构成，而对角矩阵 $\boldsymbol{\Lambda} = \mathrm{diag}(\lambda_1, \cdots, \lambda_n)$ 的对角线上元素为 $\boldsymbol{S}$ 的特征值。为简单起见，假设 $\boldsymbol{S}$ 的所有特征值彼此不同，并且按降序排列：

$$|\lambda_1| > \cdots > |\lambda_n|。$$

于是，我们有

$$\lambda_s \cdot \boldsymbol{v}_r^{\top} \cdot \boldsymbol{v}_s = \boldsymbol{v}_r^{\top} \cdot \underbrace{\lambda_s \cdot \boldsymbol{v}_s}_{=\boldsymbol{S} \cdot \boldsymbol{v}_s} = \boldsymbol{v}_r^{\top} \cdot \boldsymbol{S} \cdot \boldsymbol{v}_s = \left(\boldsymbol{S}^{\top} \cdot \boldsymbol{v}_r\right)^{\top} \cdot \boldsymbol{v}_s = \underbrace{\left(\boldsymbol{S} \cdot \boldsymbol{v}_r\right)^{\top}}_{=\lambda_r \cdot \boldsymbol{v}_r^{\top}} \cdot \boldsymbol{v}_s = \lambda_r \cdot \boldsymbol{v}_r^{\top} \cdot \boldsymbol{v}_s。$$

由于我们假设 $\lambda_r \neq \lambda_s$，所以我们从这里推导出对于所有 $r \neq s$，$\boldsymbol{v}_r^{\top} \cdot \boldsymbol{v}_s = 0$。一般来说，我们还可以进一步假设这些特征向量使用了欧几里得范数的归一化，即对于所有 $r = 1, \cdots, n$，$\|\boldsymbol{v}_r\|_2 = 1$。总之，$\boldsymbol{S}$ 的特征向量是两两正交的：

$$\boldsymbol{v}_r^{\top} \cdot \boldsymbol{v}_s = \begin{cases} 1, & r = s \\ 0, & r \neq s。 \end{cases}$$

与此等价，$\boldsymbol{V}$ 是一个**正交矩阵**（orthogonal matrix）：

$$\boldsymbol{V}^{\top} \cdot \boldsymbol{V} = \boldsymbol{V} \cdot \boldsymbol{V}^{\top} = \boldsymbol{I},$$

其中 $\boldsymbol{I}$ 表示单位矩阵。综上，将 $\boldsymbol{S}$ 对角化：

$$\boldsymbol{S} = \boldsymbol{S} \cdot \underbrace{\boldsymbol{V} \cdot \boldsymbol{V}^{\top}}_{=\boldsymbol{I}} = \underbrace{\boldsymbol{S} \cdot \boldsymbol{V}}_{=\boldsymbol{V} \cdot \boldsymbol{\Lambda}} \cdot \boldsymbol{V}^{\top} = \boldsymbol{V} \cdot \boldsymbol{\Lambda} \cdot \boldsymbol{V}^{\top}。$$

现在，就可以谱形式表示扩散矩阵 $\boldsymbol{P}$ 了：

$$\boldsymbol{P} = \boldsymbol{W} \cdot \boldsymbol{D}^{-1} = \underbrace{\boldsymbol{D}^{1/2} \cdot \boldsymbol{D}^{-1/2}}_{=\boldsymbol{I}} \cdot \boldsymbol{W} \cdot \underbrace{\boldsymbol{D}^{-1/2} \cdot \boldsymbol{D}^{-1/2}}_{=\boldsymbol{D}^{-1}} = \boldsymbol{D}^{1/2} \cdot \underbrace{\boldsymbol{D}^{-1/2} \cdot \boldsymbol{W} \cdot \boldsymbol{D}^{-1/2}}_{=\boldsymbol{S}} \cdot \boldsymbol{D}^{-1/2}$$

$$= \boldsymbol{D}^{1/2} \cdot \underbrace{\boldsymbol{S}}_{=\boldsymbol{V} \cdot \boldsymbol{\Lambda} \cdot \boldsymbol{V}^{\top}} \cdot \boldsymbol{D}^{-1/2} = \underbrace{\boldsymbol{D}^{1/2} \cdot \boldsymbol{V}}_{=\boldsymbol{\Phi}} \cdot \boldsymbol{\Lambda} \cdot \underbrace{\boldsymbol{V}^{\top} \cdot \boldsymbol{D}^{-1/2}}_{=\boldsymbol{\Psi}^{\top}} = \boldsymbol{\Phi} \cdot \boldsymbol{\Lambda} \cdot \boldsymbol{\Psi}^{\top}。$$

矩阵 $\boldsymbol{\Psi} = (\boldsymbol{\psi}_1, \cdots, \boldsymbol{\psi}_n)$ 和 $\boldsymbol{\Phi} = (\boldsymbol{\phi}_1, \cdots, \boldsymbol{\phi}_n)$ 是**双正交的**（bi-orthonormal），即它们的列彼此正交：

$$\boldsymbol{\Psi}^{\top} \cdot \boldsymbol{\Phi} = \underbrace{\boldsymbol{V}^{\top} \cdot \boldsymbol{D}^{-1/2}}_{=\boldsymbol{\Psi}^{\top}} \cdot \underbrace{\boldsymbol{D}^{1/2} \cdot \boldsymbol{V}}_{=\boldsymbol{\Phi}} = \boldsymbol{V}^{\top} \cdot \underbrace{\boldsymbol{D}^{-1/2} \cdot \boldsymbol{D}^{1/2}}_{=\boldsymbol{I}} \cdot \boldsymbol{V} = \boldsymbol{V}^{\top} \cdot \boldsymbol{V} = \boldsymbol{I},$$

或者，等价地：

$$\boldsymbol{\psi}_r^{\top} \cdot \boldsymbol{\phi}_s = \begin{cases} 1, & r = s, \\ 0, & r \neq s。 \end{cases}$$

4. 扩散图

通过使用矩阵 $\boldsymbol{P}$ 的谱分解，我们得到了它的 t 次幂的简单表示：

$$\boldsymbol{P}^t = \underbrace{\boldsymbol{\Phi} \cdot \boldsymbol{\Lambda} \cdot \boldsymbol{\Psi}^{\top}}_{=\boldsymbol{P}} \cdot \underbrace{\boldsymbol{\Phi} \cdot \boldsymbol{\Lambda} \cdot \boldsymbol{\Psi}^{\top}}_{=\boldsymbol{P}} \cdot \cdots \cdot \underbrace{\boldsymbol{\Phi} \cdot \boldsymbol{\Lambda} \cdot \boldsymbol{\Psi}^{\top}}_{=\boldsymbol{P}} \cdot \underbrace{\boldsymbol{\Phi} \cdot \boldsymbol{\Lambda} \cdot \boldsymbol{\Psi}^{\top}}_{=\boldsymbol{P}}$$

$$= \boldsymbol{\Phi} \cdot \boldsymbol{\Lambda} \cdot \underbrace{\boldsymbol{\Psi}^{\top} \cdot \boldsymbol{\Phi}}_{=\boldsymbol{I}} \cdot \boldsymbol{\Lambda} \cdot \boldsymbol{\Psi}^{\top} \cdot \cdots \cdot \boldsymbol{\Phi} \cdot \boldsymbol{\Lambda} \cdot \underbrace{\boldsymbol{\Psi}^{\top} \cdot \boldsymbol{\Phi}}_{=\boldsymbol{I}} \cdot \boldsymbol{\Lambda} \cdot \boldsymbol{\Psi}^{\top} = \boldsymbol{\Phi} \cdot \boldsymbol{\Lambda}^t \cdot \boldsymbol{\Psi}^{\top}。$$

继续探讨由第 j 个人引起的信息扩散：

$$\boldsymbol{x}_j(t) = \boldsymbol{P}^t \cdot \boldsymbol{e}_j = \boldsymbol{\Phi} \cdot \boldsymbol{\Lambda}^t \cdot \boldsymbol{\Psi}^{\top} \cdot \boldsymbol{e}_j = \boldsymbol{\Phi} \cdot \boldsymbol{\Lambda}^t \cdot \begin{pmatrix} (\boldsymbol{\psi}_1)_j \\ \vdots \\ (\boldsymbol{\psi}_n)_j \end{pmatrix} = \boldsymbol{\Phi} \cdot \begin{pmatrix} \lambda_1^t \cdot (\boldsymbol{\psi}_1)_j \\ \vdots \\ \lambda_n^t \cdot (\boldsymbol{\psi}_n)_j \end{pmatrix}。$$

下面将 t 时刻的**扩散图**（diffusion map）定义为

$$\boldsymbol{F}_j(t) = \begin{pmatrix} \lambda_1^t \cdot (\boldsymbol{\psi}_1)_j \\ \vdots \\ \lambda_n^t \cdot (\boldsymbol{\psi}_n)_j \end{pmatrix},$$

可以得到：

$$\boldsymbol{x}_j(t) = \boldsymbol{\Phi} \cdot \boldsymbol{F}_j(t)。$$

现在，分别计算由第 i 个人和第 j 个人引起的社交网络上的信息足迹 $\boldsymbol{x}_i(t)$ 和 $\boldsymbol{x}_j(t)$ 之间的差异。为此，我们使用加权的欧几里得距离：

$$\begin{aligned}
\left\| \boldsymbol{D}^{-1/2} \cdot (\boldsymbol{x}_i(t) - \boldsymbol{x}_j(t)) \right\|_2^2 &= \left\| \boldsymbol{D}^{-1/2} \cdot \boldsymbol{\Phi} \cdot (\boldsymbol{F}_i(t) - \boldsymbol{F}_j(t)) \right\|_2^2 \\
&= \left\| \boldsymbol{D}^{-1/2} \cdot \boldsymbol{D}^{1/2} \cdot \boldsymbol{V} \cdot (\boldsymbol{F}_i(t) - \boldsymbol{F}_j(t)) \right\|_2^2 \\
&= \left\| \boldsymbol{V} \cdot (\boldsymbol{F}_i(t) - \boldsymbol{F}_j(t)) \right\|_2^2 \\
&= (\boldsymbol{V} \cdot (\boldsymbol{F}_i(t) - \boldsymbol{F}_j(t)))^\top \cdot (\boldsymbol{V} \cdot (\boldsymbol{F}_i(t) - \boldsymbol{F}_j(t))) \\
&= (\boldsymbol{F}_i(t) - \boldsymbol{F}_j(t))^\top \cdot \boldsymbol{V}^\top \cdot \boldsymbol{V} \cdot (\boldsymbol{F}_i(t) - \boldsymbol{F}_j(t))^\top \\
&= (\boldsymbol{F}_i(t) - \boldsymbol{F}_j(t))^\top \cdot (\boldsymbol{F}_i(t) - \boldsymbol{F}_j(t)) \\
&= \left\| \boldsymbol{F}_i(t) - \boldsymbol{F}_j(t) \right\|_2^2。
\end{aligned}$$

可以得出结论，社交网络中两个人之间的差异度可以通过相应扩散图上的欧几里得距离来描述，我们称这种距离为**扩散距离**（diffusion distance）。

5. 降维

由于扩散距离是社交网络中一个合理的差异度量，因此我们将注意力转向扩散图的研究。首先，我们假设 $\lambda_1, \cdots, \lambda_n$ 是扩散矩阵 $\boldsymbol{P}$ 的特征值，而对应的特征向量是矩阵 $\boldsymbol{\Phi}$ 的列 $\boldsymbol{\phi}_1, \cdots, \boldsymbol{\phi}_n$。事实上，对于所有 $s = 1, \cdots, n$，都有：

$$\boldsymbol{P} \cdot \boldsymbol{\phi}_s = \boldsymbol{\Phi} \cdot \boldsymbol{\Lambda} \cdot \underbrace{\boldsymbol{\Psi}^\top \cdot \boldsymbol{\phi}_s}_{=\boldsymbol{e}_s} = \boldsymbol{\Phi} \cdot \boldsymbol{\Lambda} \cdot \boldsymbol{e}_s = \lambda_s \cdot \boldsymbol{\Phi} \cdot \boldsymbol{e}_s = \lambda_s \cdot \boldsymbol{\phi}_s。$$

由于随机矩阵的所有特征值都不大于 1，参见练习 5.3，并且其中至少存在一个等于 1，可以得到：

$$\lambda_1 = 1。$$

注意，特征向量 $\boldsymbol{\phi}_1$ 是一个排序，请参见本书第 1 章。其次，我们证明矩阵 $\boldsymbol{\Psi}$ 的列 $\boldsymbol{\psi}_1, \cdots, \boldsymbol{\psi}_n$ 是 $\boldsymbol{P}^\top$ 的特征向量。事实上，对于所有 $r = 1, \cdots, n$：

$$\boldsymbol{P}^\top \cdot \boldsymbol{\psi}_r = (\boldsymbol{\Phi} \cdot \boldsymbol{\Lambda} \cdot \boldsymbol{\Psi}^\top)^\top \cdot \boldsymbol{\psi}_r = \boldsymbol{\Psi} \cdot \boldsymbol{\Lambda} \cdot \underbrace{\boldsymbol{\Phi}^\top \cdot \boldsymbol{\psi}_r}_{=\boldsymbol{e}_r} = \boldsymbol{\Psi} \cdot \boldsymbol{\Lambda} \cdot \boldsymbol{e}_r = \lambda_r \cdot \boldsymbol{\Psi} \cdot \boldsymbol{e}_r = \lambda_r \cdot \boldsymbol{\psi}_r。$$

由于将 $e^{\top} \cdot P = e^{\top}$ 左右分别转置得到 $P^{\top} \cdot e = e$,并且 $\lambda_1 = 1$,可以得到:

$$\psi_1 = e_{\circ}$$

综上所述,对于所有 $j = 1, \cdots, n$,扩散图的第一个分量均为 1:

$$(F_j)_1(t) = \lambda_1^t \cdot (\psi_1)_j = 1_{\circ}$$

如果时间逐渐推移,它们的最后几个分量,例如最后 $n - k$ 个,都会趋向于零。这是因为 P 的除了第一个以外的所有特征值,都严格小于 1:

$$|\lambda_l| < 1, \quad \text{对于任意} \quad l = k + 1, \cdots, n_{\circ}$$

因此,对于任意 $l = k + 1, \cdots, n$ 和 $j = 1, \cdots, n$ 有:

$$(F_j)_l(t) = \lambda_l^t \cdot (\psi_l)_j \to 0, \quad t \to \infty_{\circ}$$

这启发了我们引入 **k-截断扩散图**(k-truncated diffusion map):

$$k\text{-}F_j(t) = \begin{pmatrix} \lambda_2^t \cdot (\psi_2)_j \\ \vdots \\ \lambda_k^t \cdot (\psi_k)_j \end{pmatrix} \in \mathbb{R}^{k-1}_{\circ}$$

在这里,我们截断了扩散图 $F_j(t)$ 的第一个和最后 $n - k$ 个分量,因为这些分量在比较扩散距离时的影响要么不存在,要么小到可以忽略。**降维**(dimension reduction)可以将 k-截断扩散图与社交网络中每个人的 $k - 1$ 个特征关联起来。因此可以将两个人之间的差异性度量减少到 k-截断扩散距离上。最后,**谱聚类**(spectral clustering)的过程如下:

- 选择足够大的 t,计算 k-截断扩散图:

$$k\text{-}F_1(t), \cdots, k\text{-}F_n(t) \in \mathbb{R}^{k-1}_{\circ}$$

- 通过使用 k-截断扩散距离作为差异性度量,在欧几里得设定下对这些 $(k - 1)$ 维的特征向量应用 k-均值聚类:

$$d(k\text{-}F_i(t), k\text{-}F_j(t)) = \|k\text{-}F_i(t) - k\text{-}F_j(t)\|_2^2_{\circ}$$

5.3 案例分析:主题抽取

主题抽取(topic extraction)是一种自然语言处理技术,它可以通过识别重复出现的主题(theme)来从文本中自动提取文段的含义。主题抽取的一种应用场景是**文档聚类**(document clustering)。为了对文档做聚类处理,我们需要对文档进行适当的表示。在标准的建模过程中，这种表示是由词袋模型得来的，最早来自 Harris [1954]。在这个模型中，一个文档被表示为它的一个词语（term）的集合，不必考虑语法，甚至也不必考虑词语的顺序。但我们会将它们在文档中的频率和文档集合中的重要性保留下来。下面，我们对这几条来自假日门户网站的旅行评论 D1~D6 做聚类：

D1：我在美丽的**丘陵**环绕的加尔达**湖**度过了一个星期。在那里，我体验了很多运动和健康服务，但大部分时间我都在**海滩**上放松并享受阳光。

D2：我们在**海**边度过了令人惊叹的**海滩**假日。天气和酒店都很完美。

D3：假期我唯一想做的事情就是在水边放松，同时晒晒太阳。我们的阳台可以欣赏到**湖**景，湖的后面还有一些**山丘**。

D4：我们在奥地利的**丘陵**和**山脉**间进行了一次短途徒步旅行。

D5：我们骑自行车穿行了**丘陵**，因为我们喜欢安静的环境。幸运的是，我们还有时间在美丽的温泉区度过一天。

D6：我讨厌**海滩**，但热爱山和雪。斜坡非常适合为滑雪。我们度过了美好的一天！与旅行相关的词语以粗体标出：

$$T1 = \text{"湖"}, \quad T2 = \text{"海"}, \quad T3 = \text{"海滩"},$$

$$T4 = \text{"丘陵"}, \quad T5 = \text{"山丘"（或 "山" "山脉"）}。$$

任务 1　二进制**词频**（term frequency）说明了在文档 D 中词 T 是否出现：

$$\mathrm{TF}(T, D) = \begin{cases} 1, & T \in D, \\ 0, & \text{其他} \end{cases}。$$

试为词语 T1~T4 和文档 D1~D6 计算二进制词语-频次。

提示 1　上述词语-频次表格如下所示：

TF	D1	D2	D3	D4	D5	D6
T1	1	0	1	0	0	0
T2	0	1	0	0	0	0
T3	1	1	0	0	0	1
T4	1	0	0	1	1	0
T5	0	0	1	1	0	1

任务 2　**逆文档频率**（inverse document frequency）是衡量一个词提供多少信息的指标，即它在所有文档中是常见的还是不常见的。它是包含词语 T 的文档的比例，即将文档

总数 n 除以包含它的文档数量, 再取这个结果的倒数的对数:

$$\text{IDF} = \log_2 \frac{n}{\#\{D | T \in D\}}。$$

试计算词语 T1~T4 的逆文档频率。

提示 2 逆文档频率存储在下表中:

IDF	T1	T2	T3	T4	T5
	$\log_2 3$	$\log_2 6$	$\log_2 2$	$\log_2 2$	$\log_2 2$

任务 3 词频-逆文档频率 (term frequency-inverse document frequency) 反映了词语 T 对集合中文档 D 的重要性:

$$\text{TF-IDF}(T, D) = \text{TF}(T, D) \cdot \text{IDF}(T)。$$

TF-IDF 值与词语在文档中出现的次数成比例地增加, 但同时被包含该词语的文档数量抵消。这有助于对某些词语通常出现较为频繁的现象做修正。试计算词语 T1~T4 和文档 D1~D6 的词频-逆文档频率 (TF-IDF)。试使用文档 D1~D6 在上述词语上的 TF-IDF 值 $\boldsymbol{x}_1, \cdots, \boldsymbol{x}_6 \in \mathbb{R}^5$ 来表示这些文档。

提示 3 词频-逆文档频率值表示在下表中, 其列是对于文档 D1~D6 的 TF-IDF 的表示 $\boldsymbol{x}_1, \cdots, \boldsymbol{x}_6$:

TF-IDF	D1	D2	D3	D4	D5	D6
T1	$\log_2 3$	0	$\log_2 3$	0	0	0
T2	0	$\log_2 6$	0	0	0	0
T3	$\log_2 2$	$\log_2 2$	0	0	0	$\log_2 2$
T4	$\log_2 2$	0	0	$\log_2 2$	$\log_2 2$	0
T5	0	0	$\log_2 2$	$\log_2 2$	0	$\log_2 2$

任务 4 基于文档的 TF-IDF 表示 $\boldsymbol{x}$, $\boldsymbol{y}$ 的**余弦相似度** (cosine similarity) 的定义为

$$\cos(\boldsymbol{x}, \boldsymbol{y}) = \frac{\boldsymbol{x}^\top \cdot \boldsymbol{y}}{\|\boldsymbol{x}\|_2 \cdot \|\boldsymbol{y}\|_2}。$$

选取文档的差异性度量为

$$d(\boldsymbol{x}, \boldsymbol{y}) = \frac{1 - \cos(\boldsymbol{x}, \boldsymbol{y})}{2}。$$

试根据余弦相似度推导出 k-均值中的聚类中心的更新的公式 (2)。

提示 4 在（2）中，需要找到聚类中心 z_l，它们可以将聚类 C_l 内部的差异最小化：

$$\min_z \sum_{i \in C_l} \frac{1 - \cos(\boldsymbol{x}_i, \boldsymbol{z})}{2}。$$

根据练习 4.3，可知上式等价于

$$\max_{\|\boldsymbol{z}\|_2 = 1} \left(\sum_{i \in C_l} \frac{\boldsymbol{x}_i}{\|\boldsymbol{x}_i\|_2} \right)^\top \cdot \boldsymbol{z}。$$

任务 5 试应用 k-均值算法将文档 D1~D6 分为两组。请使用它们的 TF-IDF 表示下的基于余弦的差异性度量 $\boldsymbol{x}_1, \cdots, \boldsymbol{x}_6 \in \mathbb{R}^5$，并且尝试为 k-均值做随机的初始化。试问这个聚类中能够提取到主题吗？

提示 5 使用 k-均值可得：

$$C_1 = \{1, 3, 4, 5\}, \quad C_2 = \{2, 6\}。$$

与这种聚类相关的主题可以是来自集群 C_1 的文档 D1~D3、D5 的"水"，以及来自集群 C_2 的文档 D4、D6 的"远足"。请读者注意，我们此处词语的选择忽略了文档 D6 中对海滩的负面态度。另外，还需要提到的是，更多的数据样本将有助于形成更好的解释。

5.4 练习

练习 5.1（k-均值聚类） 假定已知以下数据点：

$$\boldsymbol{x}_1 = (1, 0)^\top, \quad \boldsymbol{x}_2 = (2, 0)^\top, \quad \boldsymbol{x}_3 = (3, 0)^\top, \quad \boldsymbol{x}_4 = (4, 0)^\top, \quad \boldsymbol{x}_5 = (5, 0)^\top, \quad \boldsymbol{x}_6 = (5, 1)^\top。$$

在欧几里得设定中应用 $k = 2$ 的 k-均值聚类。对于聚类的初始化，取 $\boldsymbol{z}_1 = (3, 0)^\top$ 和 $\boldsymbol{z}_2 = (5, 1)^\top$。请问 k-均值算法是否会停止在优化问题式(5.1)的全局最小值处？

练习 5.2（边缘中位数） 我们通过**曼哈顿距离**（Manhattan distance）定义 $\boldsymbol{x}, \boldsymbol{y} \in \mathbb{R}^m$ 之间的相异性度量：

$$d(\boldsymbol{x}, \boldsymbol{y}) = \|\boldsymbol{x} - \boldsymbol{y}\|_1。$$

试证明 k-均值算法中更新步骤（2）得到的聚类中心是聚类的**边缘中位数**（marginal medians）。

练习 5.3（随机矩阵的特征值） 试证明 $n \times n$ 维的随机矩阵 $\boldsymbol{P}$ 的特征值的绝对值小于或等于 1，即对于全部 $r = 1, \cdots, n$，有 $|\lambda_r| \leqslant 1$。

练习 5.4（谱聚类） 已知有以下 5 人的连接矩阵，

$$
W = \begin{pmatrix}
 & \boxed{1} & \boxed{2} & \boxed{3} & \boxed{4} & \boxed{5} \\
\boxed{1} & 0 & 1 & 5 & 0 & 10 \\
\boxed{2} & 1 & 0 & 8 & 0 & 0 \\
\boxed{3} & 5 & 8 & 0 & 0 & 3 \\
\boxed{4} & 0 & 0 & 0 & 0 & 12 \\
\boxed{5} & 10 & 0 & 3 & 12 & 0
\end{pmatrix}
$$

使用谱聚类将其聚类为两组。

练习 5.5（时间序列聚类） 两个时间序列 $x, y \in \mathbb{R}^m$ 之间的 **Pearson 相关系数**（Pearson correlation coefficient）定义为

$$
\text{Pearson}(x, y) = \frac{\sigma_{xy}}{\sigma_x \cdot \sigma_y},
$$

其中 σ_{xy} 表示向量 x 和 y 的协方差，而 σ_x 和 σ_y 则分别表示它们的标准差。假设时间序列的差异性度量为

$$
d(x, y) = \frac{1 - \text{Pearson}(x, y)}{2}。
$$

试根据 Pearson 相关系数推导出 k-均值算法的聚类中心的更新步骤（2）的公式。为时间序列聚类在股票价格上的应用提供相应的解释。

练习 5.6（产品聚类） 用二进制向量 $x \in \{0,1\}^m$ 表示产品，其中 $x_j = 1$ 表示该产品已被第 j 个客户消费了，否则有 $x_j = 0$。与产品 $x, y \in \{0,1\}^m$ 相关的 **Jaccard 系数**（Jaccard coefficient）定义为同时购买了产品 x 和 y 的客户 $j \in \{1, \cdots, m\}$ 占只买了其中一个的客户的比重：

$$
J(x, y) = \frac{\#\{j | x_j = 1 \text{ 且 } y_j = 1\}}{\#\{j | x_j = 1 \text{ 或 } y_j = 1\}}。
$$

这种方法最早用于计算 Jaccard [1902] 在植物学领域发明的"花卉群落系数"。取产品的差异性度量为

$$
d(x, y) = 1 - J(x, y)。
$$

试将基于 Jaccard 系数的差异性度量的 k-均值聚类法应用在以下产品上，并取 $k = 2$，

$$
x_1 = (0,1,1)^\top, \quad x_2 = (1,0,1)^\top, \quad x_3 = (0,0,1)^\top, \quad x_4 = (1,0,0)^\top, \quad x_5 = (1,1,1)^\top。
$$

试将聚类中心初始化为 $z_1 = (0,1,1)^\top$ 和 $z_2 = (1,1,1)^\top$。

第**6**章 线 性 回 归

在统计学中，**线性回归**（linear regression）是对一个**内生变量**（endogenous variable）和几个旨在解释它的**外生变量**（exogenous variables）之间关系进行建模的最流行方法。在线性回归中，为了从数据中获知内生变量，估计外生变量的未知权重是至关重要的。线性回归仅在经济学中的应用就已经非常丰富，以至于相关材料中几乎没有专门提及。我们这里仅举几例，例如对 GDP 产出与失业率之间关系的**计量经济学分析**（econometric analysis），也称**奥肯定律**（Okun's law）；抑或是价格与风险之间的关系，也称**资本资产定价模型**（capital asset pricing model）等。线性回归的使用有两重作用。首先，在线性回归的拟合完成后，可以通过观察外生变量来预测内生变量。其次，线性回归也可以量化内生变量和外生变量之间的关系强度。具体来说，这些信息可以解释某些外生变量是否可能与内生变量完全没有线性关系，或者确定哪些外生变量的子集可能包含与内生变量无关的冗余信息。本章还同时讨论了用于线性回归的经典技术——**最小二乘法**（ordinary least squares）。最小二乘问题是通过最大似然估计导出的，其中假设误差项服从高斯分布。我们将说明，**OLS 估计量**（OLS estimator）的使用从统计的角度来看是有利的。也就是说，由**高斯-马尔可夫定理**（Gauss-Markov theorem）可知，OLS 是一个最佳无偏线性估计量。而从数值的角度来看，我们强调 OLS 估计量可能会不稳定，特别是数据中可能存在**多重共线性**（multicollinearity）。为了克服这个障碍，我们提出了 l_2 正则化方法。按照最大后验估计的方法，我们可以推导出**岭回归**（ridge regression）①。尽管它是有偏的，但岭回归估计量可以减少方差，进而可以获得计算稳定性。最后，我们根据背后的数据矩阵的**条件数**（condition number）对 OLS 和岭估计量进行稳定性分析。

6.1 研究动因：计量经济学分析

计量经济学分析被人们认为是统计方法在经济数据上的一种应用，这个应用能够进一步为经济关系提供一些经验性内容。更准确地说，它是由 Samuelson 等人在 1954 年的论文中指出的："在理论和观察并行发展的基础上，通过适当的推理方法关联起来的对实际经济现象的定量分析"。入门经济学教科书 [Samuelson 和 Nordhaus，2004] 将计量经济学描

---

① 译者注：Ridge regression 有时也翻译为 "脊回归"。

述为允许经济学家"筛选海量数据以提取简单的关系"。一个典型的例子就是我们刚刚提到的奥肯定律，它将 GDP 的产出与失业率联系起来：

$$\text{失业率的变动} = w_0 + w_1 \cdot \text{GDP 产出的变动} + \varepsilon,$$

其中权重 w_0, w_1 是统计方法估计得到的，ε 是一个误差项。在 1962 年奥肯的原始陈述中提倡 $w_1 \approx -0.3$ 的斜率。这意味着 GDP 的产出减少 3% 会导致失业率增加近 1%。虽然奥肯定律可以适用于大多数国家的数据，但关系中的权重 w_1，即 GDP 产出变化每百分之一对失业率的影响会因国家而异。例如，Ball et al. [2017] 估计日本的数值为 -0.15，美国为 -0.45，而西班牙为 -0.85。注意，奥肯定律只是规定了一个 GDP 产出与失业率之间的经验相关依赖性，而并没有宣称两者有因果关系。反之，GDP 产出和失业之间的偶然依赖关系为奥肯定律奠定了基础。也就是说，总需求的变动会导致产出围绕潜在需求波动。这些产出变动导致公司雇佣和解雇工人，从而改变就业情况。反过来，就业的变化使失业率朝相反的方向移动。一般而言，使用经济学的分析推理来进行模型选择是至关重要的，尤其是在决定将哪些变量包括在计量经济分析中时。

我们现在提出一个计量经济学分析的数学框架。为此，我们会使用一个外生和内生变量 $(\boldsymbol{x}_i, y_i) \in \mathbb{R}^{m-1} \times \mathbb{R}$，$i = 1, \cdots, n$。假设因变量 $\boldsymbol{y}$ 和回归向量 $\boldsymbol{x}$ 之间的关系是线性的。这种关系的模型中也包含了一些误差项 ε_i，$i = 1, \cdots, n$，它们是未观察到的随机变量，且会在外生变量和内生变量之间的线性关系中增加噪声，即对于 $i = 1, \cdots, n$，有：

$$y_i = w_0 + (\boldsymbol{x}_i)_1 \cdot w_1 + \cdots + (\boldsymbol{x}_i)_{m-1} \cdot w_{m-1} + \varepsilon_i,$$

其中 $w_1, \cdots, w_{m-1} \in \mathbb{R}$ 是一些未知的**权重**（weights）变量，$w_0 \in \mathbb{R}$ 是**偏差**（bias）项。在这里，我们利用了所谓的**弱外生性**（weak exogeneity）假设，它本质上意味着外生 $\boldsymbol{x}$ 变量可以被视为固定值，而非随机变量。换句话说，我们假设外生变量是无误差的，即没有被测量误差所污染。综上所述，上面的**线性回归**（linear regression）可以简化成矩阵形式：

$$\boldsymbol{y} = \boldsymbol{X} \cdot \boldsymbol{w} + \boldsymbol{\varepsilon}, \tag{6.1}$$

其中 $\boldsymbol{y} \in \mathbb{R}^n$ 是内生变量的数据向量，$\boldsymbol{\varepsilon}$ 由 n 个随机误差组成：

$$\boldsymbol{y} = (y_1, \cdots, y_n)^\top, \quad \boldsymbol{\varepsilon} = (\varepsilon_1, \cdots, \varepsilon_n)^\top。$$

权重的向量 $\boldsymbol{w} \in \mathbb{R}^m$ 由下式给出

$$\boldsymbol{w} = (w_0, w_1, \cdots, w_{m-1})^\top。$$

外生变量的 $n \times m$ 维数据矩阵是

$$X = \begin{pmatrix} 1 & (\boldsymbol{x}_1)_1 & \cdots & (\boldsymbol{x}_1)_{m-1} \\ \vdots & \vdots & \ddots & \vdots \\ 1 & (\boldsymbol{x}_n)_1 & \cdots & (\boldsymbol{x}_n)_{m-1} \end{pmatrix}。$$

　　让我们假设数据点的数量 n 超过解释变量的数量 m，即 $n > m$。当数据生成成本低且 n 相对较大时，就会是这样的情况。或者，我们可能已经基本确定了相关的解释变量，因此 m 相对较小。在计量经济学分析中，关键在于调整外生 $\boldsymbol{x}$ 变量的权重 $\boldsymbol{w}$，使其可以足够好地预测内生 $\boldsymbol{y}$ 变量。事实上，在模型中的所有其他外生变量都保持不变的情况下，拟合好的线性回归模型可以用于识别单个外生变量 $\boldsymbol{x}_j$ 与内生变量 $\boldsymbol{y}$ 之间的关系。具体来说，如果仅 $\boldsymbol{x}_j$ 发生了一个单位的变化，那么权重 w_j 则可以被视为 $\boldsymbol{y}$ 的预期变化。人们有时称其为 $\boldsymbol{x}_j$ 对 $\boldsymbol{y}$ 的**独特影响**（unique effect）。在研究多个相互关联的因素参与影响自变量的复杂系统时，独特影响的概念起到很大的作用。在某些情况下，它的确可以帮助我们量化对外生变量的值的干预的一些因果效应。然而，这种解释需要谨慎对待。在许多情况下，多元回归分析未能阐明外生变量和内生变量之间的关系，特别是在外生变量相互关联，或者其本质与研究设计不符的情况下更是如此。

6.2　研究结果

6.2.1　最小二乘法

　　本节将详细讨论线性回归的普通最小二乘法的基本技术。

1. 最大似然估计

　　我们现在首先来确定式(6.1)中的误差 $\boldsymbol{\varepsilon}$。我们假设误差项 $\varepsilon_1, \cdots, \varepsilon_n$ 是从相同的均值为 0，方差 $\sigma^2 > 0$ 的高斯分布 $\mathcal{N}(0, \sigma^2)$ 中互相独立地提取的。对于 $\boldsymbol{\varepsilon}$ 的期望和方差，有：

$$\mathbb{E}(\boldsymbol{\varepsilon}) = \boldsymbol{0}, \quad \mathrm{Var}(\boldsymbol{\varepsilon}) = \sigma^2 \cdot \boldsymbol{I},$$

其中 $\boldsymbol{I}$ 表示单位矩阵。这些假设的结果就是，在外生 $\boldsymbol{x}$ 变量的条件下，内生 $\boldsymbol{y}$ 变量在的各个观察之间互相独立。在下文中，为了简化表述，我们省略了标注中的对 $\boldsymbol{X}$ 的依赖项。这里再次强调，我们认为外生 $\boldsymbol{x}$ 变量的数据集 $\boldsymbol{x}_1, \cdots, \boldsymbol{x}_n$ 都是固定的，因此与 $\boldsymbol{y}$ 相关的所有随机性都来源于噪声源 $\boldsymbol{\varepsilon}$。$\boldsymbol{y}$ 变量的高斯概率密度如下：

$$p(y_i | \boldsymbol{w}) = \frac{1}{\sqrt{2\pi} \cdot \sigma} \cdot \mathrm{e}^{-\frac{1}{2} \cdot \left(\frac{y_i - (\boldsymbol{X} \cdot \boldsymbol{w})_i}{\sigma} \right)^2}, \quad i = 1, \cdots, n。$$

在这个模型下，观察到整个数据的条件概率密度是它们的乘积：

$$p(\boldsymbol{y}|\boldsymbol{w}) = \prod_{i=1}^{n} p(y_i|\boldsymbol{w})。$$

此外，我们应用**贝叶斯定理**（Bayes theorem）推导出权重 $\boldsymbol{w}$ 的后验分布为：

$$p(\boldsymbol{w}|\boldsymbol{y}) = \frac{p(\boldsymbol{y}|\boldsymbol{w}) \cdot p(\boldsymbol{w})}{p(\boldsymbol{y})},$$

其中 $p(\boldsymbol{y})$ 是内生 $\boldsymbol{y}$ 变量的概率密度，$p(\boldsymbol{w})$ 是权重 $\boldsymbol{w}$ 的先验分布。我们假设 $\boldsymbol{w}$ 的所有元素的取值都是等概率的，即先验分布 $p(\boldsymbol{w})$ 是**均匀**（uniform）的。因此，为了获得可以更好地解释观察结果的权重，可以合理地最大化所谓的**似然函数**（likelihood function），参见 [Hendry 和 Nielsen, 2007]：

$$L(\boldsymbol{w}) = p(\boldsymbol{y}|\boldsymbol{w})。$$

等效地，让我们考虑**对数似然**（log-likelihood）：

$$\ln L(\boldsymbol{w}) = \ln p(\boldsymbol{y}|\boldsymbol{w}) = \ln \prod_{i=1}^{n} p(y_i|\boldsymbol{w}) = \sum_{i=1}^{n} \ln p(y_i|\boldsymbol{w})$$

$$= \sum_{i=1}^{n} \ln \frac{1}{\sqrt{2\pi} \cdot \sigma} \cdot e^{-\frac{1}{2} \cdot \left(\frac{y_i - (\boldsymbol{X} \cdot \boldsymbol{w})_i}{\sigma} \right)^2}$$

$$= n \cdot \ln \frac{1}{\sqrt{2\pi} \cdot \sigma} - \frac{1}{2\sigma^2} \cdot \underbrace{\sum_{i=1}^{n} (y_i - (\boldsymbol{X} \cdot \boldsymbol{w})_i)^2}_{= \|\boldsymbol{y} - \boldsymbol{X} \cdot \boldsymbol{w}\|_2^2}。$$

出于优化的目的，此处可以省略前置的常数和乘法常数。那么，可以调整权重的**最大似然估计**（maximum likelihood estimation）就推导出了**普通最小二乘法**（ordinary least squares）问题：

$$\min_{\boldsymbol{w}} \frac{1}{2} \cdot \|\boldsymbol{y} - \boldsymbol{X} \cdot \boldsymbol{w}\|_2^2。 \tag{6.2}$$

换言之，我们将选择可以最小化回归残差 $\boldsymbol{y} - \boldsymbol{X} \cdot \boldsymbol{w}$ 的欧几里得范数 $\|\cdot\|_2$ 的权重 $\boldsymbol{w}$。

2. 正规方程

优化问题式(6.2)是明确可解的。为了得到它的解，给出相应的必要最优性条件：

$$\nabla \left(\frac{1}{2} \cdot \|\boldsymbol{y} - \boldsymbol{X} \cdot \boldsymbol{w}\|_2^2 \right) = 0。$$

因为我们有：

$$\|\boldsymbol{y} - \boldsymbol{X} \cdot \boldsymbol{w}\|_2^2 = (\boldsymbol{y} - \boldsymbol{X} \cdot \boldsymbol{w})^\top \cdot (\boldsymbol{y} - \boldsymbol{X} \cdot \boldsymbol{w}) = \boldsymbol{y}^\top \cdot \boldsymbol{y} - 2 \cdot \boldsymbol{y}^\top \cdot \boldsymbol{X} \cdot \boldsymbol{w} + \boldsymbol{w}^\top \cdot \boldsymbol{X}^\top \cdot \boldsymbol{X} \cdot \boldsymbol{w},$$

对于其梯度，有：

$$\nabla \left(\frac{1}{2} \cdot \|\boldsymbol{y} - \boldsymbol{X} \cdot \boldsymbol{w}\|_2^2 \right) = -\boldsymbol{X}^\top \cdot \boldsymbol{y} + \boldsymbol{X}^\top \cdot \boldsymbol{X} \cdot \boldsymbol{w}。$$

因此，由式(6.2)的必要最优性条件产生了**正规方程**（normal equation）：

$$\boldsymbol{X}^\top \cdot \boldsymbol{X} \cdot \boldsymbol{w} = \boldsymbol{X}^\top \cdot \boldsymbol{y}。$$

如果 $m \times m$ 维的矩阵 $\boldsymbol{X}^\top \cdot \boldsymbol{X}$ 是正则的，则其唯一的解称为 **OLS 估计量**（OLS estimator）：

$$\boldsymbol{w}_{\mathrm{OLS}} = \left(\boldsymbol{X}^\top \cdot \boldsymbol{X} \right)^{-1} \cdot \boldsymbol{X}^\top \cdot \boldsymbol{y}。$$

由于凸性，OLS 估计量 $\boldsymbol{w}_{\mathrm{OLS}}$ 是优化问题式(6.2)的解。为了使矩阵 $\boldsymbol{X}^\top \cdot \boldsymbol{X}$ 成为正则矩阵，要求数据 $n \times m$ 的矩阵 $\boldsymbol{X}$ 是满秩的就足够了，即

$$\mathrm{rank}(\boldsymbol{X}) = m。$$

事实上，练习 3.6 的应用保证了在已知 $m \times n$ 矩阵 $\boldsymbol{X}^\top$ 和 $n \times m$ 矩阵 $\boldsymbol{X}$ 的均为满秩且秩均为 m 时，它们的乘积 $\boldsymbol{X}^\top \cdot \boldsymbol{X}$ 的秩为 m。在本章的其余部分中，我们假设矩阵 $\boldsymbol{X}$ 是满秩的，且其秩为 m。

3. 伪逆

为了方便，我们将 OLS 估计量的公式改写为

$$\boldsymbol{w}_{\mathrm{OLS}} = \boldsymbol{X}^\dagger \cdot \boldsymbol{y},$$

其中，我们使用了矩阵 $\boldsymbol{X}$ 的**伪逆**（pseudoinverse）为：

$$\boldsymbol{X}^\dagger = \left(\boldsymbol{X}^\top \cdot \boldsymbol{X} \right)^{-1} \cdot \boldsymbol{X}^\top。$$

它是配得上"伪逆"这个名字的，因为它确实是 $\boldsymbol{X}$ 的左逆，但不一定是右逆，有：

$$\boldsymbol{X}^\dagger \cdot \boldsymbol{X} = \left(\boldsymbol{X}^\top \cdot \boldsymbol{X} \right)^{-1} \cdot \boldsymbol{X}^\top \cdot \boldsymbol{X} = \boldsymbol{I}。$$

在 $\boldsymbol{X}$ 的奇异值分解中，$\boldsymbol{X}^\dagger$ 的表示也是有用的。为了证明这一点，我们以简化形式写出：

$$\boldsymbol{X} = \boldsymbol{U} \cdot \boldsymbol{\Sigma} \cdot \boldsymbol{V},$$

其中，$n \times m$ 维的矩阵 U 的各列之间和 $m \times m$ 维的矩阵 V 的各行之间是互相正交的：

$$U^\top \cdot U = I, \quad V \cdot V^\top = I,$$

并且，$m \times m$ 维的对角矩阵 Σ 的主对角线上有正的奇异值 $\sigma_j(X)$，其中 $j = 1, \cdots, m$。将 X 的奇异值分解代入它的伪逆中：

$$\begin{aligned}
X^\dagger &= ((U \cdot \Sigma \cdot V)^\top \cdot U \cdot \Sigma \cdot V)^{-1} \cdot (U \cdot \Sigma \cdot V)^\top \\
&= \left(V^\top \cdot \Sigma \cdot \underbrace{U^\top \cdot U}_{=I} \cdot \Sigma \cdot V \right)^{-1} \cdot V^\top \cdot \Sigma \cdot U^\top \\
&= (V^\top \cdot \Sigma^2 \cdot V)^{-1} \cdot V^\top \cdot \Sigma \cdot U^\top \\
&= V \cdot \Sigma^{-2} \cdot \underbrace{V \cdot V^\top}_{=I} \cdot \Sigma \cdot U^\top = V^\top \cdot \Sigma^{-1} \cdot U^\top,
\end{aligned}$$

这里使用了二次矩阵 V 正交的性质，即 $V^{-1} = V^\top$。因此，我们证明了伪逆的奇异值分解是

$$X^\dagger = V^\top \cdot \Sigma^{-1} \cdot U^\top。$$

因此，$X^\dagger$ 的奇异值与 X 的奇异值互为倒数，即对于 $j = 1, \cdots, m$，有：

$$\sigma_j(X^\dagger) = \frac{1}{\sigma_j(X)}。$$

特别是对于最大和最小奇异值，有：

$$\sigma_{\max}(X^\dagger) = \frac{1}{\sigma_{\min}(X)}, \quad \sigma_{\min}(X^\dagger) = \frac{1}{\sigma_{\max}(X)}。$$

4. OLS 估计

我们指出，OLS 估计量继承了随机性，因为它也依赖误差 ε：

$$w_{\mathrm{OLS}} = X^\dagger \cdot y = X^\dagger \cdot (X \cdot w + \varepsilon) = \underbrace{X^\dagger \cdot X}_{=I} \cdot w + X^\dagger \cdot \varepsilon = w + X^\dagger \cdot \varepsilon,$$

其中，权重 w 现在是真实模型中的参数。回想一下误差 ε 的均值为零，我们可以计算出 w_{OLS} 的期望值：

$$\mathbb{E}(w_{\mathrm{OLS}}) = \mathbb{E}(w + X^\dagger \cdot \varepsilon) = \underbrace{\mathbb{E}(w)}_{=w} + X^\dagger \cdot \underbrace{\mathbb{E}(\varepsilon)}_{=0} = w。$$

从这里可以看到，OLS 估计量 w_{OLS} 对真实权重 w 的还原是还原到它的均值，即它是**无偏**（unbiased）的。现在再来计算它的方差：

$$\text{Var}\,(\boldsymbol{w}_{\text{OLS}}) = \text{Var}\,(\boldsymbol{w} + \boldsymbol{X}^{\dagger} \cdot \boldsymbol{\varepsilon}) = \text{Var}\,(\boldsymbol{X}^{\dagger} \cdot \boldsymbol{\varepsilon}) = \boldsymbol{X}^{\dagger} \cdot \underbrace{\text{Var}\,(\boldsymbol{\varepsilon})}_{=\sigma^2 \cdot \boldsymbol{I}} \cdot (\boldsymbol{X}^{\dagger})^{\top}$$

$$= \sigma^2 \cdot \boldsymbol{X}^{\dagger} \cdot (\boldsymbol{X}^{\dagger})^{\top} = \sigma^2 \cdot (\boldsymbol{X}^{\top} \cdot \boldsymbol{X})^{-1},$$

对于上述变换的最后一步，因为：

$$\boldsymbol{X}^{\dagger} \cdot (\boldsymbol{X}^{\dagger})^{\top} = \boldsymbol{X}^{\dagger} \cdot \left((\boldsymbol{X}^{\top} \cdot \boldsymbol{X})^{-1} \cdot \boldsymbol{X}^{\top} \right)^{\top} = \underbrace{\boldsymbol{X}^{\dagger} \cdot \boldsymbol{X}}_{=\boldsymbol{I}} \cdot (\boldsymbol{X}^{\top} \cdot \boldsymbol{X})^{-1} = (\boldsymbol{X}^{\top} \cdot \boldsymbol{X})^{-1} \,。$$

事实证明，OLS 估计量在全部线性无偏估计量类中有最小的方差。粗略地说，如果使用 OLS 估计量 $\boldsymbol{w}_{\text{OLS}}$，估计真实参数 $\boldsymbol{w}$ 时的错误是最小的。对这一结论的精确陈述称为高斯-马尔可夫定理。

5. 高斯-马尔可夫定理

高斯-马尔可夫定理（Gauss-Markov theorem）的假设涉及式(6.1)中的随机误差 ε。

假设 1 **严格的外生性**（strict exogeneity）[①]，这意味着回归中误差的均值应该为零，即对于所有 $i = 1, \cdots, n$，有：

$$\mathbb{E}(\varepsilon_i) = 0 \,。$$

假设 2 **方差齐性**（homoscedasticity），这表明无论外生变量的值是多少，内生变量不同取值的误差具有相同的方差，即对于所有 $i = 1, \cdots, n$，有：

$$\text{Var}\,(\varepsilon_i) = \sigma^2 \,。$$

假设 3 **独立性**（independence），这意味着内生变量的误差彼此不相关，即对于所有 $i, j = 1, \cdots, n$ 和 $i \neq j$，有以下关系成立：

$$\text{Cor}(\varepsilon_i, \varepsilon_j) = 0 \,。$$

简而言之，我们说误差项 $\varepsilon_1, \cdots, \varepsilon_n$ 互不相关，均值为 0，而且拥有相同的方差 $\sigma^2 > 0$。注意，它们不再需要遵循高斯分布。如上所述，我们可以等价地将 ε 的期望和方差写为：

$$\mathbb{E}(\varepsilon) = \boldsymbol{0}, \quad \text{Var}\,(\varepsilon) = \sigma^2 \cdot \boldsymbol{I} \,。$$

此外，考虑以下形式的**线性估计量**（linear estimator）：

$$\boldsymbol{w}_{\text{lin}} = \boldsymbol{C} \cdot \boldsymbol{y},$$

其中，$m \times n$ 维的矩阵 $\boldsymbol{C}$ 不可以依赖无法观察的真实权重 $\boldsymbol{w}$，而是依赖可观察的数据矩阵 $\boldsymbol{X}$。现在假设线性估计 $\boldsymbol{w}_{\text{lin}}$ 是无偏的，即

---

① 译者注：也称为"零均值"。

$$\mathbb{E}(\boldsymbol{w}_{\mathrm{lin}}) = \boldsymbol{w}。$$

下面计算 $\boldsymbol{w}_{\mathrm{lin}}$ 的方差。为此，我们使用以下表示：

$$\boldsymbol{C} = \boldsymbol{X}^{\dagger} + \boldsymbol{D},$$

其中，$m \times n$ 维的矩阵 $\boldsymbol{D}$ 是适当选取的。然后有

$$\boldsymbol{w}_{\mathrm{lin}} = \boldsymbol{C} \cdot \boldsymbol{y} = \left(\boldsymbol{X}^{\dagger} + \boldsymbol{D}\right) \cdot (\boldsymbol{X} \cdot \boldsymbol{w} + \boldsymbol{\varepsilon})$$

$$= \underbrace{\boldsymbol{X}^{\dagger} \cdot \boldsymbol{X}}_{=\boldsymbol{I}} \cdot \boldsymbol{w} + \boldsymbol{D} \cdot \boldsymbol{X} \cdot \boldsymbol{w} + \left(\boldsymbol{X}^{\dagger} + \boldsymbol{D}\right) \cdot \boldsymbol{\varepsilon} = \boldsymbol{w} + \boldsymbol{D} \cdot \boldsymbol{X} \cdot \boldsymbol{w} + \left(\boldsymbol{X}^{\dagger} + \boldsymbol{D}\right) \cdot \boldsymbol{\varepsilon}。$$

对于 $\boldsymbol{w}_{\mathrm{lin}}$ 的期望，有：

$$\mathbb{E}(\boldsymbol{w}_{\mathrm{lin}}) = \mathbb{E}(\boldsymbol{w} + \boldsymbol{D} \cdot \boldsymbol{X} \cdot \boldsymbol{w}) + \left(\boldsymbol{X}^{\dagger} + \boldsymbol{D}\right) \cdot \underbrace{\mathbb{E}(\boldsymbol{\varepsilon})}_{=\boldsymbol{0}} = \boldsymbol{w} + \boldsymbol{D} \cdot \boldsymbol{X} \cdot \boldsymbol{w}。$$

由于估计 $\boldsymbol{w}_{\mathrm{lin}}$ 是无偏的，并且矩阵 $\boldsymbol{D}$ 不依赖 $\boldsymbol{w}$，可以推断出：

$$\boldsymbol{D} \cdot \boldsymbol{X} = 0。$$

特别地，有：

$$\boldsymbol{D} \cdot \left(\boldsymbol{X}^{\dagger}\right)^{\top} = \underbrace{\boldsymbol{D} \cdot \boldsymbol{X}}_{=0} \cdot \left(\boldsymbol{X}^{\top} \cdot \boldsymbol{X}\right)^{-1} = 0。$$

最后，得到 $\boldsymbol{w}_{\mathrm{lin}}$ 的方差：

$$\mathrm{Var}\left(\boldsymbol{w}_{\mathrm{lin}}\right) = \mathrm{Var}\left(\boldsymbol{w} + \boldsymbol{D} \cdot \boldsymbol{X} \cdot \boldsymbol{w} + \left(\boldsymbol{X}^{\dagger} + \boldsymbol{D}\right) \cdot \boldsymbol{\varepsilon}\right)$$

$$= \mathrm{Var}\left(\left(\boldsymbol{X}^{\dagger} + \boldsymbol{D}\right) \cdot \boldsymbol{\varepsilon}\right) = \left(\boldsymbol{X}^{\dagger} + \boldsymbol{D}\right) \cdot \underbrace{\mathrm{Var}\left(\boldsymbol{\varepsilon}\right)}_{=\sigma^2 \cdot \boldsymbol{I}} \cdot \left(\boldsymbol{X}^{\dagger} + \boldsymbol{D}\right)^{\top}$$

$$= \sigma^2 \cdot \underbrace{\boldsymbol{X}^{\dagger} \cdot \left(\boldsymbol{X}^{\dagger}\right)^{\top}}_{=\left(\boldsymbol{X}^{\top} \cdot \boldsymbol{X}\right)^{-1}} + \sigma^2 \cdot \underbrace{\boldsymbol{X}^{\dagger} \cdot \boldsymbol{D}^{\top}}_{=0} + \sigma^2 \cdot \underbrace{\boldsymbol{D} \cdot \left(\boldsymbol{X}^{\dagger}\right)^{\top}}_{=0} + \sigma^2 \cdot \boldsymbol{D} \cdot \boldsymbol{D}^{\top}$$

$$= \sigma^2 \cdot \left(\boldsymbol{X}^{\top} \cdot \boldsymbol{X}\right)^{-1} + \sigma^2 \cdot \boldsymbol{D} \cdot \boldsymbol{D}^{\top}。$$

总而言之，$\boldsymbol{w}_{\mathrm{lin}}$ 的方差大于 $\boldsymbol{w}_{\mathrm{OLS}}$ 的方差，差额为半正定矩阵 $\sigma^2 \cdot \boldsymbol{D} \cdot \boldsymbol{D}^{\top}$：

$$\mathrm{Var}\left(\boldsymbol{w}_{\mathrm{lin}}\right) = \mathrm{Var}\left(\boldsymbol{w}_{\mathrm{OLS}}\right) + \sigma^2 \cdot \boldsymbol{D} \cdot \boldsymbol{D}^{\top}。$$

因此，在 3 条高斯-马尔可夫假设下，可以证明 $\boldsymbol{w}_{\mathrm{OLS}}$ 是 **最佳线性无偏估计量**（best linear unbiased estimator, BLUE）。这意味着，在所有线性无偏估计 $\boldsymbol{w}_{\mathrm{lin}}$ 中，OLS 估计量 $\boldsymbol{w}_{\mathrm{OLS}}$ 是方差最小的估计器，因此是最有效的。高斯-马尔可夫定理的这一结论从统计的角度强调了 OLS 估计量的重要性。

6. 多重共线性

现在,我们将注意力转向对矩阵 $\boldsymbol{X}^\top \cdot \boldsymbol{X}$ 的正则性假设,以便推导出 OLS 估计量 $\boldsymbol{w}_{\text{OLS}}$。为此,我们要求 $n \times m$ 维的数据矩阵 $\boldsymbol{X}$ 是满秩的,即

$$\text{rank}(\boldsymbol{X}) = m。$$

在这种情况下,我们称线性回归在预测中没有**多重共线性**(multicollinearity)。多重共线性产生的原因是具有两个或多个相关的外生变量。在某种意义上,多重共线的变量包含关于内生变量的相同信息。如果名称不同的变量在客观上描述了相同的现象,那么这些变量就是多余的。又或者,如果几个变量的命名不同,可能甚至使用不同的数字测量尺度,却又彼此高度相关,那么它们就会出现冗余。在实践中,我们很少在数据集中遇到完美的多重共线现象。更为常见的是数据集中两个或多个外生变量之间存在近似线性关系。**条件数**(condition number)是一种标准地度量矩阵 $\boldsymbol{X}$ 各列之间这种线性相关性的方法:

$$\kappa(\boldsymbol{X}) = \frac{\sigma_{\max}(\boldsymbol{X})}{\sigma_{\min}(\boldsymbol{X})},$$

其中 $\sigma_{\max}(\boldsymbol{X})$ 和 $\sigma_{\min}(\boldsymbol{X})$ 分别是 $m \times n$ 矩阵 $\boldsymbol{X}$ 的最大奇异值和最小奇异值。回忆前文内容可知,由于 $\boldsymbol{X}$ 是满秩的,它的所有 m 个奇异值都是正的,而且有 $\sigma_{\max}, \sigma_{\min} > 0$。然而,一旦有 $\boldsymbol{X}$ 的列成为线性相关的,即 $\boldsymbol{X}$ 的秩开始变得小于 m,那么将至少有一个奇异值消失,因而 $\boldsymbol{X}$ 的条件数会爆炸。这个性质促使我们使用 $\kappa(\boldsymbol{X})$ 作为数据多重共线性的度量。矩阵 $\boldsymbol{X}$ 条件数大的线性回归称为**病态**(ill-conditioned)回归。

7. 稳定性

多重共线性的负面影响之一是数据上的微小变化会导致回归模型中发生较大变化,甚至导致权重的正负发生变化。我们研究内生 y 变量由于测量误差引起变动引发的 OLS 估计量 $\boldsymbol{w}_{\text{OLS}}$ 的变动,进而通过该研究解释这种不稳定的现象。为了建模不稳定性,我们假设观察到的是 $\widehat{\boldsymbol{y}}$ 而非 $\boldsymbol{y}$,并考虑相应的 OLS 估计量:

$$\widehat{\boldsymbol{w}}_{\text{OLS}} = \boldsymbol{X}^\dagger \cdot \widehat{\boldsymbol{y}}。$$

比较 OLS 估计器的相对误差与测量不准确的相对误差:

$$\frac{\|\boldsymbol{w}_{\text{OLS}} - \widehat{\boldsymbol{w}}_{\text{OLS}}\|_2}{\|\boldsymbol{w}_{\text{OLS}}\|_2} : \frac{\|\boldsymbol{y} - \widehat{\boldsymbol{y}}\|_2}{\|\boldsymbol{y}\|_2} = \frac{\|\boldsymbol{X}^\dagger \cdot (\boldsymbol{y} - \widehat{\boldsymbol{y}})\|_2}{\|\boldsymbol{y} - \widehat{\boldsymbol{y}}\|_2} \cdot \frac{\|\boldsymbol{y}\|_2}{\|\boldsymbol{X}^\dagger \cdot \boldsymbol{y}\|}。$$

我们现在的目标是利用条件数 $\kappa(\boldsymbol{X})$ 来分别从上界的方向约束右侧的两项。对于第一项,我们设 $\boldsymbol{y} - \widehat{\boldsymbol{y}} = \boldsymbol{z}$,并且由于齐次性(参见练习 4.3)可得:

$$\frac{\|\boldsymbol{X}^\dagger \cdot (\boldsymbol{y} - \widehat{\boldsymbol{y}})\|_2}{\|\boldsymbol{y} - \widehat{\boldsymbol{y}}\|_2} \leqslant \max_{\boldsymbol{z} \in \mathbb{R}^n} \frac{\|\boldsymbol{X}^\dagger \cdot \boldsymbol{z}\|_2}{\|\boldsymbol{z}\|_2} = \max_{\|\boldsymbol{z}\|_2 = 1} \|\boldsymbol{X}^\dagger \cdot \boldsymbol{z}\|_2。$$

练习 3.4 证明了最后一个表达式等于 $X^\dagger$ 的最大奇异值，即

$$\max_{\|z\|_2=1} \|X^\dagger \cdot z\|_2 = \sigma_{\max}(X^\dagger)。$$

类似地，对于第二项，我们有：

$$\frac{\|X^\dagger \cdot y\|}{\|y\|_2} \geqslant \min_{z\in\mathbb{R}^n} \frac{\|X^\dagger \cdot z\|_2}{\|z\|_2} = \min_{\|z\|_2=1} \|X^\dagger \cdot z\|_2 = \sigma_{\min}(X^\dagger)。$$

综上所述，可以得到：

$$\frac{\|X^\dagger \cdot (y-\hat{y})\|_2}{\|y-\hat{y}\|_2} \cdot \frac{\|y\|_2}{\|X^\dagger \cdot y\|} \leqslant \frac{\sigma_{\max}(X^\dagger)}{\sigma_{\min}(X^\dagger)}。$$

回顾 X 和 $X^\dagger$ 的奇异值之间的关系，可知对其上界有：

$$\kappa(X^\dagger) = \frac{\sigma_{\max}(X^\dagger)}{\sigma_{\min}(X^\dagger)} = \frac{1}{\sigma_{\min}(X)} : \frac{1}{\sigma_{\max}(X)} = \frac{\sigma_{\max}(X)}{\sigma_{\min}(X)} = \kappa(X)。$$

最后，OLS 估计器中关于测量不准确的相对误差以 X 的条件数为界：

$$\frac{\|w_{\text{OLS}} - \hat{w}_{\text{OLS}}\|_2}{\|w_{\text{OLS}}\|_2} : \frac{\|y-\hat{y}\|_2}{\|y\|_2} \leqslant \kappa(X)。$$

直观地说，如果我们面对具有高条件数 $\kappa(X)$ 的病态线性回归，那么内生 y 变量中可能的测量不准确可能会对 OLS 估计量 w_{OLS} 产生巨大影响。

6.2.2 岭回归

为了克服 OLS 估计量的不稳定性，可以应用 l_2 正则化技术。我们稍后将看到，后者会帮助我们推导出所谓的岭回归。

1. 最大后验估计

站在概率论的角度，我们通过欧几里得范数来理解式(6.1)的 l_2 正则化（l_2-regularization）。我们会用到最大后验估计技术。为此，可以再次假设误差项 $\varepsilon_1, \cdots, \varepsilon_n$ 是独立同分布的，且来自均值为零，方差 $\sigma^2 > 0$ 的**高斯分布**（Gauss distribution）$\mathcal{N}(0,\sigma^2)$。回想关于 y 变量的高斯概率密度：

$$p(y_i|w) = \frac{1}{\sqrt{2\pi}\cdot\sigma}\cdot e^{-\frac{1}{2}\cdot\left(\frac{y_i-(X\cdot w)_i}{\sigma}\right)^2}, \quad i=1,\cdots,n。$$

在这个模型下，观测数据的条件概率密度是它们的乘积：

$$p(y|w) = \prod_{i=1}^{n} p(y_i|w)。$$

此外，我们假设权重 $\boldsymbol{w} = (w_0, \cdots, w_{m-1})^\top$ 也是独立同分布的，且来自均值为零且方差 $\tau^2 > 0$ 的**高斯分布**（Gauss distribution）$\mathcal{N}(0, \tau^2)$。权重的高斯概率的概率密度如下：

$$p(w_j) = \frac{1}{\sqrt{2\pi} \cdot \tau} \cdot \mathrm{e}^{-\frac{1}{2} \cdot \left(\frac{w_j}{\tau}\right)^2}, \quad j = 0, \cdots, m-1 \text{。}$$

它们的联合概率密度是乘积：

$$p(\boldsymbol{w}) = \prod_{j=0}^{m-1} p(w_j) \text{。}$$

此外，我们将 $p(\boldsymbol{w})$ 解释为先验分布，并应用**贝叶斯定理**（Bayes theorem）推导出权重 $\boldsymbol{w}$ 的后验分布：

$$p(\boldsymbol{w}|\boldsymbol{y}) = \frac{p(\boldsymbol{y}|\boldsymbol{w}) \cdot p(\boldsymbol{w})}{p(\boldsymbol{y})},$$

其中 $p(\boldsymbol{y})$ 是内生 $\boldsymbol{y}$ 变量的概率密度。为了获得权重，进而更好地解释已观测的内生变量，我们应该合理地选择后验分布的**模式**（mode）。由于它的分母总是正的，并且不依赖 $\boldsymbol{w}$，可以等效地将分子最大化：

$$N(\boldsymbol{w}) = p(\boldsymbol{y}|\boldsymbol{w}) \cdot p(\boldsymbol{w}) \text{。}$$

由此可以导出**最大后验估计**（maximum a posterior estimation）技术的使用，参见 [Murphy，2012]：

$$\max_{\boldsymbol{w}} N(\boldsymbol{w}) \text{。} \tag{6.3}$$

为了简化式(6.3)，可以将其改写为最大化分子的对数：

$$\ln N(\boldsymbol{w}) = \ln p(\boldsymbol{y}|\boldsymbol{w}) \cdot p(\boldsymbol{w}) = \ln p(\boldsymbol{y}|\boldsymbol{w}) + \ln p(\boldsymbol{w})$$

$$= \sum_{i=1}^{n} \ln \frac{1}{\sqrt{2\pi} \cdot \sigma} \cdot \mathrm{e}^{-\frac{1}{2} \cdot \left(\frac{y_i - (\boldsymbol{X} \cdot \boldsymbol{w})_i}{\sigma}\right)^2} + \sum_{j=0}^{m-1} \ln \frac{1}{\sqrt{2\pi} \cdot \tau} \cdot \mathrm{e}^{-\frac{1}{2} \cdot \left(\frac{w_j}{\tau}\right)^2}$$

$$= n \cdot \ln \frac{1}{\sqrt{2\pi} \cdot \sigma} - \frac{1}{2} \cdot \sum_{i=1}^{n} \left(\frac{y_i - (\boldsymbol{X} \cdot \boldsymbol{w})_i}{\sigma}\right)^2 + m \cdot \ln \frac{1}{\sqrt{2\pi} \cdot \tau} - \frac{1}{2} \cdot \sum_{j=0}^{m-1} \left(\frac{w_j}{\tau}\right)^2$$

$$= n \cdot \ln \frac{1}{\sqrt{2\pi} \cdot \sigma} + m \cdot \ln \frac{1}{\sqrt{2\pi} \cdot \tau} - \frac{1}{2\sigma^2} \cdot \|\boldsymbol{y} - \boldsymbol{X} \cdot \boldsymbol{w}\|_2^2 - \frac{1}{2\tau^2} \cdot \|\boldsymbol{w}\|_2^2,$$

将前置的两项常数省略并且合理地放缩剩下的几项后，式(6.3)等价于下面的优化问题：

$$\min_{\boldsymbol{w}} \frac{1}{2} \cdot \|\boldsymbol{y} - \boldsymbol{X} \cdot \boldsymbol{w}\|_2^2 + \frac{\sigma^2}{2\tau^2} \cdot \|\boldsymbol{w}\|_2^2 \text{。}$$

通过设置 $\lambda = \dfrac{\sigma^2}{\tau^2}$，我们最终得到**岭回归**（ridge regression）：

$$\min_{\boldsymbol{w}} \frac{1}{2} \cdot \|\boldsymbol{y} - \boldsymbol{X} \cdot \boldsymbol{w}\|_2^2 + \frac{\lambda}{2} \cdot \|\boldsymbol{w}\|_2^2 \text{。} \tag{6.4}$$

岭回归通常被称为 **Tikhonov 正则化**（Tikhonov regularization），是 Tikhonov and Arsenin [1977] 提出的用于处理不适定逆问题（ill-posed inverse problem）的方法。它在解决线性回归中的多重共线性问题特别有用，这样的问题通常发生在拥有大量参数的模型中。注意，权重 $\boldsymbol{w}$ 的先验分布选择了高斯分布的话，就会得出 l_2 正则化项 $\frac{\lambda}{2} \cdot \|\boldsymbol{w}\|_2^2$。它的作用就是惩罚权重参数。正的 Tikhonov 参数 λ 正则化权重的方式可以总结为，如果它们取较大的值，岭回归中的目标函数就会受到惩罚。换句话说，岭回归可以缩小权重，并帮助降低模型的复杂性和多重共线性。

2. 岭估计

优化问题式(6.4)是明确可解的。为了得到它的解，我们写出相应的必要最优性条件：

$$\nabla \left(\frac{1}{2} \cdot \|\boldsymbol{y} - \boldsymbol{X} \cdot \boldsymbol{w}\|_2^2 + \frac{\lambda}{2} \cdot \|\boldsymbol{w}\|_2^2 \right) = 0 \text{。}$$

它的梯度有：

$$\nabla \left(\frac{1}{2} \cdot \|\boldsymbol{y} - \boldsymbol{X} \cdot \boldsymbol{w}\|_2^2 + \frac{\lambda}{2} \cdot \|\boldsymbol{w}\|_2^2 \right) = -\boldsymbol{X}^\top \cdot \boldsymbol{y} + \boldsymbol{X}^\top \cdot \boldsymbol{X} \cdot \boldsymbol{w} + \lambda \cdot \boldsymbol{w} \text{。}$$

因此，式(6.4)的必要最优性条件可以导出正则化正规方程：

$$(\boldsymbol{X}^\top \cdot \boldsymbol{X} + \lambda \cdot \boldsymbol{I}) \cdot \boldsymbol{w} = \boldsymbol{X}^\top \cdot \boldsymbol{y} \text{。}$$

注意，$m \times m$ 维的矩阵 $\boldsymbol{X}^\top \cdot \boldsymbol{X} + \lambda \cdot \boldsymbol{I}$ 是正定的。对于所有 $\boldsymbol{\xi} \in \mathbb{R}^m$ 且 $\boldsymbol{\xi} \neq 0$，容易得知：

$$\boldsymbol{\xi}^\top \cdot (\boldsymbol{X}^\top \cdot \boldsymbol{X} + \lambda \cdot \boldsymbol{I}) \cdot \boldsymbol{\xi} = \boldsymbol{\xi}^\top \cdot \boldsymbol{X}^\top \cdot \boldsymbol{X} \cdot \boldsymbol{\xi} + \lambda \cdot \boldsymbol{\xi}^\top \cdot \boldsymbol{\xi} = \underbrace{\|\boldsymbol{X} \cdot \boldsymbol{\xi}\|_2^2}_{\geqslant 0} + \underbrace{\lambda \cdot \|\boldsymbol{\xi}\|_2^2}_{> 0} > 0 \text{。}$$

因此，可知矩阵 $\boldsymbol{X}^\top \cdot \boldsymbol{X} + \lambda \cdot \boldsymbol{I}$ 是正则的，并且这个性质与 $\boldsymbol{X}$ 的满秩假设无关。即使在多重共线性的情况下，即如果 $\boldsymbol{X}$ 的秩小于 m 时，我们依然可以获得正则化正规方程的唯一解，将其称为**岭估计量**（ridge estimator）：

$$\boldsymbol{w}_{\text{ridge}} = (\boldsymbol{X}^\top \cdot \boldsymbol{X} + \lambda \cdot \boldsymbol{I})^{-1} \cdot \boldsymbol{X}^\top \cdot \boldsymbol{y} \text{。}$$

由于凸性，岭估计量 $\boldsymbol{w}_{\text{ridge}}$ 可以用于求解优化问题式(6.4)。如上所述，我们将岭估计量的公式重写为

$$\boldsymbol{w}_{\text{ridge}} = \boldsymbol{X}_\lambda^\dagger \cdot \boldsymbol{y},$$

其中 $\boldsymbol{X}_\lambda^\dagger$ 为 $\boldsymbol{X}$ 的正则化伪逆：

$$\boldsymbol{X}_\lambda^\dagger = (\boldsymbol{X}^\top \cdot \boldsymbol{X} + \lambda \cdot \boldsymbol{I})^{-1} \cdot \boldsymbol{X}^\top \text{。}$$

3. 条件数

现在我们展示 Tikhonov 参数 λ 对正则化问题的条件数的影响。为此，我们首先推导出正则化伪逆 $\boldsymbol{X}_\lambda^\dagger$ 的奇异值分解，将 $\boldsymbol{X} = \boldsymbol{U} \cdot \boldsymbol{\Sigma} \cdot \boldsymbol{V}$ 代入正则化伪逆公式得：

$$
\begin{aligned}
\boldsymbol{X}_\lambda^\dagger &= \left((\boldsymbol{U} \cdot \boldsymbol{\Sigma} \cdot \boldsymbol{V})^\top \cdot \boldsymbol{U} \cdot \boldsymbol{\Sigma} \cdot \boldsymbol{V} + \lambda \cdot \boldsymbol{I}\right)^{-1} \cdot (\boldsymbol{U} \cdot \boldsymbol{\Sigma} \cdot \boldsymbol{V})^\top \\
&= \left(\boldsymbol{V}^\top \cdot \boldsymbol{\Sigma} \cdot \underbrace{\boldsymbol{U}^\top \cdot \boldsymbol{U}}_{=\boldsymbol{I}} \cdot \boldsymbol{\Sigma} \cdot \boldsymbol{V} + \lambda \cdot \boldsymbol{I}\right)^{-1} \cdot \boldsymbol{V}^\top \cdot \boldsymbol{\Sigma} \cdot \boldsymbol{U}^\top \\
&= \left(\boldsymbol{V}^\top \cdot (\boldsymbol{\Sigma}^2 + \lambda \cdot \boldsymbol{I}) \cdot \boldsymbol{V}\right)^{-1} \cdot \boldsymbol{V}^\top \cdot \boldsymbol{\Sigma} \cdot \boldsymbol{U}^\top \\
&= \boldsymbol{V}^\top \cdot (\boldsymbol{\Sigma}^2 + \lambda \cdot \boldsymbol{I})^{-1} \cdot \underbrace{\boldsymbol{V} \cdot \boldsymbol{V}^\top}_{=\boldsymbol{I}} \cdot \boldsymbol{\Sigma} \cdot \boldsymbol{U}^\top \\
&= \boldsymbol{V}^\top \cdot (\boldsymbol{\Sigma}^2 + \lambda \cdot \boldsymbol{I})^{-1} \cdot \boldsymbol{\Sigma} \cdot \boldsymbol{U}^\top,
\end{aligned}
$$

这里我们再次使用了二次矩阵 $\boldsymbol{V}$ 的正交性质，即 $\boldsymbol{V}^{-1} = \boldsymbol{V}^\top$。因此，我们证明了正则化伪逆的奇异值分解是

$$
\boldsymbol{X}_\lambda^\dagger = \boldsymbol{V}^\top \cdot (\boldsymbol{\Sigma}^2 + \lambda \cdot \boldsymbol{I})^{-1} \cdot \boldsymbol{\Sigma} \cdot \boldsymbol{U}^\top。
$$

因此，$\boldsymbol{X}_\lambda^\dagger$ 的奇异值可以与 $\boldsymbol{X}$ 的奇异值相关联，进而得到对于 $j = 1, \cdots, m$：

$$
\sigma_j(\boldsymbol{X}_\lambda^\dagger) = \frac{\sigma_j(\boldsymbol{X})}{\sigma_j^2(\boldsymbol{X}) + \lambda} \leqslant \frac{1}{\sigma_j(\boldsymbol{X})} = \sigma_j(\boldsymbol{X}^\dagger)。
$$

进一步通过以下函数获得 $\boldsymbol{X}_\lambda^\dagger$ 的最大和最小奇异值：

$$
f(t) = \frac{t}{t^2 + \lambda}。
$$

容易看出，$f(t)$ 在 $t = \sqrt{\lambda}$ 处取得最大值。另外，在 $t < \sqrt{\lambda}$ 时，函数的值是严格递增的；而在 $t > \sqrt{\lambda}$，函数是严格递减的，参见图 6.1。因此，可以得到：

$$
\begin{aligned}
\sigma_{\max}(\boldsymbol{X}_\lambda^\dagger) &= \max_{j=1,\cdots,m} \frac{\sigma_j(\boldsymbol{X})}{\sigma_j^2(\boldsymbol{X}) + \lambda} \leqslant \frac{\sqrt{\lambda}}{\sqrt{\lambda}^2 + \lambda} = \frac{1}{2\sqrt{\lambda}} \\
\sigma_{\min}(\boldsymbol{X}_\lambda^\dagger) &= \min_{j=1,\cdots,m} \frac{\sigma_j(\boldsymbol{X})}{\sigma_j^2(\boldsymbol{X}) + \lambda} = \min\left\{\frac{\sigma_{\min}(\boldsymbol{X})}{\sigma_{\min}^2(\boldsymbol{X}) + \lambda}, \frac{\sigma_{\max}(\boldsymbol{X})}{\sigma_{\max}^2(\boldsymbol{X}) + \lambda}\right\}。
\end{aligned}
$$

因此，$\boldsymbol{X}_\lambda^\dagger$ 的条件数可以估计如下：

$$
\kappa(\boldsymbol{X}_\lambda^\dagger) = \frac{\sigma_{\max}(\boldsymbol{X}_\lambda^\dagger)}{\sigma_{\min}(\boldsymbol{X}_\lambda^\dagger)} \leqslant \frac{1}{2\sqrt{\lambda}} : \min\left\{\frac{\sigma_{\min}(\boldsymbol{X})}{\sigma_{\min}^2(\boldsymbol{X}) + \lambda}, \frac{\sigma_{\max}(\boldsymbol{X})}{\sigma_{\max}^2(\boldsymbol{X}) + \lambda}\right\}
$$

$$= \frac{1}{2\sqrt{\lambda}} : \max\left\{\frac{\sigma_{\min}^2(\boldsymbol{X})+\lambda}{\sigma_{\min}(\boldsymbol{X})}, \frac{\sigma_{\max}^2(\boldsymbol{X})+\lambda}{\sigma_{\max}(\boldsymbol{X})}\right\}$$

$$= \frac{1}{2}\cdot\max\left\{\frac{\sigma_{\min}(\boldsymbol{X})}{\sqrt{\lambda}}+\frac{\sqrt{\lambda}}{\sigma_{\min}(\boldsymbol{X})}, \frac{\sigma_{\max}(\boldsymbol{X})}{\sqrt{\lambda}}+\frac{\sqrt{\lambda}}{\sigma_{\max}(\boldsymbol{X})}\right\}\text{。}$$

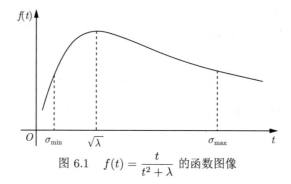

图 6.1　$f(t)=\dfrac{t}{t^2+\lambda}$ 的函数图像

将 Tikhonov 参数 λ 设定为 $\lambda = \sigma_{\min}\cdot\sigma_{\max}$，最终得到：

$$\kappa(\boldsymbol{X}_\lambda^\dagger) \leqslant \frac{1}{2}\cdot\left(\sqrt{\frac{1}{\kappa(\boldsymbol{X})}}+\sqrt{\kappa(\boldsymbol{X})}\right)\text{。}$$

我们得出结论，$\boldsymbol{X}_\lambda^\dagger$ 的条件数是由 $\boldsymbol{X}$ 的条件数的**平方根**（square root）为约束的。这一事实表明，对于内生 y 变量的测量误差，岭估计量 $\boldsymbol{w}_{\mathrm{ridge}}$ 比 OLS 估计量 $\boldsymbol{w}_{\mathrm{OLS}}$ 更加稳定。

4. 偏差-方差权衡

正如我们刚刚看到的，与 OLS 估计量相比，岭估计量具有良好的稳定性。然而，这是有一定代价的。与 OLS 估计量相比，岭估计量是**有偏**（biased）的。为了证明这一点，简单起见，我们假设数据矩阵 $\boldsymbol{X}$ 的列不仅线性独立，而且两两正交：

$$\boldsymbol{X}^\top\cdot\boldsymbol{X}=n\cdot\boldsymbol{I}\text{。}$$

然后，岭估计量的公式为：

$$\boldsymbol{w}_{\mathrm{ridge}}=\boldsymbol{X}_\lambda^\dagger\cdot\boldsymbol{y}=\left(\underbrace{\boldsymbol{X}^\top\cdot\boldsymbol{X}}_{=n\cdot\boldsymbol{I}}+\lambda\cdot\boldsymbol{I}\right)^{-1}\cdot\boldsymbol{X}^\top\cdot(\boldsymbol{X}\cdot\boldsymbol{w}+\boldsymbol{\varepsilon})=\frac{n}{n+\lambda}\cdot\boldsymbol{w}+\frac{1}{n+\lambda}\cdot\boldsymbol{X}^\top\cdot\boldsymbol{\varepsilon}\text{。}$$

不出所料的是，$\boldsymbol{w}_{\mathrm{ridge}}$ 并没有给出真实的权重 $\boldsymbol{w}$：

$$\mathbb{E}(\boldsymbol{w}_{\mathrm{ridge}})=\frac{n}{n+\lambda}\cdot\underbrace{\mathbb{E}(\boldsymbol{w})}_{=\boldsymbol{w}}+\frac{1}{n+\lambda}\cdot\boldsymbol{X}^\top\cdot\underbrace{\mathbb{E}(\boldsymbol{\varepsilon})}_{=0}=\frac{n}{n+\lambda}\cdot\boldsymbol{w}\neq\boldsymbol{w}\text{。}$$

换言之，岭估计是有偏的。关于它的方差我们可以得知什么结论呢？可得：

$$\operatorname{Var}(\boldsymbol{w}_{\mathrm{ridge}}) = \operatorname{Var}\left(\frac{n}{n+\lambda} \cdot \boldsymbol{w} + \frac{1}{n+\lambda} \cdot \boldsymbol{X}^\top \cdot \boldsymbol{\varepsilon}\right) = \frac{1}{(n+\lambda)^2} \cdot \operatorname{Var}\left(\boldsymbol{X}^\top \cdot \boldsymbol{\varepsilon}\right)$$

$$= \frac{1}{(n+\lambda)^2} \cdot \boldsymbol{X}^\top \cdot \underbrace{\operatorname{Var}(\boldsymbol{\varepsilon})}_{=\sigma^2 \cdot \boldsymbol{I}} \cdot (\boldsymbol{X}^\top)^\top = \frac{1}{(n+\lambda)^2} \cdot \sigma^2 \cdot \underbrace{\boldsymbol{X}^\top \cdot \boldsymbol{X}}_{=n \cdot \boldsymbol{I}}$$

$$= \frac{n}{(n+\lambda)^2} \cdot \sigma^2 \cdot \underbrace{\boldsymbol{I}}_{=n \cdot (\boldsymbol{X}^\top \cdot \boldsymbol{X})^{-1}} = \frac{n^2}{(n+\lambda)^2} \cdot \underbrace{\sigma^2 \cdot (\boldsymbol{X}^\top \cdot \boldsymbol{X})^{-1}}_{=\operatorname{Var}(\boldsymbol{w}_{\mathrm{OLS}})}$$

$$= \frac{n^2}{(n+\lambda)^2} \cdot \operatorname{Var}(\boldsymbol{w}_{\mathrm{OLS}}).$$

因为 $\frac{n^2}{(n+\lambda)^2} < 1$，我们得出结论，$\boldsymbol{w}_{\mathrm{OLS}}$ 的方差大于 $\boldsymbol{w}_{\mathrm{ridge}}$ 的方差，因为方差矩阵的差 $\operatorname{Var}(\boldsymbol{w}_{\mathrm{OLS}}) - \operatorname{Var}(\boldsymbol{w}_{\mathrm{ridge}})$ 是正定的。这个结论揭示了统计估计中常见的偏差-方差权衡。**偏差-方差权衡**（bias-variance tradeoff）表示拥有较低偏差的估计量会拥有较高的方差，反之亦然，参见练习 6.6。l_2 正则化在回归模型中引入了偏差，但它与 OLS 估计量相比，却减少了方差。尽管 OLS 估计量可以给出无偏的权重，并且在均值上表现出优异的性能，但岭估计量在应对测量不准确性方面更加**健壮**（robust）[①]。

6.3 案例分析：资本资产定价

在金融领域，**资本资产定价模型**（capital asset pricing model）描述了系统性风险与资产预期收益之间的关系。它被广泛应用于已知资产风险和资金成本时为风险证券定价或计算资产预期回报等场景中。由 Sharpe [1964] 引入资本资产定价模型是以 Markowitz [1952] 更早提出的现代投资组合理论研究为基础的。这里我们通过线性回归来解释资本资产定价模型。为此，我们用 r 表示交易资本资产的回报，用 r^M 代表整个股票市场的回报，这个回报通过某些市场指数表示，如道琼斯指数。无风险资产的固定收益记为 r^F，这种资产可以对应于美国政府债券。资本资产定价模型假设这些随机变量之间存在线性相关性：

$$r - r^F = \beta \cdot (r^M - r^F), \tag{6.5}$$

其中 $\beta \in \mathbb{R}$ 量化了资产回报的变化相对于市场回报变化情况。

任务 1 请证明资产**风险溢价**（risk premium）与市场风险溢价成正比，即

---

① 译者注：也作"鲁棒"。

$$\mathbb{E}(r) - r^F = \beta \cdot (\mathbb{E}(r^M) - r^F)。$$

提示 1 计算式(6.5)的期望。

任务 2 试证明 β 能够衡量**系统风险**（systematic risk），或者换句话说，资产的与市场相关的风险，即

$$\beta = \frac{\mathrm{Cov}(r, r^M)}{\mathrm{Var}(r^M)}。$$

提示 2 利用式(6.5)和任务 1 的结论，我们可知：

$$r - \mathbb{E}(r) = r^F + \beta \cdot (r^M - r^F) - r^F - \beta \cdot (\mathbb{E}(r^M) - r^F) = \beta \cdot (r^M - \mathbb{E}(r^M))。$$

接下来，还可以得到：

$$\mathrm{Cov}(r, r^M) = \mathbb{E}\left((r - \mathbb{E}(r)) \cdot (r^M - \mathbb{E}(r^M))\right) = \mathbb{E}\left(\beta \cdot (r^M - \mathbb{E}(r^M))^2\right) = \beta \cdot \mathrm{Var}(r^M)。$$

任务 3 给定一个收益数据集 $(r_i, r_i^M) \in \mathbb{R} \times \mathbb{R}$, $i = 1, \cdots, n$, 试通过式(6.5)的线性回归估计未知权重 α 和 β：

$$r_i - r^F = \alpha + \beta \cdot (r_i^M - r^F) + \varepsilon_i,$$

其中误差项 ε_i, $i = 1, \cdots, n$, 独立同分布，且满足均值为零，方差 $\sigma^2 > 0$ 的高斯分布 $\mathcal{N}(0, \sigma^2)$。

提示 3 OLS 估计量可以由下式给出：

$$\alpha = \frac{\sum\limits_{i=1}^{n}\left(r_i - r^F\right) - \beta \cdot \sum\limits_{i=1}^{n}\left(r_i^M - r^F\right)}{n},$$

$$\beta = \frac{n \cdot \sum\limits_{i=1}^{n}\left(r_i^M - r^F\right) \cdot \left(r_i - r^F\right) - \sum\limits_{i=1}^{n}\left(r_i^M - r^F\right) \cdot \sum\limits_{i=1}^{n}\left(r_i - r^F\right)}{n \cdot \sum\limits_{i=1}^{n}\left(r_i^M - r^F\right)^2 - \left(\sum\limits_{i=1}^{n}\left(r_i^M - r^F\right)\right)^2}。$$

任务 4 假设某个资产以价格 p 购得，然后再以价格 q 出售。试使用估计得到的 β，推导并解释资产价格的公式：

$$p = \frac{\mathbb{E}(q)}{1 + r^F + \beta \cdot (\mathbb{E}(r^M) - r^F)}。$$

提示 4 使用 $r = \dfrac{q - p}{p}$ 和任务 1。资产价格 p 将以风险调整的利率 $r^F + \beta \cdot (\mathbb{E}(r^M) - r^F)$ 折现。

任务 5 假设某个资产以价格 p 购得，然后再以价格 q 出售。试推导和解释确定性等价物的定价公式：

$$p = \frac{1}{1 + r^F} \cdot \left(\mathbb{E}(q) + \frac{\text{Cov}(q, r^M) \cdot (\mathbb{E}(r^M) - r^F)}{\text{Var}(r^M)} \right).$$

提示 5 使用任务 2、4 和 5 的结果，括号中的项可以视为 q 的风险调整期望，也就是它的**确定性等价物**（certainty equivalent）。

6.4 练习

练习 6.1（奥肯定律） 请用表 6.1 中德国 GDP 与失业率数据来验证奥肯定律。

表 6.1 德国 GDP 与失业率数据

年　份	GDP（10 亿美元）	失业率（%）
1991	1.86	5.317
1992	2.12	6.323
1993	2.07	7.675
1994	2.21	8.728
1995	2.59	8.158
1996	2.50	8.825
1997	2.22	9.863
1998	2.24	9.788
1999	2.20	8.855
2000	1.95	7.917
2001	1.95	7.773
2002	2.01	8.482
2003	2.51	9.779
2004	2.82	10.727
2005	2.86	11.167
2006	3.00	10.250
2007	3.44	8.658
2008	3.75	7.524
2009	3.42	7.742
2010	3.42	6.966
2011	3.76	5.824
2012	3.54	5.379
2013	3.75	5.231
2014	3.88	4.981
2015	3.36	4.624
2016	3.47	4.122

练习 6.2（伪逆） 假设 $n \times m$ 维度的矩阵 $\boldsymbol{X}$ 为满秩 m。请证明以下的 **Moore-Penrose 条件**（Moore-Penrose conditions）对 $\boldsymbol{X}$ 的伪逆 $\boldsymbol{X}^{\dagger}$ 仍是有效的：

(i) $\boldsymbol{X} \cdot \boldsymbol{X}^{\dagger} \cdot \boldsymbol{X} = \boldsymbol{X}$,

(ii) $\boldsymbol{X}^{\dagger} \cdot \boldsymbol{X} \cdot \boldsymbol{X}^{\dagger} = \boldsymbol{X}^{\dagger}$,

(iii) $\left(\boldsymbol{X} \cdot \boldsymbol{X}^{\dagger}\right)^{\top} = \boldsymbol{X} \cdot \boldsymbol{X}^{\dagger}$。

练习 6.3（Hilbert 矩阵） $n \times n$ 维度的 **Hilbert 矩阵**（Hilbert matrix）定义如下：

$$\boldsymbol{H}_n = \left(\frac{1}{i+j-1}\right) = \begin{pmatrix} 1 & 1/2 & 1/3 & \cdots & 1/n \\ 1/2 & 1/3 & & & \\ 1/3 & & & & \\ \vdots & & & & \vdots \\ 1/n & & & \cdots & 1/2n-1 \end{pmatrix}。$$

（i）试计算 $n = 5, 10, 15$ 时的条件数 $\kappa(\boldsymbol{H}_n)$ 的值。再将计算出的结果与以下 n 非常大时的渐近结果进行比较：

$$\kappa(\boldsymbol{H}_n) \sim \frac{(1+\sqrt{2})^{4n}}{\sqrt{n}}。$$

（ii）在 $n = 5, 10, 15$ 时，取 $\boldsymbol{y} = H_n \cdot \boldsymbol{e}$，以数值方式求解线性方程组 $\boldsymbol{H}_n \cdot \boldsymbol{x} = \boldsymbol{y}$。是否能够得到解 $\boldsymbol{x} = \boldsymbol{e}$？如果不能，原因是什么呢？

练习 6.4（Vandermonde 矩阵） $m \times m$ 维的 **Vandermonde 矩阵**（Vandermonde matrix）的行由给定数 $\alpha_1, \cdots, \alpha_m \in \mathbb{R}$ 的幂组成：

$$\boldsymbol{V} = \begin{pmatrix} 1 & \alpha_1 & \alpha_1^2 & \cdots & \alpha_1^{m-1} \\ 1 & \alpha_2 & \alpha_2^2 & \cdots & \alpha_2^{m-1} \\ \vdots & \vdots & \vdots & \ddots & \vdots \\ 1 & \alpha_m & \alpha_m^2 & \cdots & \alpha_m^{m-1} \end{pmatrix}。$$

请通过归纳法证明 Vandermonde 矩阵的行列式可以表示为

$$\det(\boldsymbol{V}) = \prod_{1 \leqslant i < j \leqslant m} (\alpha_j - \alpha_i)。$$

练习 6.5（多项式回归） 假设内生 y 变量与外生 x 变量有多项式的依赖关系，即

$$y = w_0 + x \cdot w_1 + x^2 \cdot w_2 + \cdots + x^{m-1} \cdot w_{m-1} + \varepsilon,$$

其中 $w_0, w_1, \cdots, w_{m-1} \in \mathbb{R}$ 是未知系数，随机误差 ε 服从均值为 0，方差 $\sigma^2 > 0$ 的高斯分布 $\mathcal{N}(0, \sigma^2)$。对于给定的数据集 $(x_i, y_i) \in \mathbb{R} \times \mathbb{R}$, $i = 1, \cdots, n$，试将**多项式回归**

（polynomial regression）重新表述为最小二乘问题。这里假设 $n > m$，并且所有 x_i 两两不同，$i = 1, \cdots, n$。试给出相应的正规方程的唯一解。

练习 6.6（均方误差） 为了预测真实权重 $\boldsymbol{w}$，我们考虑线性估计器 $\boldsymbol{w}_{\mathrm{lin}} = \boldsymbol{C} \cdot \boldsymbol{y}$，其中矩阵 $\boldsymbol{C}$ 为 $m \times n$ 维度，并且 $\boldsymbol{y} = \boldsymbol{X} \cdot \boldsymbol{w} + \boldsymbol{\varepsilon}$。其中的随机误差 $\boldsymbol{\varepsilon}$ 满足高斯-马尔可夫条件假设 1 至假设 3。试给出**均方误差**（mean squared error）的偏差-方差分解：

$$\mathbb{E}\left\|\boldsymbol{w}_{\mathrm{lin}} - \boldsymbol{w}\right\|_2^2 = \left\|\mathbb{E}(\boldsymbol{w}_{\mathrm{lin}}) - \boldsymbol{w}\right\|_2^2 + \mathrm{trace}(\mathrm{Var}\left(\boldsymbol{w}_{\mathrm{lin}}\right))。$$

这里，假设 $\boldsymbol{X}^\top \cdot \boldsymbol{X} = n \cdot \boldsymbol{I}$，请计算并比较使用均方误差的 OLS 估计量 $\boldsymbol{w}_{\mathrm{OLS}}$ 和岭估计量 $\boldsymbol{w}_{\mathrm{ridge}}$。请讨论与这个比较相对应的偏差-方差权衡。再计算 Tikhonov 参数 λ，使它可以将岭估计量 $\boldsymbol{w}_{\mathrm{ridge}}$ 的均方误差最小化。

第7章 稀疏恢复

随着人们可获取的信息量的增加，处理高维数据的成本成为了一个关键的问题。为了降低模型的复杂度，稀疏性的概念在过去几十年中被广泛提及。在这种语境下，**稀疏性**（sparsity）指要求模型中的大多数参数等于或接近于零。在其相关的应用中，我们将提到计量经济学中的变量选择，其中为零的条目对应不相关的特征。另一个重要的应用涉及信号处理领域中的**压缩感知**（compressed sensing）问题，其中通常只需几个线性测量值就足够解码稀疏信号。本章中向量的稀疏性将通过**零范数**（zero norm）进行测量。使用零范数，我们解释了如何在线性等式约束下寻找最稀疏向量的问题，并给出了其在约束矩阵的 **spark 常数**角度的唯一可解性。为了获得函数的凸性，我们将零范数替换为曼哈顿范数，而其相应的正则化优化问题被称为**基追踪**（basis pursuit）。本章中，我们证明了基追踪在当前矩阵的零空间属性下允许稀疏解。此外，我们应用了最大后验估计的概率技术来导出**最小绝对值收敛和选择算子**（least absolute shrinkage and selection operator）。这个优化问题和基追踪类似，但允许应用凸优化中有效的数值方法。最后，我们讨论了**迭代阈值收缩算法**（iterative shrinkage-thresholding algorithm）的解决方案。

7.1 研究动因：变量选择

在数据科学中，**变量选择**（variable selection）是识别用于构建模型的重要变量子集的过程。使用变量选择技术的基本前提是数据中包含一些冗余的或不相关的特征，因此，删除它们不会导致大量信息丢失。人们使用变量选择技术有两个主要原因。首先，简化的模型更容易被解释。在通常情况下，仅仅提出一个可靠的模型是不够的，我们还需要减少其中的自变量数量。用爱因斯坦的名言解释就是："让每件事都尽可能简单，但不是越简单越好"。其次，变量选择可以避免维数灾难。**维数灾难**（curse of dimensionality）是在高维空间中分析和组织数据时会遇到的困难。在大数据分析中通常需要海量数据，来确保每个值的组合都有多个样本与之对应。根据人们的经验之谈，表示的每个维度至少对应 5 个训练示例。对于固定数量的数据样本，回归器的预测能力首先会随着特征数量的增加而增加，而后再会降低。Hughes [1968] 在模式识别的框架中首先观察到了这种**峰化现象**（peaking phenomenon），因此也称 Hughes 现象，如图 7.1所示。变量选择会尝试通过减少特征的

数量来克服 **Hughes 现象**（Hughes phenomenon）。让我们用数学的术语来描述变量选择问题。假设我们已知一个外生和内生变量的数据集 $(\boldsymbol{x}_i, y_i) \in \mathbb{R}^{m-1} \times \mathbb{R}$, $i = 1, \cdots, n$。假设内生 $\boldsymbol{y}$ 变量线性依赖外生 $\boldsymbol{x}$ 变量，即对于 $i = 1, \cdots, n$，有以下关系成立：

$$y_i = w_0 + (\boldsymbol{x}_i)_1 \cdot w_1 + \cdots + (\boldsymbol{x}_i)_{m-1} \cdot w_{m-1},$$

其中 $w_1, \cdots, w_{m-1} \in \mathbb{R}$ 是一些未知的权重，$w_0 \in \mathbb{R}$ 起到了偏差的作用。通常，这 n 个**线性回归**（linear regression）方程会被叠在一起，并被以矩阵形式写成一个方程组：

$$\boldsymbol{y} = \boldsymbol{X} \cdot \boldsymbol{w}, \tag{7.1}$$

其中 $\boldsymbol{y} \in \mathbb{R}^n$ 是内生变量的数据向量，$\boldsymbol{w} \in \mathbb{R}^m$ 是权重向量：

$$\boldsymbol{y} = (y_1, \cdots, y_n)^\top, \quad \boldsymbol{w} = (w_0, w_1, \cdots, w_{m-1})^\top。$$

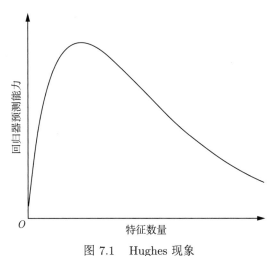

图 7.1　Hughes 现象

外生变量的 $n \times m$ 维的数据矩阵为：

$$\boldsymbol{X} = \begin{pmatrix} 1 & (\boldsymbol{x}_1)_1 & \cdots, & (\boldsymbol{x}_1)_{m-1} \\ \vdots & \vdots & \ddots & \vdots \\ 1 & (\boldsymbol{x}_n)_1 & \cdots, & (\boldsymbol{x}_n)_{m-1} \end{pmatrix}。$$

假设解释变量的数量 m 大大超过数据点的数量 n，即 $n < m$。如果数据生成成本很高并且 n 相对较小，就会出现这样的情况。或者，我们可能无法先验地识别解释变量，而是更加希望后验地选择最重要的解释变量，而 m 又相对较大。因此，线性方程组式(7.1)将是**欠定的**（underdetermined），并且从可解性的角度来说，它将允许多个解。我们更希望

了解那些稀疏的解，即具有最少数量的非零元素的解。向量 $\boldsymbol{w} \in \mathbb{R}^m$ 的**稀疏性**（sparsity）可以通过所谓的**零范数**（zero norm）来衡量，它可以计算其非零元素的数量：

$$\|\boldsymbol{w}\|_0 = \#\{j | \boldsymbol{w}_j \neq 0\}。$$

与范数相比，零范数不是绝对同质的。然而，它却是正定的，并且满足三角不等式。对于 $\alpha \in \mathbb{R}$ 和 $\boldsymbol{v}, \boldsymbol{w} \in \mathbb{R}^m$，有以下关系成立，详细证明见练习 7.1。

- 正定性：$\|\boldsymbol{w}\|_0 = 0$，当且仅当 $\boldsymbol{w} = 0$。
- 绝对同质性失效：$\|\alpha \cdot \boldsymbol{w}\|_0 = |\alpha| \cdot \|\boldsymbol{w}\|_0$，当且仅当 $\alpha \in \{0, \pm 1\}$ 或者 $\boldsymbol{w} = 0$。
- 三角不等式：$\|\boldsymbol{v} + \boldsymbol{w}\|_0 \leqslant \|\boldsymbol{v}\|_0 + \|\boldsymbol{w}\|_0$。

使用零范数后，我们将面临以下变量选择问题：

$$\min_{\boldsymbol{w}} \|\boldsymbol{w}\|_0 \quad \text{s.t.} \quad \boldsymbol{y} = \boldsymbol{X} \cdot \boldsymbol{w}。 \tag{7.2}$$

注意，给定式(7.2)的解 $\boldsymbol{w}$，我们已经确定了一些与线性回归模型式(7.1)一致的解释变量。它们与 $\boldsymbol{w}$ 的支持的索引相对应：

$$\text{supp}(\boldsymbol{w}) = \{j | \boldsymbol{w}_j \neq 0\}。$$

因此，解决了优化问题式(7.2)，便可以以此进行变量选择。

7.2 研究结果

7.2.1 Lasso 回归

除了分析式(7.2)中的稀疏模式以外，我们的目标还有推导出 Lasso 回归，Lasso 的全名是**最小绝对值收敛和选择算子**（least absolute shrinkage and selection operator）。这对于凸化优化问题式(7.2)来说是非常必要的。

1. spark 常数

首先，陈述一个可行向量 $\boldsymbol{w}$ 可以解出式(7.2)的充分条件。如果它是最优的，如何仅通过查看 $\boldsymbol{w}$ 的稀疏模式来确定它是一个解呢？为了回答这个问题，我们引入了矩阵 spark 常数的概念。对于 $n \times m$ 维矩阵 $\boldsymbol{X}$ 的 spark 常数，我们有：

$$\text{spark}(\boldsymbol{X}) = \boldsymbol{X} \text{的最小线性相关列数}。$$

注意，尽管 spark 常数和秩在某些方面相似，但它们是完全不同的。矩阵 $\boldsymbol{X}$ 的秩定义为其线性独立的最大的列数。而另一方面，spark 常数则是 $\boldsymbol{X}$ 中线性相关的最小的列数。一般有：

$$\text{spark}(\boldsymbol{X}) \leqslant \text{rank}(\boldsymbol{X}) + 1 。$$

此处需要声明，如果 $\boldsymbol{w}$ 可以唯一地解决式(7.2)，它可以充分满足：

$$\|\boldsymbol{w}\|_0 < \frac{\text{spark}(\boldsymbol{X})}{2} 。$$

为了证明这一点，我们使 $\boldsymbol{v}$ 成为式(7.2)的一个与 $\boldsymbol{w}$ 不同的任意可行点。两者之差 $\boldsymbol{v}-\boldsymbol{w}$ 位于 $\boldsymbol{X}$ 的零空间，因为：

$$\boldsymbol{X} \cdot (\boldsymbol{v} - \boldsymbol{w}) = \boldsymbol{X} \cdot \boldsymbol{v} - \boldsymbol{X} \cdot \boldsymbol{w} = \boldsymbol{y} - \boldsymbol{y} = 0 。$$

因此，与 $\boldsymbol{v}-\boldsymbol{w}$ 的非零元素相对应的列是线性相关的。所以在 spark 常数上，有：

$$\text{spark}(\boldsymbol{X}) \leqslant \|\boldsymbol{v} - \boldsymbol{w}\|_0 。$$

零范数的三角不等式进一步指出：

$$\text{spark}(\boldsymbol{X}) \leqslant \|\boldsymbol{v} - \boldsymbol{w}\|_0 \leqslant \|\boldsymbol{v}\|_0 + \|\boldsymbol{w}\|_0 。$$

然后，由导出的不等式可知：

$$\|\boldsymbol{v}\|_0 \geqslant \text{spark}(\boldsymbol{X}) - \|\boldsymbol{w}\|_0 > \text{spark}(\boldsymbol{X}) - \frac{\text{spark}(\boldsymbol{X})}{2} = \frac{\text{spark}(\boldsymbol{X})}{2} 。$$

因此，$\boldsymbol{v}$ 的非零元素的数量大于 $\boldsymbol{w}$ 中非零元素的数量。由此得知，$\boldsymbol{v}$ 不可能是最优的，结论得证。总之，我们得出结论，对于 $\boldsymbol{w}$ 可以唯一地求解式(7.2)的一个充分条件就是其零范数小于 $\boldsymbol{X}$ 的 spark 常数的一半。不幸的是，对 $\text{spark}(\boldsymbol{X})$ 的计算需要至少检查到基数为 $\text{rank}(\boldsymbol{X})$ 的列的集合的线性相关性。在 $\text{rank}(\boldsymbol{X}) = n$ 的最坏情况下，这个组合过程的复杂度非常高，可达：

$$\sum_{k=1}^{n+1} \binom{m}{k} 。$$

因此，优化问题式(7.2)被证明是 **NP 难**（NP-hard）问题也就并不意外了，而且它几乎不能被有效解决，参见 [Tillmann and Pfetsch, 2014]。

2. 基追踪

为了能够在数值上处理式(7.2)，我们通常将零范数 $\|\cdot\|_0$ 替换为 **Manhattan 范数**（Manhattan norm）$\|\cdot\|_1$，参见 Chen et al. [1998]。这种 l_1 **正则化**（l_1-regularization）方法基于要解决的优化问题，也称基追踪，是凸的：

$$\min_{\boldsymbol{w}} \|\boldsymbol{w}\|_1 \quad \text{s.t.} \quad \boldsymbol{y} = \boldsymbol{X} \cdot \boldsymbol{w} 。 \tag{7.3}$$

直观地说，基追踪式(7.3)的解很可能是稀疏的，如图 7.2所示。事实上，Manhattan 范数的图像的轮廓是菱形的。因此，可行集和最优轮廓的交点会位于坐标轴上，构成一个线

性子空间。Manhattan 范数的这种有优势的特点使在求解式(7.3)时将自动引入稀疏性。注意，欧几里得范数 $\|\cdot\|_2$ 就是不适用于此目的的。欧几里得范数的轮廓是圆形的。因为它们只会在最优点处与可行集相交，而这些最优点处通常不会产生任何零元素。

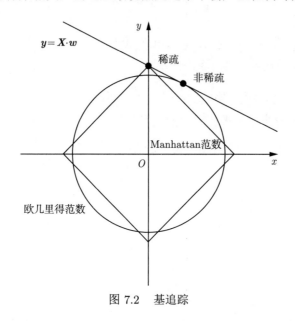

图 7.2　基追踪

3. 零空间性质

现在，让我们将注意力转向优化问题式(7.2)和式(7.3)之间的关系。为此，我们假设 $\boldsymbol{w}$ 是式(7.2)的解，其中有 s 个非零元素，$\|\boldsymbol{w}\|_0 = s$。那么它同样也是式(7.3)的解吗？如果矩阵 $\boldsymbol{X}$ 具有 s 阶的**零空间性质**（null space property），则它就是式(7.3)的解。粗略地说，上面结论表明来自 $\boldsymbol{X}$ 的零空间的向量的任何 s 分量都严格受其他关于 Manhattan 范数的分量支配。用数学术语来说，对于所有 $\boldsymbol{u} \in \mathrm{null}(\boldsymbol{X})$ 且 $\boldsymbol{u} \neq \boldsymbol{0}$ 的非平凡向量，以及具有 $|S| = s$ 的子集，以下关系应该成立：

$$\|\boldsymbol{u}_S\|_1 \leqslant \|\boldsymbol{u}_{S^c}\|_1,$$

其中，$\boldsymbol{u}_S$ 和 $\boldsymbol{u}_{S^c}$ 通过将 $\boldsymbol{u}$ 的对应子集 S 和 S^c 的分量设置为零而产生。由于稀疏界 s 通常取值较小，因此 S 的大小远小于其补集 S^c 的大小。因此，零空间性质中的不等式似乎是一个非常合理的假设。此外，对于式(7.2)的解 $\boldsymbol{w}$，设置 $S = \mathrm{supp}(\boldsymbol{w})$，然后对于任何可行的 $\boldsymbol{v}$ 得到：

$$\|\boldsymbol{w}\|_1 = \|\boldsymbol{w}_S\|_1 = \|\boldsymbol{w}_S - \boldsymbol{v}_S + \boldsymbol{v}_S\|_1 \leqslant \|\boldsymbol{w}_S - \boldsymbol{v}_S\|_1 + \|\boldsymbol{v}_S\|_1$$

$$= \|(\boldsymbol{w} - \boldsymbol{v})_S\|_1 + \|\boldsymbol{v}_S\|_1 = \|\boldsymbol{u}_S\|_1 + \|\boldsymbol{v}_S\|_1,$$

其中，$\boldsymbol{u} = \boldsymbol{w} - \boldsymbol{v}$ 表示向量的差。因为 $\boldsymbol{u} \in \text{null}(\boldsymbol{X})$ 和 $|S| = s$，可以由 $\boldsymbol{X}$ 的零空间属性继续推出：

$$\|\boldsymbol{u}_S\|_1 + \|\boldsymbol{v}_S\|_1 < \|\boldsymbol{u}_{S^c}\|_1 + \|\boldsymbol{v}_S\|_1 = \|(\boldsymbol{w} - \boldsymbol{v})_{S^c}\|_1 + \|\boldsymbol{v}_S\|_1$$

$$= \|\boldsymbol{w}_{S^c} - \boldsymbol{v}_{S^c}\|_1 + \|\boldsymbol{v}_S\|_1 = \|\boldsymbol{0} - \boldsymbol{v}_{S^c}\|_1 + \|\boldsymbol{v}_S\|_1 = \|\boldsymbol{v}\|_1.$$

总之，任何可行 $\boldsymbol{v}$ 的 Manhattan 范数都大于 $\boldsymbol{w}$ 的 Manhattan 范数：

$$\|\boldsymbol{w}\|_1 < \|\boldsymbol{v}\|_1.$$

因此，$\boldsymbol{w}$ 不仅能够求解式(7.2)，还能够求解式(7.3)。这个结论证明我们可以尝试求解凸优化问题式(7.3)，而不需要处理 NP-难的组合优化问题式(7.2)。至少，如果 $\boldsymbol{X}$ 满足 s 阶的零空间性质，并且式(7.2)允许 s-稀疏解，我们将通过求解式(7.3)的方式来还原式(7.2)。

4. 最大后验估计

下面从概率的角度来看式(7.2)的 l_1 正则化。我们将应用最大后验估计技术来进行计算。为此，我们利用误差项 $\boldsymbol{\varepsilon} = (\varepsilon_1, \cdots, \varepsilon_n)^\top$ 写出内生 $\boldsymbol{y}$ 变量和外生 $\boldsymbol{x}$ 变量之间的线性回归，即对于所有 $i = 1, \cdots, n$，有：

$$y_i = w_0 + (\boldsymbol{x}_i)_1 \cdot w_1 + \cdots + (\boldsymbol{x}_i)_{m-1} \cdot w_{m-1} + \varepsilon_i,$$

或者，等价地有：

$$\boldsymbol{y} = \boldsymbol{X} \cdot \boldsymbol{w} + \boldsymbol{\varepsilon}.$$

假设误差项 $\varepsilon_1, \cdots, \varepsilon_n$ 服从同一个均值为零且方差为 $\sigma^2 > 0$ 的**高斯分布**（Gauss distribution）$\mathcal{N}(0, \sigma^2)$，且相互独立。这些假设的结果就是，在已知外生 $\boldsymbol{x}$ 变量的条件下，内生 $\boldsymbol{y}$ 变量的不同观察之间相互独立。在下文中，我们从符号表述中省略了对 $\boldsymbol{X}$ 的依赖，使其看起来更简洁。我们强调数据集的外生 $\boldsymbol{x}$ 变量 $\boldsymbol{x}_1, \cdots, \boldsymbol{x}_n$ 均被认为是固定的，因此与 $\boldsymbol{y}$ 相关的所有的随机性都来自于噪声源 $\boldsymbol{\varepsilon}$。$\boldsymbol{y}$ 变量的高斯概率密度由下式给出：

$$p(\boldsymbol{y}_i | \boldsymbol{w}) = \frac{1}{\sqrt{2\pi} \cdot \sigma} \cdot \mathrm{e}^{-\frac{1}{2} \cdot \left(\frac{y_i - (\boldsymbol{X} \cdot \boldsymbol{w})_i}{\sigma}\right)^2}, \quad i = 1, \cdots, n.$$

在该模型下，观测数据的条件概率密度是它们的乘积：

$$p(\boldsymbol{y} | \boldsymbol{w}) = \prod_{i=1}^{n} p(y_i | \boldsymbol{w}).$$

此外，假设权重 $\boldsymbol{w} = (w_0, \cdots, w_{m-1})^\top$ 服从同一个**拉普拉斯分布**（Laplace distribution）$\mathcal{L}(0, \tau)$ 且相互独立，位置参数为 0 且尺度参数 $\tau > 0$，参见练习 7.4。权重的拉普拉斯概率密度如下：

$$p(\boldsymbol{w}_j) = \frac{1}{2\tau} \cdot \mathrm{e}^{-\frac{|\boldsymbol{w}_j|}{\tau}}, \quad j = 0, \cdots, m-1。$$

它们的联合概率密度是由下式所示的乘积形式：

$$p(\boldsymbol{w}) = \prod_{j=0}^{m-1} p(\boldsymbol{w}_j)。$$

拉普拉斯分布的选择可以导致权重稀疏。尽管拉普拉斯分布的概率密度可以让人联想到高斯分布，然而，高斯分布是使用平方差表示的，而拉普拉斯密度使用了绝对值差的表示。因此，拉普拉斯分布的**尾部**（tail）比正态分布的更粗。换句话说，服从拉普拉斯分布的权重更可能接近零均值，如图 7.3 所示。

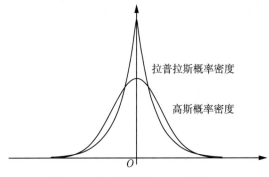

图 7.3　拉普拉斯分布与高斯分布

我们将 $p(\boldsymbol{w})$ 进一步解释为权重的先验分布，并应用**贝叶斯定理**（Bayes theorem）推导出权重 $\boldsymbol{w}$ 的后验分布为：

$$p(\boldsymbol{w}|\boldsymbol{y}) = \frac{p(\boldsymbol{y}|\boldsymbol{w}) \cdot p(\boldsymbol{w})}{p(\boldsymbol{y})},$$

其中 $p(\boldsymbol{y})$ 是内生 $\boldsymbol{y}$ 变量的概率密度。为了获得可以更好地解释观测到的内生变量的权重，需要合理地选择后验分布的**模式**（mode）。由于它的分母总是正的，并且不依赖 $\boldsymbol{w}$，我们可以等效地最大化分子：

$$N(\boldsymbol{w}) = p(\boldsymbol{y}|\boldsymbol{w}) \cdot p(\boldsymbol{w})。$$

这就可以导出**最大后验估计**（maximum a posteriori estimation）技术，参见 [Murphy, 2012]：

$$\max_{\boldsymbol{w}} N(\boldsymbol{w})。 \tag{7.4}$$

为了简化式(7.4)，将分子的对数最大化反而很方便：

$$\ln N(\boldsymbol{w}) = \ln p(\boldsymbol{y}|\boldsymbol{w}) \cdot p(\boldsymbol{w}) = \ln p(\boldsymbol{y}|\boldsymbol{w}) + \ln p(\boldsymbol{w})$$

$$= \sum_{i=1}^{n} \ln \frac{1}{\sqrt{2\pi} \cdot \sigma} \cdot \mathrm{e}^{-\frac{1}{2} \cdot \left(\frac{y_i - (\boldsymbol{X} \cdot \boldsymbol{w})_i}{\sigma}\right)^2} + \sum_{j=0}^{m-1} \ln \frac{1}{2\tau} \cdot \mathrm{e}^{-\frac{|w_j|}{\tau}}$$

$$= n \cdot \ln \frac{1}{\sqrt{2\pi} \cdot \sigma} - \frac{1}{2} \cdot \sum_{i=1}^{n} \left(\frac{y_i - (\boldsymbol{X} \cdot \boldsymbol{w})_i}{\sigma}\right)^2 + m \cdot \ln \frac{1}{2\tau} - \sum_{j=0}^{m-1} \frac{|w_j|}{\tau}$$

$$= n \cdot \ln \frac{1}{\sqrt{2\pi} \cdot \sigma} + m \cdot \ln \frac{1}{2\tau} - \frac{1}{2\sigma^2} \cdot \|\boldsymbol{y} - \boldsymbol{X} \cdot \boldsymbol{w}\|_2^2 - \frac{1}{\tau} \cdot \|\boldsymbol{w}\|_1 \, \text{。}$$

在省略前置的常数并适当缩放其余的项后，式(7.4)等价于以下优化问题：

$$\min_{\boldsymbol{w}} \frac{1}{2} \cdot \|\boldsymbol{y} - \boldsymbol{X} \cdot \boldsymbol{w}\|_2^2 + \frac{\sigma^2}{\tau} \cdot \|\boldsymbol{w}\|_1 \, \text{。}$$

通过设置 $\lambda = \frac{\sigma^2}{\tau}$，我们最终得到了最小绝对值收缩和选择算子：

$$\min_{\boldsymbol{w}} \frac{1}{2} \cdot \|\boldsymbol{y} - \boldsymbol{X} \cdot \boldsymbol{w}\|_2^2 + \lambda \cdot \|\boldsymbol{w}\|_1 \, \text{。} \tag{7.5}$$

式(7.5)的一个变体是 Tibshirani [1996] 在最小二乘的背景下首次引入的，参见练习 7.5。在此我们讨论一下式(7.5)与优化问题式(7.3)的关系。在式(7.3)中，目标是在可以完美解释当前的线性回归的权重中找到最稀疏的一组权重。而在式(7.5)中，我们通过引入平衡参数 λ 来寻求这两个目标的结合。其付出的代价是线性回归被松弛了，而且它对应于欧几里得范数的残差被最小化。

7.2.2 迭代阈值收缩算法

优化问题式(7.5)是凸的，因此，它可以应用有效的数值方案求解。为此，我们将其放入**复合凸优化**（composite convex optimization）的框架中：

$$\min_{\boldsymbol{w}} F(\boldsymbol{w}) = \underbrace{\frac{1}{2} \cdot \|\boldsymbol{y} - \boldsymbol{X} \cdot \boldsymbol{w}\|_2^2}_{= f(\boldsymbol{w})} + \lambda \cdot \|\boldsymbol{w}\|_1 \, \text{。}$$

注意，式(7.5)中的目标函数由两部分组成：f 和 $\|\cdot\|_1$ 都是凸函数，但是 f 是两阶连续可微的，而 Manhattan 范数 $\|\cdot\|_1$ 是非光滑的。复合凸优化的思想是利用非平滑部分相对简单的特性，构造平滑部分的二次过度估计。这会引出我们即将使用的近端梯度下降优化技术，特别是迭代收缩阈值算法。

1. 二次过度估计

首先，我们假设 f 具有关于欧几里得范数 $\|\cdot\|_2$ 的 **L-Lipschitz** 连续梯度（L-Lipschitz continuous gradients），即对于所有 $\boldsymbol{u}, \boldsymbol{v} \in \mathbb{R}^m$，有：

$$\|\nabla f(\boldsymbol{u}) - \nabla f(\boldsymbol{v})\|_2 \leqslant L \cdot \|\boldsymbol{u} - \boldsymbol{v}\|_2 \circ$$

根据微积分基本定理和链式法则，有：

$$f(\boldsymbol{w}) - f(\boldsymbol{v}) = \int_0^1 f'(\boldsymbol{v} + s \cdot (\boldsymbol{w} - \boldsymbol{v})) \mathrm{d}s = \int_0^1 \nabla^\top f(\boldsymbol{v} + s \cdot (\boldsymbol{w} - \boldsymbol{v})) \cdot (\boldsymbol{w} - \boldsymbol{v}) \mathrm{d}s \circ$$

设定 $\boldsymbol{u} = \boldsymbol{v} + s \cdot (\boldsymbol{w} - \boldsymbol{v})$，通过 Cauchy-Schwarz 不等式（参见练习 2.2）和 Lipschitz 连续性可知：

$$\left(\nabla^\top f(\boldsymbol{u}) - \nabla^\top f(\boldsymbol{v})\right) \cdot (\boldsymbol{w} - \boldsymbol{v}) \leqslant \|\nabla f(\boldsymbol{u}) - \nabla f(\boldsymbol{v})\|_2 \cdot \|\boldsymbol{w} - \boldsymbol{v}\|_2$$

$$\leqslant L \cdot \|\boldsymbol{u} - \boldsymbol{v}\|_2 \cdot \|\boldsymbol{w} - \boldsymbol{v}\|_2$$

$$= L \cdot s \cdot \|\boldsymbol{w} - \boldsymbol{v}\|_2^2 \circ$$

综上所述，可得：

$$f(\boldsymbol{w}) - f(\boldsymbol{v}) - \nabla^\top f(\boldsymbol{v}) \cdot (\boldsymbol{w} - \boldsymbol{v}) \leqslant \int_0^1 L \cdot s \cdot \|\boldsymbol{w} - \boldsymbol{v}\|_2^2 \mathrm{d}s = \frac{L}{2} \cdot \|\boldsymbol{w} - \boldsymbol{v}\|_2^2 \circ$$

因此，我们就得到了在给定向量 $\boldsymbol{v} \in \mathbb{R}^m$ 时 f 的**二次过度估计**（quadratic overestimation）如下：

$$f(\boldsymbol{w}) \leqslant \underbrace{f(\boldsymbol{v}) + \nabla^\top f(\boldsymbol{v}) \cdot (\boldsymbol{w} - \boldsymbol{v}) + \frac{L}{2} \cdot \|\boldsymbol{w} - \boldsymbol{v}\|_2^2}_{= \tilde{f}(\boldsymbol{w}, \boldsymbol{v})} \circ$$

特别地，对于 $\boldsymbol{v} = \boldsymbol{w}$，有以下等式：

$$\tilde{f}(\boldsymbol{w}, \boldsymbol{w}) = f(\boldsymbol{w}) + \nabla^\top f(\boldsymbol{w}) \cdot (\boldsymbol{w} - \boldsymbol{w}) + \frac{L}{2} \cdot \|\boldsymbol{w} - \boldsymbol{w}\|_2^2 = f(\boldsymbol{w}) \circ$$

从二次过度估计中看到，**Lipschitz 常数**（Lipschitz constant）L 可以测量函数 f 的曲率。因此，它可以通过 f 的 Hesse 矩阵的上界来表征，即对于所有 $\boldsymbol{w} \in \mathbb{R}^m$ 和 $\boldsymbol{\xi} \in \mathbb{R}^m$，有以下关系成立：

$$\boldsymbol{\xi}^\top \cdot \nabla^2 f(\boldsymbol{w}) \cdot \boldsymbol{\xi} \leqslant L \cdot \|\boldsymbol{\xi}\|_2^2 \circ$$

计算 f 的 Hesse 矩阵：

$$\nabla^2 f(\boldsymbol{w}) = \nabla^2 \left(\frac{1}{2} \cdot \|\boldsymbol{y} - \boldsymbol{X} \cdot \boldsymbol{w}\|_2^2\right) = \boldsymbol{X}^\top \cdot \boldsymbol{X},$$

还需要确定 Lipschitz 常数为

$$L = \max_{\boldsymbol{\xi}} \frac{\boldsymbol{\xi}^\top \cdot \nabla^2 f(\boldsymbol{v}) \cdot \boldsymbol{\xi}}{\|\boldsymbol{\xi}\|_2^2} = \max_{\|\boldsymbol{\xi}\|_2 = 1} \boldsymbol{\xi}^\top \cdot \boldsymbol{X}^\top \cdot \boldsymbol{X} \cdot \boldsymbol{\xi} = \max_{\|\boldsymbol{\xi}\|_2 = 1} \|\boldsymbol{X} \cdot \boldsymbol{\xi}\|_2^2 \circ$$

在这里，我们遇到了矩阵 $\boldsymbol{X}$ 的**谱范数**（spectral norm），它的定义为：

$$\|\boldsymbol{X}\|_{2,2} = \max_{\|\boldsymbol{\xi}\|_2=1} \|\boldsymbol{X} \cdot \boldsymbol{\xi}\|_2 \text{。}$$

正如练习 3.4 中提到的，矩阵的谱范数等于它的最大奇异值 $\sigma_{\max}(\boldsymbol{X})$。最终可得：

$$L = \sigma_{\max}^2(\boldsymbol{X}) \text{。}$$

2. 软阈值

接下来，用给定向量 $\boldsymbol{v} \in \mathbb{R}^m$ 处的二次过度估计来替换式(7.5)中的目标函数项：

$$\min_{\boldsymbol{w}} \widetilde{f}(\boldsymbol{w}, \boldsymbol{v}) + \lambda \cdot \|\boldsymbol{w}\|_1 \text{。} \tag{7.6}$$

式(7.6)的唯一解可以明确给出。为了推导出这个解，首先回忆

$$\widetilde{f}(\boldsymbol{w}, \boldsymbol{v}) = f(\boldsymbol{v}) + \nabla^\top f(\boldsymbol{v}) \cdot (\boldsymbol{w} - \boldsymbol{v}) + \frac{L}{2} \cdot \|\boldsymbol{w} - \boldsymbol{v}\|_2^2 \text{。}$$

忽略那些不依赖变量 $\boldsymbol{w}$ 的项，式(7.6)可简化为

$$\min_{\boldsymbol{w}} \sum_{j=0}^{m-1} \nabla_j^\top f(\boldsymbol{v}) \cdot \boldsymbol{w}_j + \frac{L}{2} \cdot (\boldsymbol{w}_j - \boldsymbol{v}_j)^2 + \lambda \cdot |\boldsymbol{w}_j| \text{。}$$

而这个目标函数是可拆分的。因此，对于每个 $j = 0, \cdots, m-1$，我们可以等效地解决这 m 个一维优化问题：

$$\min_{\boldsymbol{w}_j} \nabla_j^\top f(\boldsymbol{v}) \cdot \boldsymbol{w}_j + \frac{L}{2} \cdot (\boldsymbol{w}_j - \boldsymbol{v}_j)^2 + \lambda \cdot |\boldsymbol{w}_j| \text{。}$$

考虑以下情况：

（1）如果 $\boldsymbol{w}_j > 0$，则必要的最优性条件为：

$$\nabla_j^\top f(\boldsymbol{v}) + L \cdot (\boldsymbol{w}_j - \boldsymbol{v}_j) + \lambda = 0 \text{。}$$

这里，我们得到：

$$\boldsymbol{w}_j = \left[\boldsymbol{v}_j - \frac{\nabla_j^\top f(\boldsymbol{v})}{L} \right] - \frac{\lambda}{L} \text{。}$$

（2）如果 $\boldsymbol{w}_j < 0$，则必要最优性条件为：

$$\nabla_j^\top f(\boldsymbol{v}) + L \cdot (\boldsymbol{w}_j - \boldsymbol{v}_j) - \lambda = 0 \text{。}$$

这里，我们得到：

$$\boldsymbol{w}_j = \left[\boldsymbol{v}_j - \frac{\nabla_j^\top f(\boldsymbol{v})}{L} \right] + \frac{\lambda}{L} \text{。}$$

根据导出的 $\boldsymbol{w}_j$ 的符号的不同，会分别发生（1）或（2）情况，否则最优的 $\boldsymbol{w}_j$ 消失。综上，$\boldsymbol{w}_j$ 的解有：

$$\boldsymbol{w}_j = \begin{cases} \left[\boldsymbol{v}_j - \dfrac{\nabla_j^\top f(\boldsymbol{v})}{L} \right] - \dfrac{\lambda}{L}, & \text{若} \left[\boldsymbol{v}_j - \dfrac{\nabla_j^\top f(\boldsymbol{v})}{L} \right] > \dfrac{\lambda}{L} \\[2ex] 0, & \text{若} -\dfrac{\lambda}{L} \leqslant \left[\boldsymbol{v}_j - \dfrac{\nabla_j^\top f(\boldsymbol{v})}{L} \right] \leqslant \dfrac{\lambda}{L}, \\[2ex] \left[\boldsymbol{v}_j - \dfrac{\nabla_j^\top f(\boldsymbol{v})}{L} \right] + \dfrac{\lambda}{L}, & \text{若} \left[\boldsymbol{v}_j - \dfrac{\nabla_j^\top f(\boldsymbol{v})}{L} \right] < -\dfrac{\lambda}{L} \end{cases}$$

或者，解决方案可以表示为

$$\boldsymbol{w}_j = \left[\left| \boldsymbol{v}_j - \frac{\nabla_j^\top f(\boldsymbol{v})}{L} \right| - \frac{\lambda}{L} \right]_+ \cdot \text{sign}\left(\boldsymbol{v}_j - \frac{\nabla_j^\top f(\boldsymbol{v})}{L} \right) \text{。}$$

其中对于 $a \in \mathbb{R}$，其正的部分用 a_+ 和它的符号 $\text{sign}(a)$ 表示。使用软阈值运算符可以方便地重写这个公式。给定一个阈值 $\beta > 0$，**软阈值**（soft-thresholding）算子将收缩变量 $z \in \mathbb{R}$ 如下，参见图 7.4。

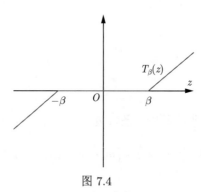

图 7.4

$$T_\beta(z) = [|z| - \beta]_+ \cdot \text{sign}(z) \text{。}$$

通过软阈值，可以将权重写成向量形式：

$$\boldsymbol{w} = T_{\frac{\lambda}{L}}\left(\boldsymbol{v} - \frac{1}{L} \cdot \nabla f(\boldsymbol{v}) \right) \text{。}$$

3. 近端梯度下降

现在，开始研究求解式(7.5)的迭代方案。为了获得下一次迭代 $\boldsymbol{w}(t+1)$，我们将上一次迭代 $\boldsymbol{w}(t)$ 的二次过度估计最小化。因此，对 $t = 1, 2, \cdots$ 设：

$$\boldsymbol{w}(t+1) = \arg\min_{\boldsymbol{w}} \widetilde{f}(\boldsymbol{w}, \boldsymbol{w}(t)) + \lambda \cdot \|\boldsymbol{w}\|_1 \text{。}$$

正如上面已经见到过的，这个公式可以简化为

$$\boldsymbol{w}(t+1) = T_{\frac{\lambda}{L}}\left(\boldsymbol{w}(t) - \frac{1}{L} \cdot \nabla f(\boldsymbol{w}(t))\right), \tag{7.7}$$

其中，软阈值算子也适用于常见的步长为常数 $1/L$ 的梯度下降。这种方法因此被称为**近端梯度下降**（proximal gradient descent）。与梯度下降类似，式(7.5)目标函数的值在迭代过程中不会增加：

$$F(\boldsymbol{w}(t+1)) = f(\boldsymbol{w}(t+1)) + g(\boldsymbol{w}(t+1)) \leqslant \widetilde{f}(\boldsymbol{w}(t+1), \boldsymbol{w}(t)) + g(\boldsymbol{w}(t+1))$$

$$= \min_{\boldsymbol{w}} \widetilde{f}(\boldsymbol{w}, \boldsymbol{w}(t)) + g(\boldsymbol{w}) \leqslant \widetilde{f}(\boldsymbol{w}(t), \boldsymbol{w}(t)) + g(\boldsymbol{w}(t))$$

$$= f(\boldsymbol{w}(t)) + g(\boldsymbol{w}(t)) = F(\boldsymbol{w}(t)) \text{。}$$

此外，还可以推断出收敛速度，参见 [Beck 和 Teboulle, 2009]。对于式(7.5)的任意解 $\boldsymbol{w}^*$，都有以下关系：

$$F(\boldsymbol{w}(t+1)) - F(\boldsymbol{w}^*) \leqslant \frac{\lambda \cdot L \cdot \|\boldsymbol{w}(1) - \boldsymbol{w}^*\|_2^2}{2(t+1)} \text{。}$$

要获得式(7.7)的显式形式，还需要计算 f 的梯度为：

$$\nabla f(\boldsymbol{w}) = \nabla\left(\frac{1}{2} \cdot \|\boldsymbol{y} - \boldsymbol{X} \cdot \boldsymbol{w}\|_2^2\right) = \boldsymbol{X}^\top \cdot (\boldsymbol{X} \cdot \boldsymbol{w} - \boldsymbol{y}) \text{。}$$

最后，得到**迭代收缩阈值算法**（iterative shrinkage-thresholding algorithm）的一般步骤是：

$$\boldsymbol{w}(t+1) = T_{\frac{\lambda}{L}}\left(\boldsymbol{w}(t) - \frac{1}{L} \cdot \boldsymbol{X}^\top \cdot (\boldsymbol{X} \cdot \boldsymbol{w}(t) - \boldsymbol{y})\right) \text{。} \tag{7.8}$$

这个迭代更新方法广泛用于信号处理的问题中，它通过收缩过程引入稀疏性。如果梯度下降的预测值足够小，式(7.8)就会将相应的权重设置为 0，从而自动形成稀疏的模式。对于式(7.8)的收敛速度，我们有：

$$F(\boldsymbol{w}(t+1)) - F(\boldsymbol{w}^*) \leqslant \frac{\lambda \cdot \sigma_{\max}^2(\boldsymbol{X}) \cdot \|\boldsymbol{w}(1) - \boldsymbol{w}^*\|_2^2}{2(t+1)}$$

它的数量级为 $1/t+1$，而且可以使用所谓的**快速迭代收缩阈值算法**（fast iterative shrinkage-thresholding algorithm）来进一步改进，这里再次参考 Beck and Teboulle [2009]。

7.3 案例分析：压缩感知

在**信号处理**（signal processing）工程领域，从一系列测量结果中还原和重建信号至关重要。一般来说，这项任务很难完成，因为信号必须经过测量才能还原重建这个信号。然而，如果我们有关于这个信号的先验知识或假设，例如这个信号是稀疏的，我们也可以成功地重建这个信号。用数学术语来说，这个问题被称为**压缩感知**（compressed sensing）问题，可以参考 Foucart and Rauhut [2013] 表述如下。

对于一个信号 $\boldsymbol{x} \in \mathbb{R}^m$，我们可以观测到 n 个线性测量值 $y_1, \cdots, y_n \in \mathbb{R}$。通过一些感知向量 $\boldsymbol{a}_1, \cdots, \boldsymbol{a}_n \in \mathbb{R}^m$，有以下关系成立：

$$y_i = \boldsymbol{a}_i^\top \cdot \boldsymbol{x}, \quad i = 1, \cdots, n。$$

为简洁起见，我们定义 $n \times m$ 维的感知矩阵 $\boldsymbol{A}$，以及线性测量值的向量 $\boldsymbol{y} \in \mathbb{R}^n$：

$$\boldsymbol{A} = (\boldsymbol{a}_1, \cdots, \boldsymbol{a}_n)^\top, \quad \boldsymbol{y} = (y_1, \cdots, y_n)^\top。$$

于是在矩阵形式中，可以等价得到：

$$\boldsymbol{y} = \boldsymbol{A} \cdot \boldsymbol{x}。$$

在这里，假设信号分量数 m 大大超过观察到的测量值数量 n，即 $n < m$。在这种情况下，线性方程组 $\boldsymbol{y} = \boldsymbol{A} \cdot \boldsymbol{x}$ 是欠定的，而且在没有额外信息的情况下，是无法从 $\boldsymbol{y}$ 中复原 $\boldsymbol{x}$ 的。尽管如此，我们依然可以通过假设信号是 k-稀疏的来整理线性测量过程，进而实现信号复原。如果一个信号 $\boldsymbol{x} \in \mathbb{R}^m$ 最多有 k 个非零元素，就称其为 k-稀疏的。对于这个元素，将其记做 $\boldsymbol{x} \in \Sigma_k$，其中

$$\Sigma_k = \{\boldsymbol{x} \in \mathbb{R}^m \mid \|\boldsymbol{x}\|_0 \leqslant k\}。$$

压缩感知的主要目标是构造感知矩阵 $\boldsymbol{A}$，以便通过观察相应的线性测量值，至少**解码**（decode）出稀疏信号。这就意味着对于任意 $\boldsymbol{y} \in \mathbb{R}^n$，都应该存在唯一的 k-稀疏信号 $\boldsymbol{x} \in \Sigma_k$，使得 $\boldsymbol{y} = \boldsymbol{A} \cdot \boldsymbol{x}$ 成立。当然，我们希望为此使用尽可能少的测量值。因此，压缩感知的另一个任务是获得 n 的下界，以保证解码过程的可靠性。接下来，我们首先用解码性保证来描述感知矩阵，然后构造一个特定的感知矩阵来完成解码的工作。

任务 1 试证明 $\boldsymbol{y} = \boldsymbol{A} \cdot \boldsymbol{x}$ 对任意 $\boldsymbol{y}$ 有唯一解 $\boldsymbol{x} \in \Sigma_k$，当且仅当 $\boldsymbol{A}$ 的零空间不包含任何非平凡的 $2k$-稀疏向量，即：

$$\Sigma_{2k} \bigcap \text{null}(\boldsymbol{A}) = \{0\}。$$

提示 1 令 $\boldsymbol{x}$ 和 $\boldsymbol{z}$ 是 k-稀疏的，且 $\boldsymbol{y} = \boldsymbol{A} \cdot \boldsymbol{x} = \boldsymbol{A} \cdot \boldsymbol{z}$。那么，$\boldsymbol{x} - \boldsymbol{z}$ 就是 $2k$-稀疏的，且 $\boldsymbol{A} \cdot (\boldsymbol{x} - \boldsymbol{z}) = 0$。因此，$\boldsymbol{x} - \boldsymbol{z} \in \Sigma_{2k} \bigcap \text{null}(\boldsymbol{A}) = \{0\}$，并且 $\boldsymbol{x} = \boldsymbol{z}$ 是其唯一解码。反之，

令 $v \in \Sigma_{2k} \bigcap \mathrm{null}(\boldsymbol{A})$ 是非平凡的。则存在 $\boldsymbol{x}, \boldsymbol{z} \in \Sigma_k$，且 $\mathrm{supp}(\boldsymbol{x}) \bigcap \mathrm{supp}(\boldsymbol{z})$，$\boldsymbol{v} = \boldsymbol{x} - \boldsymbol{z}$。由于 $\boldsymbol{A} \cdot \boldsymbol{v} = 0$，我们有 $\boldsymbol{A} \cdot \boldsymbol{x} = \boldsymbol{A} \cdot \boldsymbol{z}$，因此解码过程失败。

任务 2 试证明 $\boldsymbol{y} = \boldsymbol{A} \cdot \boldsymbol{x}$ 对任意 $\boldsymbol{y}$ 有唯一解 $\boldsymbol{x} \in \Sigma_k$，当且仅当矩阵 $\boldsymbol{A}$ 是 $2k$-正则矩阵，即 $\boldsymbol{A}$ 的任何 $2k$ 个列都是线性独立的。

提示 2 使用任务 1 的结论，并观察到对于 $2k$ 稀疏向量 $\boldsymbol{x} \neq 0$，当且仅当 $\boldsymbol{A}$ 的 $2k$ 个列是对应于 $\boldsymbol{x}$ 的支持的，且线性相关时，才有 $\boldsymbol{A} \cdot \boldsymbol{x} = 0$。

任务 3 试证明为解码 k-稀疏信号所需的测量次数 n 始终满足 $n \geqslant 2k$，即至少需要 k 的 2 倍的测量次数。

提示 3 根据任务 2 的结论，我们有 $\mathrm{rank}(\boldsymbol{A}) \geqslant 2k$。此外，还有：

$$\mathrm{rank}(\boldsymbol{A}) \leqslant \min\{m, n\} = n。$$

任务 4 对于给定的数字 $\alpha_1, \cdots, \alpha_n \in \mathbb{R}$，我们定义所谓的 **Vandermonde 矩阵**（Vandermonde matrix），其第 i 列由 α_i 的幂组成，$i = 1, \cdots, n$：

$$\boldsymbol{V} = \begin{pmatrix} 1 & 1 & \cdots & 1 \\ \alpha_1 & \alpha_2 & \cdots & \alpha_n \\ \alpha_1^2 & \alpha_2^2 & \cdots & \alpha_n^2 \\ \vdots & \vdots & \ddots & \vdots \\ \alpha_1^{n-1} & \alpha_2^{n-1} & \cdots & \alpha_n^{n-1} \end{pmatrix}。$$

试证明 $\boldsymbol{V}$ 是正则的，当且仅当 $\alpha_1, \cdots, \alpha_n$ 是两两不同的。

提示 4 对于 Vandermonde 矩阵的行列式，参见练习 6.4。

$$\det(\boldsymbol{V}) = \prod_{1 \leqslant i < j \leqslant n} (\alpha_j - \alpha_i)。$$

任务 5 假设 $n = 2k$，并且 $\alpha_1, \cdots, \alpha_m \in \mathbb{R}$ 两两不同。试证明以下 $n \times m$ 维的感知矩阵保证了 k-稀疏信号的解码性：

$$\boldsymbol{A} = \begin{pmatrix} 1 & 1 & \cdots & 1 \\ \alpha_1 & \alpha_2 & \cdots & \alpha_m \\ \alpha_1^2 & \alpha_2^2 & \cdots & \alpha_m^2 \\ \vdots & \vdots & \ddots & \vdots \\ \alpha_1^{n-1} & \alpha_2^{n-1} & \cdots & \alpha_m^{n-1} \end{pmatrix}。$$

提示 5 使用任务 2 和任务 4 的结论可知。

7.4 练习

练习 7.1（零范数） 试证明 $\|\cdot\|_0$ 是正定的，满足三角不等式，但不满足绝对齐次性。

练习 7.2（Spark 常数） 假定有线性回归数据如下：

$$\boldsymbol{X} = \begin{pmatrix} 1 & -1 & 1 & 0 & 0 & 0 \\ 1 & 0 & -1 & 1/2 & 1/2 & 0 \\ 1 & 1 & 0 & -1 & 0 & 0 \\ 1 & 1/3 & 0 & 1/3 & -1 & 1/3 \\ 1 & 1/3 & 1/3 & 1/3 & 0 & -1 \end{pmatrix}, \quad \boldsymbol{y} = \begin{pmatrix} -12 \\ 3 \\ 6 \\ 6 \\ 6 \end{pmatrix}.$$

证明 $\boldsymbol{w} = (0, 12, 0, 6, 0, 0)^\top$ 是优化问题式(7.2)的解。

练习 7.3（零空间属性） 给定以下矩阵

$$\boldsymbol{X} = \begin{pmatrix} 1 & 0 & 1 & 0 \\ 0 & 1 & 1 & 0 \\ 0 & 1 & 0 & 1 \end{pmatrix}.$$

试问 $\boldsymbol{X}$ 是否满足任意阶的零空间性质？

练习 7.4（拉普拉斯分布） 令 Z 为服从拉普拉斯分布 $\mathcal{L}(\mu, \tau)$ 的随机变量，其概率密度为：

$$p(z) = \frac{1}{2\tau} \cdot \mathrm{e}^{-\frac{|z-\mu|}{\tau}},$$

其中，μ 是位置参数，$\tau > 0$ 是尺度参数。请证明 Z 的均值等于 μ，其方差为 $2\tau^2$。

练习 7.5（Lasso） 考虑式(7.5)的以下变体：

$$\min_{\boldsymbol{w}} \frac{1}{2} \cdot \|\boldsymbol{y} - \boldsymbol{X} \cdot \boldsymbol{w}\|_2^2 \quad \text{s.t.} \quad \|\boldsymbol{w}\|_1 \leqslant s, \tag{7.9}$$

其中，$s > 0$ 是 Manhattan 范数的上限。试证明式(7.5)和式(7.9)是等价的，即如果对给定的 λ，$\boldsymbol{w}$ 可以求解式(7.5)，那么它也可以对于一些 s 求解式(7.9)，反之亦然。

练习 7.6（ISTA） 给出如下优化问题：

$$\min_{\boldsymbol{w} \in \mathbb{R}^3} \frac{1}{2} \cdot \|\boldsymbol{y} - \boldsymbol{X} \cdot \boldsymbol{w}\|_2^2 + 4 \cdot \|\boldsymbol{w}\|_1,$$

其中

$$\boldsymbol{y} = \begin{pmatrix} 1 \\ 4 \end{pmatrix}, \quad \boldsymbol{X} = \begin{pmatrix} 3 & 2 & 6 \\ -2 & 0 & 8 \end{pmatrix}.$$

试通过计算 $\boldsymbol{X}$ 的谱范数，写出式(7.8)的更新。从 $\boldsymbol{w}(1) = (1, 1, 1)^\top$ 为起始，恢复构造出解的稀疏模式。

第 **8** 章 神 经 网 络

在生物学中，**神经网络**（neural network）是由一组化学连接的或功能相关的神经元组成的电路。神经元的连接是由权重来建模的。正权重反映兴奋性连接，负权重表示抑制性连接。所有输入都通过权重来放缩，最终求和。这一聚集过程等同于计算输入的线性组合。最后，激活函数控制输出的幅度。尽管这些神经元中的每一个都相对简单，但它们可以构建具有惊人高处理能力的网络。这种能力引发了自 1970 年代以来能够解决**人工智能**问题的神经网络的大发展。在这方面研究已经取得了显著的进展，特别是在过去十年内。例如，基于神经网络的 Leela Chess Zero 在 2019 年 5 月赢得了顶级国际象棋引擎锦标赛，并且在决赛中击败了传统的国际象棋引擎 Stockfish。本章将从广义线性回归的角度，使用分类神经元的例子研究如何对神经元的功能进行数学建模。这里的"广义"指的是使用了激活函数的线性回归。首先，我们会关注 **Sigmoid 激活函数**（Sigmoid activation function）以及相应的**逻辑回归**（logistic regression）。我们会基于由最大似然估计得出的平均交叉熵的最小化方法来训练权重，并且通过**随机梯度下降**（stochastic gradient descent）来求解平均交叉熵最小化。其次，我们考虑了**阈值激活函数**（threshold activation function），与此相应的神经元被称为**感知机**（perceptron）。对于这种感知机，**Rosenblatt 学习**（Rosenblatt learning）被证明可以在有限次的迭代步骤后提供正确的线性分类器。接下来本章介绍了 XOR 问题，单层感知机无法处理这个问题，于是我们将介绍**多层感知机**（multilayer perceptrons）。最后，我们通过**全局逼近定理**（universal approximation theorem）来介绍多层感知机的重要性。

8.1 研究动因：神经细胞

神经元（neurons）是神经系统内的特殊细胞，它们可将信息传递给其他神经细胞、肌肉细胞或腺体细胞。通常，一个神经元包括一个细胞体、一个轴突和若干树突，见图 8.1。细胞体中包含着被细胞质包围的细胞核。树突从神经元细胞体上延伸出来，接收来自其他神经元的信息。突触是一个神经元与另一个神经元交流的接触点。树突上覆盖着由其他神经元轴突末端形成的突触。当神经元发送信息时，它们会沿着轴突传递电脉冲。

我们来展示一个神经元的数学模型，如图 8.2 所示。为此，我们假设输入是来自于 $m-1$

个树突的，其值分别为 $x_1, \cdots, x_{m-1} \in \mathbb{R}$。根据不同的树突的重要性，它们传递的信息会被在细胞核内经历如下处理：

$$w_0 + x_1 \cdot w_1 + \cdots + x_{m-1} \cdot w_{m-1},$$

其中 $w_1, \cdots, w_{m-1} \in \mathbb{R}$ 是一些未知的权重参数，而 $w_0 \in \mathbb{R}$ 则起到了偏差的作用。我们将此线性组合简称为 $\boldsymbol{x}^{\top} \cdot \boldsymbol{w}$，其中输入和权重的向量分别表示为

$$\boldsymbol{x} = (1, x_1, \cdots, x_{m-1})^{\top}, \quad \boldsymbol{w} = (w_0, w_1, \cdots, w_{m-1})^{\top}。$$

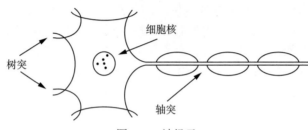

图 8.1　神经元

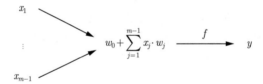

图 8.2　神经元的数学模型

然后，轴突会将聚集后的信号通过以下关系传递给其他的神经元：

$$y = f(\boldsymbol{x}^{\top} \cdot \boldsymbol{w}),$$

其中，$y \in \mathbb{R}$ 是输出，而 $f : \mathbb{R} \to \mathbb{R}$ 是一个合理选择的**激活函数**（activation function）。上面这个方程可以被解释为**广义线性回归**（generalized linear regression）。

更具体地说，我们希望训练一个用于**分类**（classification）的神经元。为此，我们令数据集由 n 个给定的输入向量组成：

$$\boldsymbol{x}_i = (1, (\boldsymbol{x}_i)_1, \cdots, (\boldsymbol{x}_i)_{m-1})^{\top}, \quad i = 1, \cdots, n。$$

而另一方面，我们又可以把它们细分为 C_{yes} 和 C_{no} 两类。于是我们可以等效地使用二进制输出来标记各个数据样本，即对于所有 $i = 1, \cdots, n$，我们有：

$$y_i = \begin{cases} 1, & i \in C_{\text{yes}}, \\ 0, & i \in C_{\text{no}}。 \end{cases}$$

我们使用数据集 $(\boldsymbol{x}_i, y_i) \in \mathbb{R}^m \times \{0, 1\}$，$i = 1, \cdots, n$，来训练权重 $\boldsymbol{w}$，之后，再可以使用**阈值激活函数**（activation function threshold）简单地进行分类：

$$f_T(z) = \begin{cases} 1, & z \geqslant 0 \\ 0, & \text{其他} \end{cases}。$$

事实上，对于一个新的样本 $\boldsymbol{x}$，我们只需要计算如下数值即可标记它：

$$y = f_T(\boldsymbol{x}^\top \cdot \boldsymbol{w})。$$

另一种可行的办法就是通过 **Sigmoid 激活函数**（Sigmoid activation function）来近似激活函数 f_T，参见图 8.3，$f_S(z)$ 的值可以解释为 z 为非负的概率。通过使用 Sigmoid 激活函数，我们可以等效地按照如下方法标记一个新样本 $\boldsymbol{x}$：

$$y = \begin{cases} 1, & f_S(\boldsymbol{x}^\top \cdot \boldsymbol{w}) \geqslant 1/2 \\ 0, & \text{其他} \end{cases}。$$

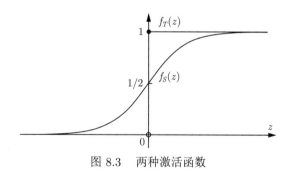

图 8.3　两种激活函数

接下来，我们研究不同的激活函数下神经元如何连续学习权重。

8.2　研究结果

8.2.1　逻辑回归

我们首先研究 Sigmoid 激活函数，使用了这一激活函数的神经模型通常称为**逻辑回归**（logistic regression）。随后我们将讨论它与 logit 模型的关系之后，并应用最大似然估计技术，推导出平均交叉熵的最小化。这个最小化的优化问题可以通过随机梯度下降求解。于是我们就得到了学习权重的算法。

1. Logistic 模型

为了证明使用 Sigmoid 激活函数 f_S 的合理性，我们首先计算它的逆。对于实数 $p \in [0,1]$ 和 $z \in \mathbb{R}$，有：

$$p = \frac{1}{1 + \mathrm{e}^{-z}}, \text{当且仅当} z = \ln\frac{p}{1-p}。$$

上式中后面的表达式称为 **logit**：

$$\mathrm{logit}(p) = \ln\frac{p}{1-p}。$$

它计算了概率的对数，将成功的概率 p 与失败的概率 $1-p$ 联系起来。等效地，我们可以通过 logit

$$\boldsymbol{x}^{\top} \cdot \boldsymbol{w} = \mathrm{logit}(y)$$

将神经元的激活函数重写为：

$$y = f_S(\boldsymbol{x}^{\top} \cdot \boldsymbol{w})。$$

因此，我们可以说逻辑回归是对**对数概率**（log-odds）的线性表示。有趣的是，由于心理物理学中的 **Weber-Fechner 定律**（Weber-Fechner law），参见 [Kandel et al., 2000]，在这里使用对数是必要的。Weber-Fechner 定律与人类感知有关，更具体地说，它阐述了实际的物理刺激的变化与感知变化之间的关系。这种物理刺激包括对所有感官的刺激，例如视觉、听觉、味觉、触觉和嗅觉等。该定理指出，主观的感觉与刺激强度的对数成正比。而在我们的问题框架中，这一刺激强度是由概率 $\frac{y}{1-y}$ 来表示的，并且我们还假设感知 $\boldsymbol{x}^{\top} \cdot \boldsymbol{w}$ 相对于未知权重是应该是线性的。

2. 最大似然估计

我们现在来推导出在逻辑回归算法中调整权重的优化问题，我们会使用概率论中的**似然最大化**（likelihood maximization）方法。为此，我们假设标记的过程服从**伯努利分布**（Bernoulli distribution）$\mathcal{B}(p)$，其中参数 p 由 Sigmoid 激活函数 f_S 给出。于是，可以得知二进制的 $\boldsymbol{y}$ 的标签的条件概率为

$$p(y_i|\boldsymbol{w}) = \left(f_S\left(\boldsymbol{x}_i^{\top} \cdot \boldsymbol{w}\right)\right)^{y_i} \cdot \left(1 - f_S\left(\boldsymbol{x}_i^{\top} \cdot \boldsymbol{w}\right)\right)^{1-y_i}, \quad i = 1, \cdots, n。$$

我们进一步假设标记过程在每个观察值上是独立的，并在表达式中消去对 $\boldsymbol{x}$ 的依赖，使其看起来更简单。我们强调数据集中的 $\boldsymbol{x}_1, \cdots, \boldsymbol{x}_n$ 被认为是固定的，因此与 $\boldsymbol{y}$ 相关的所有随机性都来自标记过程。因此在此模型下，观察数据的条件概率密度是各个概率密度的乘积：

$$p(\boldsymbol{y}|\boldsymbol{w}) = \prod_{i=1}^{n} p(y_i|\boldsymbol{w}),$$

其中，将标签向量写为：

$$\boldsymbol{y} = (y_1, \cdots, y_n)^\top \text{。}$$

进而，我们应用**贝叶斯定理**（Bayes theorem）推导出权重向量 $\boldsymbol{w}$ 的后验分布为：

$$p(\boldsymbol{w}|\boldsymbol{y}) = \frac{p(\boldsymbol{y}|\boldsymbol{w}) \cdot p(\boldsymbol{w})}{p(\boldsymbol{y})},$$

其中 $p(\boldsymbol{y})$ 是 $\boldsymbol{y}$ 标签的概率密度，$p(\boldsymbol{w})$ 是权重 $\boldsymbol{w}$ 的先验分布。我们继续假设 $\boldsymbol{w}$ 取所有值都是等可能的，即先验分布 $p(\boldsymbol{w})$ 是**均匀**（uniform）的。因此，为了求得权重，且更好地解释观察结果，我们合理地将所谓的似然函数最大化，具体参见 [Hendry 和 Nielsen，2014]：

$$L(\boldsymbol{w}) = p(\boldsymbol{y}|\boldsymbol{w}) \text{。}$$

与上式等效地，我们在这里考虑**对数似然**（log-likelihood）：

$$\ln L(\boldsymbol{w}) = \ln p(\boldsymbol{y}|\boldsymbol{w}) = \ln \prod_{i=1}^{n} p(y_i|\boldsymbol{w}) = \sum_{i=1}^{n} \ln p(y_i|\boldsymbol{w})$$

$$= \sum_{i=1}^{n} \ln \left(f_S \left(\boldsymbol{x}_i^\top \cdot \boldsymbol{w} \right) \right)^{y_i} \cdot \left(1 - f_S \left(\boldsymbol{x}_i^\top \cdot \boldsymbol{w} \right) \right)^{1-y_i}$$

$$= \sum_{i=1}^{n} \left(y_i \cdot \ln f_S(\boldsymbol{x}_i^\top \cdot \boldsymbol{w}) + (1 - y_i) \cdot \ln(1 - f_S(\boldsymbol{x}_i^\top \cdot \boldsymbol{w})) \right) \text{。}$$

因此，学习权重的**最大似然估计**（maximum likelihood estimation）变为：

$$\max_{\boldsymbol{w}} \sum_{i=1}^{n} \left(y_i \cdot \ln f_S(\boldsymbol{x}_i^\top \cdot \boldsymbol{w}) + (1 - y_i) \cdot \ln(1 - f_S(\boldsymbol{x}_i^\top \cdot \boldsymbol{w})) \right) \text{。}$$

3. 平均交叉熵

首先，我们将刚刚提到的优化问题改写为

$$\min_{\boldsymbol{w}} H(\boldsymbol{w}) = \frac{1}{n} \cdot \sum_{i=1}^{n} H_i(\boldsymbol{w}), \tag{8.1}$$

其中

$$H_i(\boldsymbol{w}) = -y_i \cdot \ln f_S(\boldsymbol{x}_i^\top \cdot \boldsymbol{w}) - (1 - y_i) \cdot \ln(1 - f_S(\boldsymbol{x}_i^\top \cdot \boldsymbol{w})) \text{。}$$

上面的公式可以看作信息论中的**交叉熵**（cross-entropy），参见 Murphy [2012]。此处的交叉熵衡量了概率分布之间的差异：

$$(y_i, 1 - y_i)^\top \quad \text{and} \quad \left(f_S(\boldsymbol{x}_i^\top \cdot \boldsymbol{w}), 1 - f_S(\boldsymbol{x}_i^\top \cdot \boldsymbol{w})\right)^\top \text{。}$$

因此可以说优化问题式(8.1)是为了将样本中的平均交叉熵最小化。我们进一步分析式(8.1)，首先我们证明它是一个凸优化问题。交叉熵项的梯度和 Hesse 矩阵很容易计算，参考练习 8.2：

$$\nabla H_i(\boldsymbol{w}) = (f_S(\boldsymbol{x}_i^\top \cdot \boldsymbol{w}) - y_i) \cdot \boldsymbol{x}_i,$$

$$\nabla^2 H_i(\boldsymbol{w}) = f_S(\boldsymbol{x}_i^\top \cdot \boldsymbol{w}) \cdot (1 - f_S(\boldsymbol{x}_i^\top \cdot \boldsymbol{w})) \cdot \boldsymbol{x}_i \cdot \boldsymbol{x}_i^\top \text{。}$$

由于二元乘积 $\boldsymbol{x}_i \cdot \boldsymbol{x}_i^\top$ 是半正定的，所以此性质同样适用于 Hesse 矩阵 $\nabla^2 H_i$, $i = 1, \cdots, n$。这个结论不仅能推导出 H_i 的凸性，还能证明平均交叉熵 H 的凸性，它也使得应用有效的数值解法求解式(8.1)成为可能。

4. 随机梯度下降

随机梯度下降技术通常被应用于最小化平均值，参见 Nesterov et al. [2018]：

$$H(\boldsymbol{w}) = \frac{1}{n} \cdot \sum_{i=1}^{n} H_i(\boldsymbol{w}) \text{。}$$

在这个问题中，计算 H 的梯度是相当困难的。而且，我们还需要对 H_i 的所有梯度求平均，即对于 $i = 1, \cdots, n$，有：

$$\nabla H(\boldsymbol{w}) = \frac{1}{n} \cdot \sum_{i=1}^{n} \nabla H_i(\boldsymbol{w}) \text{。}$$

通常计算一个步骤的梯度下降需要遍历所有数据样本 $i = 1, \cdots, n$，这样计算非常耗时。所以我们避免这种做法，转而在每个迭代步骤 $t = 1, 2, \cdots$ 时刻随机选择一个特定的数据样本的索引 $i \in \{1, \cdots, n\}$。如此可得**随机梯度下降**（stochastic gradient descent）的更新步骤：

$$\boldsymbol{w}(t+1) = \boldsymbol{w}(t) - \eta \cdot \nabla H_i(\boldsymbol{w}(t)), \tag{8.2}$$

其中 η 是适当选择的臂长。我们再代入之前计算好的 H_i 梯度，就得到了一个**神经学习算法**（neural learning）：

$$\boldsymbol{w}(t+1) = \boldsymbol{w}(t) - \eta \cdot (f_S(\boldsymbol{x}_i^\top \cdot \boldsymbol{w}(t)) - y_i) \cdot \boldsymbol{x}_i,$$

这个公式可以解释如下。将 $\boldsymbol{x}_i$ 随机输入一个神经元后，利用从先前步骤计算出的权重 $\boldsymbol{w}(t)$，计算其聚集为 $\boldsymbol{x}^\top \cdot \boldsymbol{w}(t)$。然后将激活概率 $f_S(\boldsymbol{x}_i^\top \cdot \boldsymbol{w}(t))$ 与真实的 y_i 进行比较。根据这个比较的结果，最终将权重变动 $\boldsymbol{w}(t+1) - \boldsymbol{w}(t)$ 设定为与输入 $\boldsymbol{x}_i$ 成正比。

5. 式 (8.2) 的收敛性分析

我们将注意力转向式(8.2)的收敛性分析。为此，假定 $\boldsymbol{w}$ 是优化问题式(8.1)的解。我们估计 $\boldsymbol{w}(t+1)$ 和 $\boldsymbol{w}$ 之间的**欧几里得距离**（Euclidean distance）：

$$\|\boldsymbol{w}(t+1) - \boldsymbol{w}\|_2^2 = \|\boldsymbol{w}(t) - \boldsymbol{w} - \eta \cdot \nabla H_i(\boldsymbol{w}(t))\|_2^2$$

$$= \|\boldsymbol{w}(t) - \boldsymbol{w}\|_2^2 - \eta \cdot 2\nabla^\top H_i(\boldsymbol{w}(t)) \cdot (\boldsymbol{w}(t) - \boldsymbol{w}) + \eta^2 \cdot \|\nabla H_i(\boldsymbol{w}(t))\|_2^2 \text{。}$$

对于最后一项，我们推导出一个统一上限 $G > 0$：

$$\|\nabla H_i(\boldsymbol{w}(t))\|_2 = \left\|\left(f_S(\boldsymbol{x}_i^\top \cdot \boldsymbol{w}(t)) - y_i\right) \cdot \boldsymbol{x}_i\right\|_2$$

$$= \left| \underbrace{f_S(\boldsymbol{x}_i^\top \cdot \boldsymbol{w}(t))}_{\in [0,1]} - \underbrace{y_i}_{\in \{0,1\}} \right| \cdot \|\boldsymbol{x}_i\|_2 \leqslant \|\boldsymbol{x}_i\|_2 \leqslant \max_{i=1,\cdots,n} \|\boldsymbol{x}_i\|_2 = G \text{。}$$

对 $i \in \{1, \cdots, n\}$ 取期望，有：

$$\mathbb{E} \|\boldsymbol{w}(t+1) - \boldsymbol{w}\|_2^2 \leqslant \mathbb{E} \|\boldsymbol{w}(t) - \boldsymbol{w}\|_2^2 + 2\eta \cdot \mathbb{E}\left(\nabla^\top H_i(\boldsymbol{w}(t))\right) \cdot (\boldsymbol{w} - \boldsymbol{w}(t)) + \eta^2 \cdot G^2 \text{。}$$

再来仔细考虑中间的项。首先，假设式(8.2)中 i 的选择服从**均匀分布**（uniform distribution）。因此，梯度 $\nabla^\top H_i$ 关于 $i \in \{1, \cdots, n\}$ 的期望等于它们的均值：

$$\mathbb{E}(\nabla H_i(\boldsymbol{w}(t))) = \frac{1}{n} \cdot \sum_{i=1}^n \nabla H_i(\boldsymbol{w}(t)),$$

或者，与上式等价，这一期望也等于 H 自己的梯度：

$$\mathbb{E}(\nabla H_i(\boldsymbol{w}(t))) = \nabla H(\boldsymbol{w}(t)) \text{。}$$

由 H 的凸性，还可以知道：

$$H(\boldsymbol{w}) \geqslant H(\boldsymbol{w}(t)) + \nabla^\top H(\boldsymbol{w}(t)) \cdot (\boldsymbol{w} - \boldsymbol{w}(t)) \text{。}$$

综上所述，对于中间的项而言，有：

$$\mathbb{E}(\nabla^\top H_i(\boldsymbol{w}(t))) \cdot (\boldsymbol{w} - \boldsymbol{w}(t)) = \nabla^\top H(\boldsymbol{w}(t)) \cdot (\boldsymbol{w} - \boldsymbol{w}(t)) \leqslant H(\boldsymbol{w}) - H(\boldsymbol{w}(t)) \text{。}$$

将这几项代入上式中，我们得到：

$$\mathbb{E} \|\boldsymbol{w}(t+1) - \boldsymbol{w}\|_2^2 \leqslant \mathbb{E} \|\boldsymbol{w}(t) - \boldsymbol{w}\|_2^2 + 2\eta \cdot (H(\boldsymbol{w}) - H(\boldsymbol{w}(t))) + \eta^2 \cdot G^2 \text{。}$$

对上面的项进行整理，可得：

$$H(\boldsymbol{w}(t)) - H(\boldsymbol{w}) \leqslant \frac{1}{\eta} \cdot \frac{\mathbb{E}\|\boldsymbol{w}(t) - \boldsymbol{w}\|_2^2 - \mathbb{E}\|\boldsymbol{w}(t+1) - \boldsymbol{w}\|_2^2}{2} + \eta \cdot \frac{G^2}{2}.$$

我们对 $t = 1, \cdots, T$，对上面各项求和，并化简得到：

$$\sum_{t=1}^{T} H(\boldsymbol{w}(t)) - T \cdot H(\boldsymbol{w}) \leqslant \frac{1}{\eta} \cdot \frac{\mathbb{E}\|\boldsymbol{w}(1) - \boldsymbol{w}\|_2^2 - \mathbb{E}\|\boldsymbol{w}(T+1) - \boldsymbol{w}\|_2^2}{2} + \eta \cdot \frac{G^2 \cdot T}{2}.$$

我们可以跳过第一个期望的项，因为起始的 $\boldsymbol{w}(1)$ 是任意的，但是是一个定值。而且，我们可以从下面的推导中得知第二个期望估计为零。此外，让我们将这个不等式左右同时除以 T，得到：

$$\frac{1}{T} \cdot \sum_{t=1}^{T} H(\boldsymbol{w}(t)) - H(\boldsymbol{w}) \leqslant \frac{1}{\eta} \cdot \frac{\|\boldsymbol{w}(1) - \boldsymbol{w}\|_2^2}{2T} + \eta \cdot \frac{G^2}{2}.$$

根据 Jensen 不等式，即对平均值的凸变换不大于对凸变换后值的平均值，我们有：

$$H(\overline{\boldsymbol{w}}(T)) \leqslant \frac{1}{T} \cdot \sum_{t=1}^{T} H(\boldsymbol{w}(t)),$$

其中直到迭代 T 的平均权重向量定义为

$$\overline{\boldsymbol{w}}(T) = \frac{1}{n} \cdot \sum_{t=1}^{T} \boldsymbol{w}(t).$$

综上，我们得出了以下不等式：

$$H(\overline{\boldsymbol{w}}(T)) - H(\boldsymbol{w}) \leqslant \frac{1}{\eta} \cdot \frac{\|\boldsymbol{w}(1) - \boldsymbol{w}\|_2^2}{2T} + \eta \cdot \frac{G^2}{2}.$$

为了调整步长 η 的大小，我们可以方便地最小化这个推导出上界：

$$\min_{\eta} \frac{1}{\eta} \cdot \frac{\|\boldsymbol{w}(1) - \boldsymbol{w}\|_2^2}{2T} + \eta \cdot \frac{G^2}{2}.$$

我们可以直接地计算出这个优化问题的解为：

$$\eta = \frac{\|\boldsymbol{w}(1) - \boldsymbol{w}\|_2}{G} \cdot \sqrt{\frac{1}{T}}.$$

我们选择步长为上面的值，即可得到式(8.2)的收敛速度为：

$$H(\overline{\boldsymbol{w}}(T)) - H(\boldsymbol{w}) \leqslant \|\boldsymbol{w}(1) - \boldsymbol{w}\|_2 \cdot G \cdot \sqrt{\frac{1}{T}}.$$

这证明了使用(8.2)学习神经网络的合理性。在平均权重下对平均交叉熵 $H(\overline{\boldsymbol{w}}(T))$ 的估计将逼近优化问题(8.1)的最优值 $H(\boldsymbol{w})$。我们得出结论，当 $T \to \infty$ 时，收敛速度是渐近消失的，即其收敛速度是 $\frac{1}{\sqrt{T}}$ 阶的。

8.2.2 感知机

现在我们考虑阈值激活函数的情况。与之相应的神经模型被称为**感知机**（perceptron）。通过模仿随机梯度下降方法，我们可以推导出 Rosenblatt 学习，它在有限时间内"学习"出一个线性分类器。值得注意的是，如果数据样本不是线性可分的，那么 Rosenblatt 学习就会失效。但是带有隐藏层的感知器却可以克服这个困难。

1. Rosenblatt 学习

我们假设数据样本 $(\boldsymbol{x}_i, y_i) \in \mathbb{R}^m \times \{0,1\}$，$i = 1, \cdots, n$ 是严格**线性可分**（linearly separable）的。这意味着存在一个权重向量 $\boldsymbol{w} \in \mathbb{R}^m$ 使得它对所有 $i = 1, \cdots, n$，以下关系都成立：

$$\boldsymbol{w}^\top \cdot \boldsymbol{x}_i > 0 \text{当且仅当} y_i = 1, \quad \boldsymbol{w}^\top \cdot \boldsymbol{x}_i < 0 \text{当且仅当} y_i = 0.$$

换句话说，我们可以说超平面

$$H = \{\boldsymbol{x} \in \mathbb{R}^m | \boldsymbol{w}^\top \cdot \boldsymbol{x} = 0\}$$

将类别 C_{yes} 和 C_{no} 的数据点彼此分开，请参考图 8.4。我们要如何合理地学习**线性分类器**（linear classifier）$\boldsymbol{w}$ 呢？为了解决这个问题，我们尝试模仿随机梯度下降(8.2)更新：

$$\boldsymbol{w}(t+1) = \boldsymbol{w}(t) - \eta \cdot \left(f_S(\boldsymbol{x}_i^\top \cdot \boldsymbol{w}(t)) - y_i\right) \cdot \boldsymbol{x}_i.$$

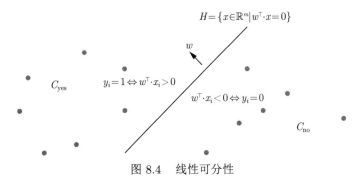

图 8.4　线性可分性

为此，我们将 Sigmoid 激活函数 f_S 替换为式(8.2)中的阈值激活函数 f_T，而且设置步长 $\eta = 1$。这样设置后，我们就得到了 Rosenblatt 学习，也称为**感知机算法**（perceptron algorithm）：

$$\boldsymbol{w}(t+1) = \boldsymbol{w}(t) - \left(f_T(\boldsymbol{x}_i^\top \cdot \boldsymbol{w}(t) - y_i) \cdot \boldsymbol{x}_i\right). \tag{8.3}$$

感知机算法由康奈尔航空实验室的 Rosenblatt 发明。感知机最初的设计是一台机器，而非一个程序，它首先是用软件实现的，但它随后被制造为硬件上的"1 号感知机"。1958 年，《纽约时报》报道，感知机是"（美国海军）期望能够行走、说话、看、书写、自我复制并有存在意识的电子计算机的胚胎"。为了理解感知机的重要性，我们重写式(8.3)的更新迭代为以下两种情况。

（1）如果分类**正确**（correct），即 $f_T(\boldsymbol{x}_i^\top \cdot \boldsymbol{w}(t)) = y_i$，式(8.3)中的权重不发生改变：

$$\boldsymbol{w}(t+1) = \boldsymbol{w}(t).$$

（2）如果分类**不正确**（incorrect），即 $f_T(\boldsymbol{x}_i^\top \cdot \boldsymbol{w}(t)) \neq y_i$，式(8.3)中的权重更新变化如下：

$$\boldsymbol{w}(t+1) = \begin{cases} \boldsymbol{w}(t) + \boldsymbol{x}_i, & f_T(\boldsymbol{x}_i^\top \cdot \boldsymbol{w}(t)) = 0 \text{ 且 } y_i = 1, \\ \boldsymbol{w}(t) - \boldsymbol{x}_i, & f_T(\boldsymbol{x}_i^\top \cdot \boldsymbol{w}(t)) = 1 \text{ 且 } y_i = 0. \end{cases}$$

情况（2）很容易用神经学习来解释。一个分类错误会导致模型将权重的更新，且更新的幅度 $\boldsymbol{w}(t+1) - \boldsymbol{w}(t)$ 等于有符号的输入值 $\pm\boldsymbol{x}_i$。这里输入的符号取决于模型是否错误地将输入分类为 C_{yes} 或 C_{no}。

2. 式(8.3)的收敛性分析

我们证明式(8.3)可以有限步骤后停止并收敛至一个线性分类器 $\boldsymbol{w}$。为此，我们假设在式(8.3)中，以**循环顺序**（cyclic order）以此迭代索引 $i = 1, \cdots, n$，且我们简单地以 $\boldsymbol{w}(1) = 0$ 为起始值开始迭代过程。我们一般可以假设全部迭代步骤 $1, \cdots$，步骤 t 均属于（2）类型。否则，我们就只计算分类错误的更新。首先，我们已知：

$$\|\boldsymbol{w}(t+1)\|_2^2 = \|\boldsymbol{w}(t) \pm \boldsymbol{x}_i\|_2^2 = \|\boldsymbol{w}(t)\|_2^2 \pm 2\boldsymbol{x}_i^\top \cdot \boldsymbol{w}^\top(t) + \|\boldsymbol{x}_i\|_2^2.$$

最后一项可以利用上文中的统一上限得知：

$$\|\boldsymbol{x}_i\|_2 \leqslant \max_{i=1,\cdots,n} \|\boldsymbol{x}_i\|_2 = G.$$

由于情况（2）中的错误分类假设，中间项总是非正的：

$$+\boldsymbol{x}_i^\top \cdot \boldsymbol{w}(t) < 0, \text{ 当且仅当} f_T\left(\boldsymbol{x}_i^\top \cdot \boldsymbol{w}(t)\right) = 0,$$

$$-\boldsymbol{x}_i^\top \cdot \boldsymbol{w}(t) \leqslant 0, \text{ 当且仅当} f_T\left(\boldsymbol{x}_i^\top \cdot \boldsymbol{w}(t)\right) = 1\text{。}$$

总之，可以得到：

$$\|\boldsymbol{w}(t+1)\|_2^2 \leqslant \|\boldsymbol{w}(t)\|_2^2 + G^2 \leqslant \cdots \leqslant \underbrace{\|\boldsymbol{w}(1)\|_2^2}_{=0} + t \cdot G^2 = t \cdot G^2\text{。}$$

而且，我们得到了一个线性分类器 $\boldsymbol{w}$：

$$\boldsymbol{w}^\top \cdot \boldsymbol{w}(t+1) = \boldsymbol{w}^\top \cdot (\boldsymbol{w}(t) \pm \boldsymbol{x}_i) = \boldsymbol{w}^\top \cdot \boldsymbol{w}(t) \pm \boldsymbol{x}_i^\top \cdot \boldsymbol{w}\text{。}$$

因为情况（2）中的分类错误，这里的最后一项也总是为正：

$$+\boldsymbol{x}_i^\top \cdot \boldsymbol{w} > 0, \text{ 当且仅当} y_i = 1,$$

$$-\boldsymbol{x}_i^\top \cdot \boldsymbol{w} > 0, \text{ 当且仅当} y_i = 0\text{。}$$

因此，它可以对上式给出一个正常数的下界：

$$\pm\boldsymbol{x}_i^\top \cdot \boldsymbol{w} \geqslant \min_{i=1,\cdots,n} \pm\boldsymbol{x}_i^\top \cdot \boldsymbol{w} = g > 0\text{。}$$

综上所述，我们得到：

$$\boldsymbol{w}^\top \cdot \boldsymbol{w}(t+1) \geqslant \boldsymbol{w}^\top \cdot \boldsymbol{w}(t) + g \geqslant \cdots \geqslant \boldsymbol{w}^\top \cdot \underbrace{\boldsymbol{w}(1)}_{=0} + t \cdot g = t \cdot g\text{。}$$

另外，使用柯西-施瓦茨不等式，参见练习 2.2，可以得知：

$$t \cdot g \leqslant \boldsymbol{w}^\top \cdot \boldsymbol{w}(t+1) \leqslant \|\boldsymbol{w}\|_2 \cdot \|\boldsymbol{w}(t+1)\|_2 \leqslant \|\boldsymbol{w}\|_2 \cdot \sqrt{t \cdot G^2}\text{。}$$

这就意味着式(8.3)中的情况（2）的更新次数是有限的：

$$t \leqslant \|\boldsymbol{w}\|_2^2 \cdot \frac{G}{g}\text{。}$$

经过一段时间后，式(8.3)中的每轮迭代都完全属于情况（1），即所有数据样本都被正确分类。最终我们可以得出结论，即感知机算法可以如此学习一个线性分类器。

3. XOR 问题

尽管 Rosenblatt 学习最初看起来大有前景，但很快实践表明感知器无法对非线性可分数据进行分类。我们介绍 XOR 的经典反例来解释这个问题。**XOR 问题**（XOR problem）指的是异或析取的逻辑运算，它仅在输入不同时才输出真。下面我们通过**真值表**（truth table）来描述 XOR，该真值表列出了逻辑表达式在每个输入参数时的函数值：我们可以证明具有两个输入 x_1 和 x_2 的感知器无法解决 XOR 问题。换句话说，不存在一组权重 w_0，w_1 和

w_2，使得当且仅当 x_1 和 x_2 取值不同时神经元才会激活，如图 8.5所示。如果解决权重的解存在，那么我们将通过代入 4 个数据样本得到：

$$f_T(w_0 + 0 \cdot w_1 + 0 \cdot w_2) = 0, \quad f_T(w_0 + 1 \cdot w_1 + 0 \cdot w_2) = 1,$$

$$f_T(w_0 + 0 \cdot w_1 + 1 \cdot w_2) = 1, \quad f_T(w_0 + 1 \cdot w_1 + 1 \cdot w_2) = 0。$$

等价地，我们可以得到：

$$w_0 < 0, w_0 + w_1 \geqslant 0, w_0 + w_2 \geqslant 0, w_0 + w_1 + w_2 < 0。$$

输入 $\boldsymbol{x}$	(1,1)	(1,0)	(0,1)	(0,0)
输出 y	0	1	1	0

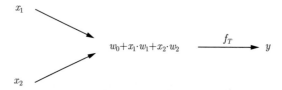

图 8.5 处理 XOR 问题的单层感知机

由前两个不等式可以得出 $w_1 > 0$，由另外两个不等式得到 $w_1 < 0$，这是一个矛盾的结论。而在这个问题中，感知机无法解决 XOR 问题的原因就是相应的类别 C_{yes} 和 C_{no} 不是线性可分的，如图 8.6所示。这个阻碍导致神经网络的研究停滞了几十年，直到人们认识到了多层感知机更强大的处理能力。事实上，构建一个解决 XOR 问题的两层感知机并不难，如图 8.7所示。关于这个解决方案的更多细节请参考练习 8.6。

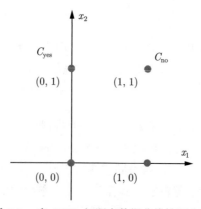

图 8.6 在 XOR 问题中数据非线性可分性

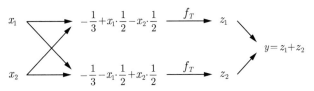

图 8.7 解决 XOR 问题的双层感知机

4. 多层感知机

一般来说，一个**多层感知机**（multilayer perceptron）至少由 3 层神经元节点组成：输入层、隐藏层和输出层，如图 8.8所示。隐藏神经元 $l = 1, \cdots, k$ 对输入 $x_1, \cdots, x_{m-1} \in \mathbb{R}$ 做线性处理：

$$w_0^l + x_1 \cdot w_1^l + \cdots + x_{m-1} \cdot w_{m-1}^l,$$

其中，权重 $w_0^l, w_1^l, \cdots, w_{m-1}^l \in \mathbb{R}$ 分别对应第 l 个隐藏神经元。根据上面的公式，将这个线性组合简写为向量形式的 $\boldsymbol{x}^\top \cdot \boldsymbol{w}^l$，其中

$$x = (1, x_1, \cdots, x_{m-1})^\top, \quad \boldsymbol{w}^l = (w_0^l, w_1^l, \cdots, w_{m-1}^l)^\top。$$

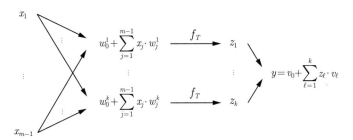

图 8.8 多层感知机

每个隐藏层的神经元会向后传递聚集后的信号，即

$$z_l = f_T(\boldsymbol{x}^\top \cdot \boldsymbol{w}^l),$$

其中，$z_l \in \mathbb{R}$ 是第 l 个隐藏层神经元的输出。最后，多层感知机的输出 $y \in \mathbb{R}$ 由以下的线性组合给出：

$$y = v_0 + z_1 \cdot v_1 + \cdots + z_k \cdot v_k,$$

其中，$v_1, \cdots, v_k \in \mathbb{R}$ 对隐藏层神经元的重要性进行加权，而 $v_0 \in \mathbb{R}$ 起到了偏置项的作用。我们还可以将输出 $y = \boldsymbol{z}^\top \cdot \boldsymbol{v}$ 写为标量积的形式，其中

$$\boldsymbol{z} = (1, z_1, \cdots, z_k)^\top, \quad \boldsymbol{v} = (v_0, v_1, \cdots, v_k)^\top。$$

综上所述，可以得到以下广义线性回归：

$$y = \sum_{l=0}^{k} f_T \left(\boldsymbol{x}^\top \cdot \boldsymbol{w}^l \right) \cdot v_l。$$

注意，这里两类参数，权重 $\boldsymbol{w}^1, \cdots, \boldsymbol{w}^k \in \mathbb{R}^m$ 和 $v_1, \cdots, v_k \in \mathbb{R}$，都需要被适当学习调整。这种权重调整学习的灵活性使得多层感知机成为一个非常强大的建模工具。那么多层感知机具体可以解决什么样的模型建模呢？事实证明，多层感知器能够任意逼近任何连续模型，这一结论的理论根据是神经网络的**万能近似定理**（universal approximation theorem）。更准确地说，假设一个通用模型可以写为

$$y = F(\boldsymbol{x}),$$

其中 $F: K \to \mathbb{R}$ 是一个连续函数，而 $K \subset \mathbb{R}^m$ 是一个**紧子集**（compact subset）。那么，对于任意一个精度 $\varepsilon > 0$，存在权重 $\boldsymbol{w}^1, \cdots, \boldsymbol{w}^k \in \mathbb{R}^m$ 和 $v_1, \cdots, v_k \in \mathbb{R}$ 使以下约束成立：

$$\left| F(\boldsymbol{x}) - \sum_{l=0}^{k} f_T(\boldsymbol{x}^\top \cdot \boldsymbol{w}^l) \cdot v_l \right| \leqslant \varepsilon \quad 对于全部的 \boldsymbol{x} \in K。$$

[Cybenko, 1989] 证明了该定理用于隐藏层为 Sigmoid 激活函数的最初版本。后来人们认识到，只要是阈值激活函数就已经可以满足该定理。[Hornik, 1991] 证明，赋予神经网络万能近似器能力的不是特定激活函数的选择，而是它的多层架构本身。由于任何连续模型都可以由多层感知机逼近，于是神经网络的使用从那时起变得相当流行。然而，值得一提的是，万能近似定理中隐藏神经元的数量 k 是由具体问题决定的，并且可能是一个很大的数值。这就促使我们引入结构更加复杂的神经网络，例如卷积神经网络、递归神经网络、循环神经网络和长短期记忆神经网络等，更多细节请参考 Haykin [2011]。另一个逼近的阻碍是，神经网络中进行权重学习通常需要求解高度非凸优化问题。这导致收敛速度的推导非常困难，使得人们很难从理论的角度上解释为什么神经网络在实践中表现如此出色。因此直到今天，神经网络仍然是一个非常活跃的研究领域。

8.3 案例分析：垃圾邮件过滤

下面来考虑一个**垃圾邮件过滤**（spam filtering）系统。它的主要任务是将收到的电子邮件分类为正常邮件或垃圾邮件。我们用二进制变量 $y \in \{0, 1\}$ 标记新收到的电子邮件的真实类别，即 $y = 0$ 表示邮件为正常邮件，$y = 1$ 表示邮件为垃圾邮件。然后，我们使用词袋模型来表示电子邮件。词袋模型建模方法将会忽略语法甚至词序，但将保持单词的多样性。每封电子邮件都可以表示为向量 $\boldsymbol{x} \in \{0, 1\}^m$，其中 m 是字典中的单词数。对于其中

的每个元素, 如果电子邮件中包含第 j 个单词, 则有 $x_j = 1$, 否则有 $x_j = 0$。我们使用线性过滤器 $\boldsymbol{w} \in \mathbb{R}^m$ 标记新的电子邮件 $\boldsymbol{x}$, 来预测它是一封正常邮件还是垃圾邮件:

$$y = \begin{cases} 1, & \boldsymbol{x}^\top \cdot \boldsymbol{w} \geqslant 0 \\ 0, & \text{其他} \end{cases}。$$

为了保证这个模型可以实现, 我们进一步假设垃圾邮件过滤器的数值的欧几里得范数是有界的。简而言之, 这个假设可以写为 $\boldsymbol{w} \in B_R$, 其中 B_R 是一个以 $R > 0$ 为半径的球, 且可以表示为

$$B_R = \{\boldsymbol{w} \in \mathbb{R}^m | \|\boldsymbol{w}\|_2 \leqslant R\}。$$

如果一个给定的数据集, 我们可以直接构建基于逻辑回归的垃圾邮件过滤系统, 然后使用随机梯度下降算法式(8.2)对其进行训练。然而, 垃圾邮件过滤系统通常还需要能够应对新生成的对抗性数据, 且需要根据不同的输入进行动态调整。因此, 一个合理的方案应该应用第 2 章中介绍的在线学习框架。

任务 1 试利用交叉熵, 在有电子邮件 $\boldsymbol{x}$ 及其真实标签 y 的情况下, 推导出垃圾邮件过滤器 $\boldsymbol{w}$ 的质量好坏。这里假设预测概率是通过 Sigmoid 激活函数 f_S 来建模的。

提示 1 交叉熵

$$H(\boldsymbol{w}, \boldsymbol{x}, y) = -y \cdot \ln f_S(\boldsymbol{x}^\top \cdot \boldsymbol{w}) - (1 - y) \cdot \ln(1 - f_S(\boldsymbol{x}^\top \cdot \boldsymbol{w}))。$$

可以测算以下这两个分布之间的差异:

$$(y, 1 - y)^\top \quad \text{且} \left(f_S(\boldsymbol{x}^\top \cdot \boldsymbol{w}), 1 - f_S(\boldsymbol{x}^\top \cdot \boldsymbol{w})\right)^\top。$$

任务 2 试使用交叉熵作为垃圾邮件过滤质量测度, 推导并解释平均后悔的公式。

提示 2 平均后悔为

$$\mathcal{R}(T) = \frac{1}{T} \cdot \sum_{t=1}^{T} f_t(\boldsymbol{w}(t)) - \min_{\boldsymbol{w} \in B_R} \frac{1}{T} \cdot \sum_{t=1}^{T} f_t(\boldsymbol{w}),$$

其中有

$$f_t(\boldsymbol{w}) = H(\boldsymbol{w}, \boldsymbol{x}(t), y(t))。$$

请注意, 这里 $\boldsymbol{x}(t)$ 表示第 t 封电子邮件, 而 $y(t)$ 表示它的真实标签。

任务 3 试表明损失函数 $f_t(\boldsymbol{w}) = H(\boldsymbol{w}, \boldsymbol{x}(t), y(t))$ 欧几里得范数的梯度是一致有界的。

提示 3 该损失函数的梯度有：

$$\nabla f_t(\boldsymbol{w}) = \left(f_S(\boldsymbol{x}^\top(t) \cdot \boldsymbol{w}) - y(t) \right) \cdot \boldsymbol{x}(t)。$$

对于所有 $\boldsymbol{w} \in B_R$ 和 $t = 1, 2, \cdots$，易得出：

$$\|\nabla f_t(\boldsymbol{w})\|_2 \leqslant \sqrt{m} = G。$$

任务 4 试计算 B_R 关于**欧几里得近似函数**（Euclidean prox-function）的直径：

$$D = \sqrt{\max_{\boldsymbol{u},\boldsymbol{w} \in B_R} \frac{1}{2}\|\boldsymbol{u}\|_2^2 - \frac{1}{2}\|\boldsymbol{w}\|_2^2}。$$

提示 4 根据上式，可知：

$$D = \frac{R}{\sqrt{2}}。$$

任务 5 试推导出在 B_R 上的向量 $\boldsymbol{u}$ 的显示的**欧几里得投影**（Euclidean projection）公式：

$$\text{proj}_{B_R}(\boldsymbol{u}) = \arg\min_{\boldsymbol{w} \in B_R} \|\boldsymbol{u} - \boldsymbol{w}\|_2。$$

提示 5 投影公式如下：

$$\text{proj}_{B_R}(\boldsymbol{u}) = \begin{cases} \boldsymbol{u}, & \|\boldsymbol{u}\|_2 \leqslant R, \\ R \cdot \dfrac{\boldsymbol{u}}{\|\boldsymbol{u}\|_2}, & \|\boldsymbol{u}\|_2 > R。 \end{cases}$$

任务 6 试在垃圾邮件过滤问题上应用**在线梯度下降**（online gradient descent）算法，详见练习 2.7：

$$\boldsymbol{w}(t+1) = \text{proj}_{B_R}(\boldsymbol{w}(t) - \eta \cdot \nabla f_t(\boldsymbol{w}(t))), \boldsymbol{w}(1) = \text{proj}_{B_R}(0)。$$

并且导出平均后悔的收敛速度。这里步长 η 应该如何调整？

提示 6 将式 (2.12) 代入垃圾邮件过滤问题，如下所示：

$$\boldsymbol{w}(t+1) = \text{proj}_{B_R}\left(\boldsymbol{w}(t) - \eta \cdot (f_S(\boldsymbol{x}^\top(t) \cdot \boldsymbol{w}(t)) - y(t)) \cdot \boldsymbol{x}(t)\right), \quad \boldsymbol{w}(1) = 0。$$

而且相对应的收敛速度和步长分别为

$$\mathcal{R}(T) \leqslant R \cdot \sqrt{\frac{m}{T}}, \quad \eta = R \cdot \sqrt{\frac{1}{m \cdot T}}。$$

8.4 练习

练习 8.1（神经网络） 我们设计一个以营销为目的的神经网络。这个神经网络的输入是客户的年龄 x_1、收入 x_2 和之前购买的数量 x_3。它的输出 $y \in \{0, 1\}$ 表示了一个广告是否会导致一次购买。我们根据客户数据，已将它的输入权重估算如下：

$$w_1 = -0.1, \quad w_2 = 0.6, \quad w_3 = 0.7。$$

另外，偏差项很小，因为 $w_0 = 0$。这个神经网络只有一层，由激活函数选择为 Sigmoid 函数。试问以下 3 位客户会对广告做出反应并完成购买的概率是多少？

	客户 1	客户 2	客户 3
年龄 x_1	20	30	40
收入 x_2	6	5	1
历史消费次数 x_3	1	0	3

练习 8.2（Sigmoid 激活函数） 给定以下初始值问题：

$$f' = f \cdot (1 - f), \quad f(0) = \frac{1}{2}。$$

试证明它有唯一的解，且该解就是 Sigmoid 激活函数。

练习 8.3（Logistic 分布） 试证明 Sigmoid 激活函数是一个累积分布函数：

$$f_S(z) = \mathbb{P}(\varepsilon \leqslant z),$$

其中随机变量 ε 服从 Logistic 分布 $\mathcal{L}(0, 1)$，其位置参数为 0 和尺度参数为 1。Logistic 分布的概率密度为

$$p(z) = \frac{\mathrm{e}^{-z}}{(1 + \mathrm{e}^{-z})^2}。$$

试证明 ε 的均值为零，方差等于 $\pi^2/3$。

练习 8.4（隐变量模型） 考虑以下线性回归模型，它可以将潜在内生变量 $y^* \in \mathbb{R}$ 与外生变量 $\boldsymbol{x} \in \mathbb{R}^m$ 联系起来：

$$y^* = \boldsymbol{x}^\top \cdot \boldsymbol{w} + \varepsilon,$$

其中 $\boldsymbol{w} \in \mathbb{R}^m$ 是未知的权重向量，随机误差 ε 服从 Logistic 分布 $\mathcal{L}(0, 1)$。一个新数据点 $\boldsymbol{x}$ 的分类由以下标记方法给出：

$$y = \begin{cases} 1, & y^* \geqslant 0, \\ 0, & \text{其他}。 \end{cases}$$

试证明对于可以将 $\boldsymbol{x}$ 标记为 $y = 1$ 的概率，有：

$$\mathbb{P}(y = 1|\boldsymbol{x}) = f_S(\boldsymbol{x}^\top \cdot \boldsymbol{w})。$$

练习 8.5（交叉熵） 试对所有 $i = 1, \cdots, n$ 计算交叉熵的梯度和 Hesse 矩阵：

$$H_i(\boldsymbol{w}) = -y_i \cdot \ln f_S(\boldsymbol{x}_i^\top \cdot \boldsymbol{w}) - (1 - y_i) \cdot \ln\left(1 - f_S(\boldsymbol{x}_i^\top \cdot \boldsymbol{w})\right)。$$

练习 8.6（多层感知机） 试证明图 8.7中的多重感知器可以求解 XOR 问题。

第9章 决 策 树

决策树学习是广泛应用于数据挖掘和机器学习领域的预测模型之一。它使用**决策树**（decision tree）中的各个节点来测试某个数据对象，从而得出关于其目标变量在树的叶节点中的值。决策树算法优秀的可理解性和简单性使其成为最流行的机器学习算法之一。它的应用范围很广，可以从预测泰坦尼克号幸存率到使用人工智能下棋。本章研究分类决策树，这类决策树的叶节点代表分类标签。这种决策树分类质量可以通过在给定数据的**误分类率**（misclassification rate）和**平均外部路径长度**（average external path length）来衡量。特别地，我们证明了找到一个具有最小平均外部路径长度的误分类率为零的分类决策树是一个 **NP 完全问题**（NP-complete problem）。由于这种负面的理论结果，人们提出了**自上而下的启发式算法**（top-down heuristic）和**自下而上的启发式算法**（bottom-up heuristic）来构造从实际角度保证足够分类质量的决策树。基于多种**泛化误差**（generalization errors），如训练误差、熵和基尼指数，本章继而提出了**迭代二分法**（iterative dichotomizer）。迭代二分法会在每一步都将由所选泛化误差得到的增益最大化，再依此拆分数据集。本章结尾简要阐述了决策树的**剪枝**（pruning）策略。

9.1 研究动因：泰坦尼克号幸存率

皇家邮轮泰坦尼克号（RMS Titanic，以下简称泰坦尼克号）于 1912 年 4 月 15 日凌晨在北大西洋沉没，这天也是该邮轮从南安普顿到纽约的处女航第 4 天。泰坦尼克号是当年世界上最大的远洋客轮。在她撞上冰山时，共有大约 2224 人正在船上。不幸的是，船上配备的救生艇不能满足所有人的需要，这导致了 1502 名乘客和船员的死亡。2 小时 40 分钟后，泰坦尼克号全部沉没。这起海难是人类历史上和平时期最惨重的海难之一。此后，泰坦尼克号的灾难就再也没有从世人的回忆和想象中消失过。实际上，它也将是为数不多被人们永远铭记、纪念甚至庆祝的灾难。为什么每当人们提到"灾难"这个词时，脑海中总是会闪现泰坦尼克号呢？泰坦尼克号海难如此令人印象深刻的原因是因为一些流传于世的故事，而非残酷的灾难本身。正如美国有线电视新闻网（CNN）在 2012 年纪念泰坦尼克号遇难 100 周年时报道的那样："船上的人员包括了来自各个等级和社会地位的、个性各不相同的人。这个群体大到足以代表全人类，但又小到足以形成一个自给自足的独立社会，在这个社会中，每个人可以看到其他人在做什么，并仔细考虑他们自己如何做出反应。泰坦尼克号事件中包含了每一部伟大的戏剧所需要的东西：对每个人生命至上的选择的不懈关注"。

　　因此，我们好奇能否仅使用乘客的性别、年龄、家庭状况和客舱等级等信息来预测泰坦尼克号上乘客的幸存情况。我们选择决策树作为我们的预测模型。决策树是一个类似流程图的结构，其中每个节点代表对一个属性的判别，每个分支代表判别的结果，每个叶节点代表一个类的标签，参见图 9.1。节点会根据相应的不同特征对乘客进行拆分，从性别（男性或女性）开始，然后是年龄（大于、等于或小于 9.5 岁），以及兄弟姐妹的数量（大于、等于或小于 3 个）。该决策树的叶节点表示对这位乘客"死亡"或"幸存"的预测。叶节点左边给出了在分支的条件下的乘客的生存概率，右边则给出了每片叶节点的数据点占全部数据的百分比。例如，在所有 9.5 岁以上的男性（占总乘客数的 60%）中，有近 17% 的人幸存。而在所有 9.5 岁以下且兄弟姐妹数少于 3 个的男性（占总乘客数的 2%）中，约有 89% 幸存。综上所述，如果一个人是女性，或是 9.5 岁以下且兄弟姐妹数量严格低于 3 的男性，则存活的机会很大。从这个例子中，我们就可以看到使用决策树进行分类的主要优势：易于理解，并可以直接给出解释。然而，根据被拆分数据的特征选择不同，针对同一问题的决策树可能会有很大差异，如图 9.2所示。在这里，我们还研究了不同等级客舱的女性的生存机会。结论是大多数三等舱的乘客生存机会较少，尤其是超过 4 个家庭成员的大家庭乘客或年龄超过 36 岁的乘客。图 9.2中的决策树揭示了泰坦尼克号实际的救援行动

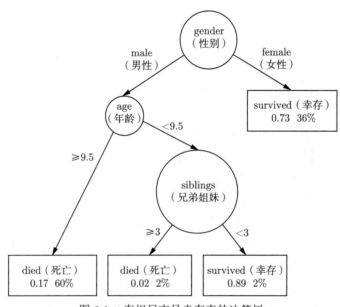

图 9.1　泰坦尼克号幸存率的决策树

的情况。这艘船只配备了足够船上一半多一点的人的救生艇。在这种情况下，救援工作最重要的任务，也是大多数救生艇载客时遵循了的"妇女和儿童优先"原则。此外，头等舱和二等舱的乘客可以比三等舱的乘客更快地找到并登上救生艇。这是因为头等舱和二等舱的客舱和设施所在的上层甲板比下层甲板更靠近救生艇的存放位置。因此，妇女和儿童以及头等客舱和二等客舱的乘客幸存的概率明显偏高也就不足为奇了。

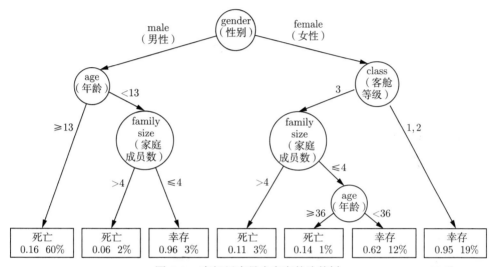

图 9.2　泰坦尼克号幸存率的决策树

基于泰坦尼克号的例子，我们可以引出用于分类的决策树的正式定义。为此，考虑一组抽象的对象 $\mathcal{O}$。我们假设可以对这些对象进行一系列二元测试。这些测试可以用映射 $T : \mathcal{O} \to \{0,1\}$ 来表达。如果 $T(x) = 0$，我们就说对象 $x \in \mathcal{O}$ 未通过测试，如果 $T(x) = 1$，则说其通过了测试。换句话说，测试结果表明某个对象是否具有特定的特征。决策树 D 是将一个对象 x 通过一路从树的根节点"走"到某个叶节点 L 的方式关联到类 $C_1, \cdots, C_l$ 中某一个类的预测器。在根节点和所有内部节点中都会执行测试 T，叶节点 L 会对对象分类。分类程序如下。

首先，在根节点处执行对于新的数据点 x 的测试。如果它是结果为假(false)，即 $T(x) = 0$，就取左分支继续向下。否则，即 $T(x) = 1$，取右分支向下。

接下来，在后续的每个子树的根节点处重复执行此过程，直到到达叶节点 L。L 定义了新数据点 x 的类 $D(x) \in \{C_1, \cdots, C_l\}$。为简单方便起见，我们假设决策树中总共有有限多个测试：

$$\mathcal{T} = \{T_1, \cdots, T_m\}。$$

为了设计一个可靠的决策树，我们给出一个有分类的对象的数据集：

$$\mathcal{X} = \{x_1, \cdots, x_n\} \subset \mathcal{O}。$$

这一假设意味着对于任何对象 $x_i \in \mathcal{X}$，都存在唯一的 x_i 所属的类 C_{k_i}，即 $x_i \in C_{k_i}$，其中 $k_i \in \{1, \cdots, l\}$。我们的目标是学习决策树 D，一方面，它可以与数据拟合得足够好，另一方面，它的尺寸又不太大。这两个目标都是需要被量化的。

（1）**错误分类率**（misclassification rate）衡量决策树 D 的质量：

$$\mu(D) = \frac{\#\{i \in \{1, \cdots, n\} | D(x_i) \neq C_{k_i}\}}{n}。$$

因此，错误分类率计算了训练集 $\mathcal{X}$ 中被决策树 D 错误分类的那些数据样本的百分比。

（2）**平均外部路径长度**（average external path length）体现了决策树 D 的大小：

$$\rho(D) = \frac{1}{n} \cdot \sum_{i=1}^{n} \rho(x_i),$$

其中 $\rho(x_i)$ 测量从根节点到可以将 x_i 的分类的叶节点的路径长度。因此，平均外部路径长度计算了训练集 $\mathcal{X}$ 中的对象被决策树 D 分类所需的预期测试次数。

综上所述，给定一个数据集 $\mathcal{X}$，我们需要找到一个决策树 D，使其错误分类率 $\mu(D)$ 和平均外部路径长度 $\rho(D)$ 都是最小的。不幸的是，这两个目标是耦合的。尺寸相对较小的决策树通常会产生较大的错误分类率，而将错误分类率最小化又会产生外部路径较长的决策树。下文研究了找到最优决策树的复杂性，以及实现这一目标的启发式方法。

9.2 研究结果

9.2.1 NP 完全性

Hyafil and Rivest [2009] 证明了构建最优二元决策树是一个 NP 完全问题，这里最优性是指识别一个未知对象所需的预期测试次数最小。现在我们简要地介绍一下这个的想法。

1. 决策树问题

首先，我们注意到这里的**识别**（identification）是分类的一种特殊情况。为了解释这一点，我们设置 $\mathcal{O} = \mathcal{X}$，并且设类的数量等于对象的数量，即 $l = n$。另外，假设每个类只包含一个对象。一般来说，可以设置：

$$C_i = \{x_i\}, \quad i = 1, \cdots, n。$$

因此，对于所有 $i = 1, \cdots, n$，有 $k_i = i$。接下来考虑具有零误分类率的决策树，即 $\mu(D) = 0$。它表示所有的对象都被正确识别：

$$D(x_i) = C_i, \quad i = 1, \cdots, n。$$

因此，决策树中有 n 个唯一地识别对象的叶节点。其平均外部路径长度的公式为：

$$\rho(D) = \frac{1}{n} \cdot \sum_{i=1}^{n} \rho(x_i),$$

其中 $\rho(x_i)$ 测量了从根节点到可以识别 x_i 的叶节点的路径长度。**决策树问题**（decision tree problem）$DT(\mathcal{X}, \mathcal{T}, \rho)$ 就是在给定数据集 $\mathcal{X}$ 和二元测试集合 $\mathcal{T}$ 的情况下，找出一个平均外部路径长度 $\rho(D)$ 小于等于 $\rho > 0$ 的识别决策树 D（如果存在）。而决策树问题的证明在某种意义上很难解决。为此，需要深入研究一些复杂性理论的基础。

2. P 与 NP

P 与 NP（P versus NP）问题是计算机科学领域一个重要的悬而未决的问题。粗略地说，它问的是每个解可以被快速验证的问题是否也可以被快速求解。它是克莱数学研究所选出的 7 个千禧年大奖难题之一，为这些难题提出第一个正确解的人都将获得 100 万美元的奖金。上面使用的非正式术语"快速"的含义是存在可以在多项式时间内求解某任务的算法。换句话说，求解任务的时间随着算法输入的大小多项式函数而变化。在我们的决策树问题 $DT(\mathcal{X}, \mathcal{T}, \rho)$ 的例子中，输入包括数据集 $\mathcal{X}$、二元测试集 $\mathcal{T}$ 和识别对象所需的预期测试次数的上限 ρ。我们将通过某些算法，可以在**多项式时间**（polynomial time）内求解出答案的这类问题称为 P。而对于另外的一些问题，尚无方法可以快速找到答案，但是一旦有了一个答案，则可以迅速对其进行验证。我们将可以在多项式时间内验证答案的这类问题称为 NP。NP 的意思是**非确定性多项式时间**（nondeterministic polynomial time）。

现在，我们研究决策树问题 $DT(\mathcal{X}, \mathcal{T}, \rho)$ 是否属于 NP 这一复杂性类别。是否可以在多项式时间内验证识别决策树 D 是 $DT(\mathcal{X}, \mathcal{T}, \rho)$ 的解呢？为此，可以尝试通过决策树 D 依次识别对象 $x_1, \cdots, x_n$。如果对于 x_i，我们最终到达了识别 x_j 的叶节点且 $i \neq j$，则必须拒绝 $DT(\mathcal{X}, \mathcal{T}, \rho)$ 的候选解 D。在整个识别过程中，我们记录下总共的测试数 M。如果在某个时刻我们发现 $\frac{M}{n} > \rho$，那么 D 也必须被拒绝。需要注意的是，我们要么在至多 $\lfloor \rho \cdot n \rfloor + 1$ 次测试后验证了 D 不是决策问题 $DT(\mathcal{X}, \mathcal{T}, \rho)$ 的解，要么反过来在成功识别出 $\mathcal{X}$ 中的所有 n 之后认为 D 是决策问题的解。那么在这两种情况下，验证都可以在多项式时间内执行完毕。

3. 精确覆盖问题

为了解决 P 与 NP 问题，我们会用到一个非常有用的概念——NP 完全性。一个 **NP 完全问题**（NP-complete problem）是一个特殊的 NP 问题，任何其他 NP 问题都可以在多项式时间内归约到该问题。这样定义的一个后果是，如果我们对一个 NP 完全问题有一个多项式时间的算法，那么我们就可以在多项式时间内解决所有的 NP 问题，也就是证明了 P=NP。简单通俗地讲，NP 完全问题至少与任何其他 NP 问题一样困难。目前，大多数研究人员认为 P≠NP。这种意见存在的一个关键原因是，在对这些问题进行了数十年的研究之后，尚且无人能够为大于 3000 个重要的 NP 完全问题中的任何一个找到多项式时间算法。人们还直观地认为，这样难以解决但易于验证的问题的存在确实与现实世界的经验相符。

为了更加深入地了解 NP 完全问题，让我们介绍其中的一个经典问题，即精确覆盖问题。这里假设 $\mathcal{Y} = \{y_1, \cdots, y_n\}$ 是一个有限集，$\mathcal{E} = \{E_1, \cdots, E_m\}$ 为 $\mathcal{Y}$ 的子集族，每个子集包含 3 个元素，即

$$E_j \subset \mathcal{Y} \quad 且 \quad |E_j| = 3, \quad j = 1, \cdots, m。$$

一个**精确覆盖**（exact cover）是一个子集合 $\mathcal{E}^* \subset \mathcal{E}$，使得每个元素 $y \in \mathcal{Y}$ 恰好只被 $\mathcal{E}^*$ 的一个子集合 $E \in \mathcal{E}^*$ 所覆盖。也就是说，$\mathcal{Y}$ 中的每个元素都只被 $\mathcal{E}^*$ 的一个子集所覆盖。**精确覆盖问题**（exact cover problem）EC3$(\mathcal{Y}, \mathcal{E})$ 要么通过给定的子集族 $\mathcal{E}$ 找到集合 $\mathcal{Y}$ 的精确覆盖，要么就是认定这样的精确覆盖不存在。精确覆盖问题不设置对 E_j 大小的限制，它是 [Karp, 1972] 提到的著名的 21 个 NP 完全问题之一，见练习 9.3。

4. 归约至多项式时间

至此，我们已经做好了证明决策树问题是 NP 完全问题的全部准备。我们首先来展示另一个 NP 完全问题，即精确覆盖，可以在**多项式时间**（polynomial time）内被**归约**（reduce）为决策树问题。也就是说，给定一个精确覆盖的实例 EC3$(\mathcal{Y}, \mathcal{E})$，提供一个多项式时间算法，旨在构造一个相应的决策树实例 DT$(\mathcal{X}, \mathcal{T}, \rho)$，使得求解这个决策树后也同时可以得到一个精确覆盖。那么，EC3$(\mathcal{Y}, \mathcal{E})$ 到 DT$(\mathcal{X}, \mathcal{T}, \rho)$ 的归约过程如下。

（1）将对象的集合定义为

$$\mathcal{X} = \mathcal{Y} \cup \{a, b, c\},$$

其中 $a, b, c \notin \mathcal{Y}$ 是 3 个附加的对象。

（2）给定子集 $E \subset \mathcal{X}$，$x \in \mathcal{X}$ 的从属关系测试定义为

$$T_E(x) = \begin{cases} 0, & x \notin E, \\ 1, & x \in E。 \end{cases}$$

考虑对应集合 $\mathcal{E}$ 的各个子集和 $\mathcal{X}$ 的各个单例的从属关系测试：

$$\mathcal{T} = \{T_E | E \in \mathcal{E} \text{ 或 } |E| = 1\}。$$

（3）将上界 ρ 取为在数据集 $\mathcal{X}$ 和从属测试的集合 $\mathcal{T}$ 上的所有识别决策树 D 的最小平均外部路径长度，即

$$\rho = \min\{\rho(D) | D \text{可以通过} \mathcal{T} \text{来识别} \mathcal{X}\}。$$

下面检查上述归约过程对于精确覆盖问题的输入 $\mathcal{Y}$ 和 $\mathcal{E}$ 是否可以在多项式时间内执行。在（1）中，我们仅仅添加了 3 个对象 a, b, c，且在（2）中，测试的数量增加了 $\mathcal{X}$ 的 $n+3$ 个单例子集。而在（3）中，ρ 的多项式时间计算更加复杂。为此，我们考虑一个决策树 $\overline{D}$，它通过单例测试从 $\mathcal{X}$ 中识别出所有的 $n+3$ 个对象，如图 9.3所示。对于它的平均外部路径长度，可以得到：

$$\rho(\overline{D}) = \frac{1 + \cdots + (n+2) + (n+2)}{n+3} = \frac{\dfrac{(n+3)\cdot(n+2)}{2} + (n+2)}{n+3} = \frac{\dfrac{(n+5)\cdot(n+2)}{2}}{n+3}。$$

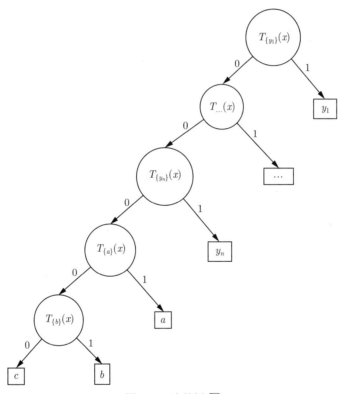

图 9.3　决策树 $\overline{D}$

现在，我们逐步求解决策树问题 $\mathrm{DT}(\mathcal{X}, \mathcal{T}, \rho_s)$，其中

$$\rho_s = \frac{\dfrac{(n+5)\cdot(n+2)}{2} - s}{n+3}, \quad s = 0, 1, \cdots,$$

对于任何 s，决策树问题 $\mathrm{DT}(\mathcal{X}, \mathcal{T}, \rho_s)$ 可以提供一个平均外部路径长度小于或等于 ρ_s 的

识别决策树，假设该决策树存在，鉴于 $\rho_0 = \rho(\overline{D})$，决策树问题 $\mathrm{DT}(\mathcal{X}, \mathcal{T}, \rho_0)$ 是可行的，因此也是可解的。假设对于某些 s，决策树问题 $\mathrm{DT}(\mathcal{X}, \mathcal{T}, \rho_s)$ 仍是可解的，但 $\mathrm{DT}(\mathcal{X}, \mathcal{T}, \rho_{s+1})$ 却不可解。于是我们就得到了最小平均外部路径长度：

$$\rho = \rho_s。$$

注意，为了计算 ρ，我们需要解决不超过 $\dfrac{(n+5) \cdot (n+2)}{2}$ 个决策树问题。这个调用运算的次数是 n 的多项式函数。

5. 最小外部路径长度

在展示 $\mathrm{DT}(\mathcal{X}, \mathcal{T}, \rho)$ 的解如何可以体现 $\mathrm{EC3}(\mathcal{Y}, \mathcal{E})$ 的解的过程中，我们需要研究具有**最小外部路径长度**（external path lengths）的决策树。为此，假设 $f(n)$ 表示识别决策树在一个包括 n 个元素的数据集上的最小外部路径长度，其中所有 1 元素和 3 元素子集都可用于测试。我们可以给出 f 的前几个值，更多请见练习 9.2。

n	1	2	3	4	5	6	7	8
$f(n)$	0	2	5	9	12	16	21	25

下面我们推导出 f 的递归表示。为此，我们通过含 i 个元素的子集测试新的数据样本，$i = 1$ 或 3。然后，左子树后续需要 $f(n-i)$ 个测试，而其余对 $f(i)$ 的测试则来自右子树。另外，我们已经对 n 个叶节点进行了一次测试，将这些加起来：

$$f(n) = \min_{i=1,3} f(n-i) + f(i) + n。$$

通过归纳，证明对于所有 $n \geqslant 4$ 有：

$$f(n) - f(n-1) \geqslant 3。$$

（1）**归纳基础**（base of induction）显而易见，因为有：

$$f(4) - f(3) = 9 - 5 = 4 > 3, \quad f(5) - f(4) = 12 - 9 = 3。$$

（2）对于**归纳假设**（induction hypothesis），我们假设这个不等式一直到 $n-1$ 时都成立，其中 $n \geqslant 7$。

（3）接下来就是完成**归纳步骤**（induction step）。我们应用归纳假设两次，可以获得对 $k \geqslant 6$ 有：

$$\underbrace{f(k-1)}_{\geqslant f(k-2)+3} + \underbrace{f(1)}_{=1} + k \geqslant \underbrace{f(k-2)}_{\geqslant f(k-3)+3} + 4 + k \geqslant f(k-3) + 7 + k > f(k-3) + \underbrace{f(3)}_{=5} + k。$$

这意味着在 f 的递归表示中，最小值在 $i=3$ 处取得，即

$$f(k) = f(k-3) + f(3) + k。$$

通过再一次使用上式和归纳假设，最终得到当 $n \geqslant 7$ 时：

$$f(n) - f(n-1) = (f(n-3) + f(3) + n) - (f(n-4) + f(3) + n - 1)$$

$$= \underbrace{f(n-3) - f(n-4)}_{\geqslant 3} + 1 > 3,$$

最终我们完成了归纳证明。

现在，很容易看出最优决策树的根至少在 $n \geqslant 6$ 时总是选择一个 3 元素子集作为测试。因此，我们有：

$$\underbrace{f(n-1)}_{\geqslant f(n-2)+3} + \underbrace{f(1)}_{=1} + n \geqslant \underbrace{f(n-2)}_{\geqslant f(n-3)+3} + 4 + n \geqslant f(n-3) + 7 + n > f(n-3) + \underbrace{f(3)}_{=5} + n,$$

在 f 的递归表示中，最小值在 $i=3$ 处取得。

6. 最优决策树

假设 D 是由上文（1）～（3）提出的 $\mathrm{DT}(\mathcal{X}, \mathcal{T}, \rho)$ 问题的解的识别决策树。我们想证明它具有图 9.4中所示的结构，其子集 $\varepsilon^* = \{E_{j_1}, \cdots, E_{j_r}\}$ 形成了 $\mathcal{Y}$ 的一个精确覆盖，并且其单例测试被用来区分每个三元组中的对象。由于（3），可知 D 可以最小化平均外部路径长度。正如之前所示，具有最小外部路径长度的识别决策树总是在根节点处选择 3-元素子集作为测试。通过将这个办法应用于 D 的所有至少含 6 个对象的子树，就可以得到

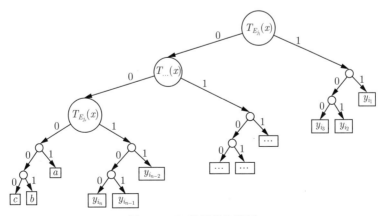

图 9.4 D 的最优决策树

图 9.4给出的形式，这也是我们添加 3 个虚拟对象的 a, b, c 的原因。此外，任何最优决策树都必须体现对应精确覆盖问题的解，因为只有这样才能使每个足够大的子树的根节点成为对 $\mathcal{X}$ 的 3 元素子集的测试。这表明对 $\mathrm{DT}(\mathcal{X}, \mathcal{T}, \rho)$ 的求解也可以推出 $\mathrm{EC3}(\mathcal{Y}, \mathcal{E})$ 的解。因此，NP 完全的精确覆盖问题可以在多项式时间内归约为决策树问题，这意味着后者也是 NP 完全的。

9.2.2 自上而下的和自下而上的启发式算法

由于已经证明了最优决策树的构建是 NP 完全的，因此人们提出了启发式算法来近似地完成这项任务。**启发式算法**（heuristic）是一种在经典方法太慢时，用于更快地求解问题，或者在经典方法无法找到精确解时求近似解的方法。它用求解的最优性、完整性、准确性/精确性换取了求解的速度。当找到最优解不太现实的情况下，可以利用启发式算法来加快求取足够令人满意的解。在决策树的问题背景下，我们可以采用自上而下和自下而上的启发式算法，参见 Rokach and Maimon [2015]。**自上而下的启发式算法**（top-down heuristics）可以在每个中间节点处选择最优的测试，并且拆分数据集。通过这种递归方式，决策树增长。而**自下而上的启发式算法**（bottom-up heuristics）可以剪除决策树中那些对最优性贡献不大的、可有可无的字数。

1. 二元分类

为了使问题更加具体，我们考虑用于**二元分类**（binary classification）的决策树。如上文所述，分类对象存储在以下集合内

$$\mathcal{X} = \{x_1, \cdots, x_n\} \subset \mathcal{O},$$

并且有有限多的测试：

$$\mathcal{T} = \{T_1, \cdots, T_m\}。$$

假设任何对象 $x_i \in \mathcal{X}$，$i = 1, \cdots, n$，可以被分为 C_{yes} 或者 C_{no}。由此，决策树 D 的误分类率就是：

$$\mu(D) = \frac{\#\{i | x_i \in C_{\mathrm{yes}}, D(x_i) = C_{\mathrm{no}}\} + \#\{i | x_i \in C_{\mathrm{no}}, D(x_i) = C_{\mathrm{yes}}\}}{n}。$$

此处，我们分别计算 C_{yes} 或 C_{no} 中那些分别被错分类为 C_{no} 和 C_{yes} 的对象。自上而下的启发式算法并未直接选择最小化误分类率

$$\min_D \mu(D),$$

而是选择尝试通过对数据集递归地做最优拆分来构建决策树。我们可以通过选择一个适当的泛化误差来理解这一最优性。

2. 泛化误差

我们下面研究，如果按照我们的意愿将一个子集 $S \subset \mathcal{X}$ 的样本全部分类为 C_{yes} 或者 C_{no} 会发生什么。这将导致一个**泛化误差**（generalization error），可用概率分布表示为：

$$p_S = \frac{|S \cap C_{\text{yes}}|}{|S|}, \quad 1 - p_S = \frac{|S \cap C_{\text{no}}|}{|S|},$$

其中 p_S 表示 S 中来自 C_{yes} 类的数据样本的份额，$1 - p_S$ 表示 S 中来自 C_{no} 类的数据样本的份额。下面提出一些泛化误差 $\varepsilon(S)$ 的特定选择。

（1）**训练误差**（train error）假设分类过程服从多数投票原则。根据该原则，S 中的所有样本被分类为其中绝大多数样本的类别，即全部为 C_{yes} 或全部为 C_{no}。如果这样做，我们会将 $\min\{|S \cap C_{\text{yes}}|, |S \cap C_{\text{no}}|\}$ 个样本误分类。这促使我们在子集 S 上定义训练误差为：

$$\varepsilon_1(S) = \min\{p_S, 1 - p_S\}.$$

（2）**熵**（entropy）假设分类过程是一个随机过程。根据该假设，S 中样本被分配给 C_{yes} 或 C_{no} 的概率分别为 p_S 或 $1 - p_S$。熵量化了随机分类在全部可能的类别上出乎意料的均值：

$$\varepsilon_2(S) = -p_S \cdot \log_2 p_S - (1 - p_S) \cdot \log_2(1 - p_S).$$

（3）**基尼指数**（Gini index）也假设分类过程是一个随机过程。根据该假设，S 中的样本同样也是以 p_S 或 $1 - p_S$ 的概率被分类为 C_{yes} 或 C_{no}。基尼指数衡量了数据样本被误分类的概率，比如它本应属于 C_{yes}，但被分配给 C_{no}，反之亦然：

$$\varepsilon_3(S) = 2 \cdot p_S \cdot (1 - p_S).$$

熵和基尼指数都是训练误差的平滑上界，如图 9.5所示。

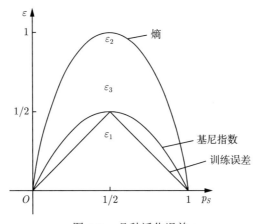

图 9.5 几种泛化误差

3. 拆分方法

下面考虑如何通过测试 $T_j \in \mathcal{T}, j = 1, \cdots, m$ 将数据的子集 $S \subset \mathcal{X}$ 拆分。这样的拆分会形成 S 的子集，该子集的数据样本要么通过第 j 次测试，要么未通过，分别有：

$$L_j = \{x_i \in S | T_j(x_i) = 0\}, \quad R_j = \{x_i \in S | T_j(x_i) = 1\}。$$

L_j 中的数据样本将会随后在左子树中被继续分类，而 R_j 中的数据样本将会随后在右子树中被继续分类。下面我们将拆分方法与一种增益机制联系起来。给定一个泛化误差，我们将测试 T_j 拆分所得的**增益**（gain）定义为拆分前后的泛化误差的差值：

$$G_j(S) = \varepsilon(S) - \underbrace{\left(\frac{|L_j|}{|S|} \cdot \varepsilon(L_j) + \frac{|R_j|}{|S|} \cdot \varepsilon(R_j) \right)}_{\text{期望泛化误差}}。$$

通过定义增益，我们能够比较不同测试之间的相互差异。正如我们将要看到的，这也是自上而下启发式算法的核心。

4. 迭代二分法

我们介绍一个自上而下的启发式算法，来基于选定的泛化误差构建决策树。它的主要思想是以增益最大的方式拆分数据集。然后，继续在其左右子树上递归地运行该算法。**迭代二分法**（iterative dichotomizer）主要由 Quinlan [1986] 提出，其输入为数据的子集 $S \subset \mathcal{X}$ 和测试子集的索引 $J \subset \{1, \cdots, m\}$。运行结束后返回决策树 $D = \mathrm{ID}(S, J)$。

（1）**停止**（stopping）如果 S 中的所有数据样本都分配给了 C_{yes} 或 C_{no}，则分别返回具有 C_{yes} 或 C_{no} 的叶节点。而如果 J 为空，则根据多数票返回一个叶节点。

（2）**拆分**（splitting）否则，将数据子集 $S = L_j \cup R_j$ 通过测试 T_j 拆分，使得

$$j \in \arg\max_{j \in J} G_j(S)。$$

（3）**递归**（recursion）对左子树调用 $D_0 = \mathrm{ID}(L_j, J \setminus \{j\})$，对右子树调用 $D_1 = \mathrm{ID}(R_j, J \setminus \{j\})$，并返回图 9.6。

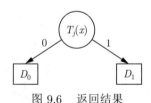

图 9.6　返回结果

我们指出，迭代二分法属于**贪心算法**（greedy algorithm）的框架，它在每个阶段都做出局部最优的选择，但不一定会产生最优解。贪心算法做出的当前决策可能取决于过去做

过的其他决策，但并不取决于未来的决策。它迭代地依次执行贪心步骤，将当前给定的问题归约为一个更小的问题。换句话说，贪心算法永远不会重新考虑它过去的决策。这就是为什么我们通常不能期望迭代二分法会得出误分类率 $\mu(D)$ 最小的决策树 D。它很有可能会陷入局部最小值。

5. 剪枝策略

迭代二分器通常会返回用平均外部路径长度 $\rho(D)$ 测量尺寸较大的决策树 D，见练习 9.4。这样的树在上往往在给定的数据集 $\mathcal{X}$ 上有较低的误分类率 $\mu(D)$，但它们在真实数据集上的表现往往很差。这可能是由于在训练数据上的**过拟合**（overfitting）导致的。克服这一缺点的一种方法是限制迭代次数，从而生成具有有限测试数的决策树。另一个常见的解决方案是对已构建的决策树做剪枝。**剪枝**（pruning）的目标是将决策树缩减为一棵小得多的树，同时不显著提高误分类率。我们描述 Shalev-Shwartz and Ben-David [2014] 对给定决策树 D 剪枝过程的一种变体。剪枝是从决策树 D 的叶节点开始，通过自下而上遍历来执行的，直到根节点。每个测试节点都可能被叶节点 C_{yes} 和 C_{no} 替换，或者被 D 的左右子树替换。如此，我们就可得到决策树 D_{yes}、D_{no}、D_{left} 和 D_{right}。我们可以比较这些决策树以及 D 的各个误分类率

$$\min\{\mu(D_{\text{yes}}), \mu(D_{\text{no}}), \mu(D_{\text{left}}), \mu(D_{\text{right}}), \mu(D)\}。$$

因此，我们就确定了具有最小误分类率的决策树：

$$D' \in \{D_{\text{yes}}, D_{\text{no}}, D_{\text{left}}, D_{\text{right}}, D\},$$

并且，我们设置 $D = D'$。然后，我们考虑一个新的测试节点，并继续剪枝。剪枝方法最初由 Breiman et al. [1984] 发明，从那时起，它就被广泛应用于改善决策树的误分类率，特别是针对噪声较大的数据上的决策树问题。

9.3　案例研究：国际象棋引擎

国际象棋是最复杂的棋盘游戏之一。全部可能出现的棋局数量估计超过 10^{43} 个。对于前 40 步棋，就有高达 $10^{115} \sim 10^{120}$ 种不同的走棋路线。在博弈论中，国际象棋属于有完全信息的有限零和博弈。从理论上讲，如果双方都选择最佳策略，我们可以确定是白方获胜还是黑方获胜，或者最终以平局告终。然而，在当前人类知识的水平下，我们暂时还不可能通过完全计算搜索树来阐明这个问题，因为需要计算的局面数量太多了。这就是为什么当前最好的**国际象棋引擎**（chess engine），例如 Stockfish，采用了复杂的技术来剪断大部分不相关的树的分枝。笼统地说，使用计算机下国际象棋的程序通常包括以下步骤：

（1）构建一个足够大的搜索树，以黑白棋步为节点；

（2）评估每个出现在叶节点上的棋局局面；

（3）通过从叶节点到根节点自下而上地推导出自己的最佳走法。

在下文中，我们将详细阐述大多数国际象棋引擎的数学基础。

任务 1 评估函数（evaluation function）可以启发式地确定当前棋局的相对价值。它主要包括两个组成部分。

（1）以兵为单位的子力数（pawn）：

$$♛（王后）= ♟♟♟♟♟♟♟♟♟$$

$$♜（城堡）= ♟♟♟♟♟$$

$$♝（主教）= ♟♟♟$$

$$♞（骑士）= ♟♟♟$$

（2）局面数，例如机动性加成、控制的方格数、躲在城堡之后或暴露的国王、两个主教优势、控制的开放或半开放线、兵后面的城堡、通路兵、对手将军等。任何这些优势都可以带来一半子数的加分。

价值的结果通常是子力数和局面数的线性组合。试评估白方如图 9.7 所示局面的价值。

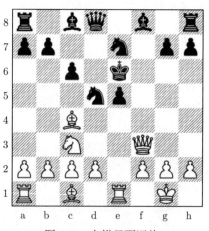

图 9.7　白棋局面评估

提示 1　白方为兵而放弃了马，因此，其子力数为 −2。白方王车易位，但是黑王是孤王；白方的王后、城堡、主教和骑士均已出动，而黑方只有两个骑士处于中心；白方城堡处于半开放线上；白色有两个兵岛（pawn island），而黑色有三个；白色可以将军，但黑色不能。因此，局面数为 $0.5 \times 5 = 2.5$。综上所述，白色领先半子：

$$-2 + 2.5 = 0.5。$$

任务 2　假设给定一个由白棋和黑棋的移动组成的搜索树。**极小极大算法**（minimax algorithm）的前提是国际象棋引擎可以通过评估计算后续几个回合的局势来确定其下一个最佳棋步。在此过程中，国际象棋引擎选择最佳棋步以最大化评估价值。然而，它假设对手总是选择最坏的棋步，对于计算机来说就是最小化评估价值。我们将极小极大算法应用于图 9.8中的所示的国际象棋搜索树。试问国际象棋引擎会先走哪一步？

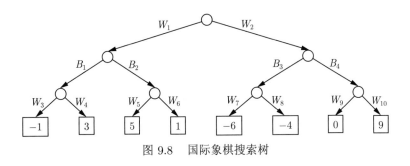

图 9.8　国际象棋搜索树

提示 2　以自下而上的方式应用的极小极大算法，我们得知白方将走 W_1，见图 9.9。

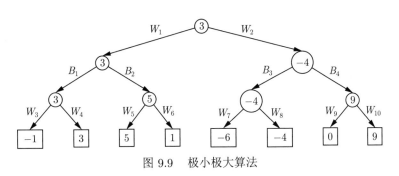

图 9.9　极小极大算法

任务 3　棋手如何判断某步棋是有利的呢？如果一位棋手在分析过程中看到对手的回棋是不利的，那么这一步将被视为应被反驳的。这就是所谓的 alpha-beta 剪枝背后的想法。**alpha-beta 剪枝**（alpha-beta pruning）适用于当我们发现某一种走法会导致比已知的另一种走法更差的情况时，我们就不再继续评估搜索树中这一步的后续部分。alpha-beta 剪枝不会影响极小极大算法的结果，只会让它变得更快。下面，请将 alpha-beta 剪枝应用于图 9.8中的国际象棋搜索树。请问可以节省多少次局势评估？

提示 3　通过应用 alpha-beta 剪枝，我们节省了 8 次局面评估中的 3 个，见图 9.10。

任务 4　试比较常规国际象棋引擎 Stockfish 和神经网络 Leela Chess Zero，对图 9.11 中的白棋局势进行分析：

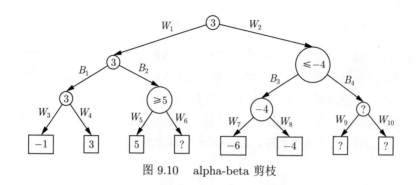

图 9.10 alpha-beta 剪枝

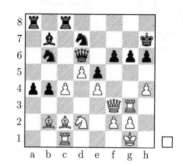

Stockfish
27 ♖d1 h5 28 ♘f1 ♕e7 29 ♘e3
♕e8 30 ♘f5 a3 31 ♗c3 b×c3 32
♘d6 evaluation＝0.19

Leela Chess Zero
27 h5 g5 28 ♕f5+ ♚h8 29 f4 a3
30 ♘a1 ♕e7 31 ♖d1 e×f4 32 ♖b3
evaluation＝1.41

图 9.11 任务 4 棋局分析

提示 4 Leela Chess Zero 在最终的局面上取得了 1.41 之大的优势，而 Stockfish 无法通过仅 0.19 的优势与之匹敌。这个巨大差异是由于 Leela Chess Zero 的第一个决定性动作 **27 h5**。注意，Stockfish 在走完第一步 **27 ♖d1** 时只是在浪费时间。事实上，黑棋随后冻结了棋子的结构，游戏随即进入了较为平静的阶段。Stockfish 在这里没有看到利用攻击黑王来打开位置的可能性。Stockfish 和 Leela Chess Zero 之间的比赛在国际象棋棋手中引起了广泛关注。他们各自的表现都已经超越了顶尖的人类国际象棋大师，甚至超越了现任世界冠军 Magnus Carlsen。同时，他们和其他国际象棋引擎也都推动了国际象棋开局和终局的理论发展。

9.4 练习

练习 9.1（二元分类） 假设训练集为 $\{0,1\}^3$。可以通过以下测试过程来测试任意 $x \in \{0,1\}^3$：

$$T_j(x) = \begin{cases} 0, & x_j = 0 \\ 1, & x_j = 1 \end{cases}。$$

其中 $j = 1, 2, 3$。试找出二元分类的最坏情况，使得误分类误差为零的决策树的最小平均外部路径长度最大化。

练习 9.2（最小外部路径长度） 令 $f(n)$ 表示一个识别决策树在 n-元素集上的最小外部路径长度，其中所有 1-元素和 3-元素子集都可用作测试。试计算 $n = 1, \cdots, 8$ 时 $f(n)$ 的值。

练习 9.3（匹配问题） 假设 $\mathcal{A}$ 为有限集且 $\mathcal{M} \subset \mathcal{A} \times \mathcal{A} \times \mathcal{A}$。如果 $\mathcal{M}^* \subset \mathcal{M}$ 中没有两个元素在任何坐标上一致，则称子集 $\mathcal{M}^*$ 为一个**匹配**（matching），即对于所有 $(a_1, a_2, a_3), (b_1, b_2, b_3) \in \mathcal{M}^*$，有：

$$a_1 \neq b_1, \quad a_2 \neq b_2, \quad a_3 \neq b_3。$$

匹配问题（matching problem）$3\mathrm{DM}(\mathcal{A}, \mathcal{M})$ 是判断是否存在一个匹配 $\mathcal{M}^* \subset \mathcal{M}$ 且有 $|\mathcal{M}^*| = |\mathcal{A}|$。匹配问题是 Karp [1972] 提到的 21 个 NP 完全问题之一。试证明匹配问题 $3\mathrm{DM}(\mathcal{A}, \mathcal{M})$ 可在多项式时间内归约为精确覆盖问题 $\mathrm{EC3}(\mathcal{Y}, \mathcal{E})$，且使用这个结果推断出精确覆盖问题是 NP 完全的。

练习 9.4（迭代二分法的次优性） 假定给出表 9.1 所示分类数据集，各个对象的各个特征是独立测试的。请应用训练误差为 ε_1 的迭代二分法来构造决策树 D，并且计算其相应的平均外部路径长度 $\rho(D)$。在所有误分类率为零的决策树中，它的平均路径长度是最小的吗？

表 9.1　分类数据集

	特征 1	特征 2	特征 3	类别
对象 1	1	1	1	C_{yes}
对象 2	1	1	0	C_{no}
对象 3	1	0	0	C_{yes}
对象 4	0	0	1	C_{no}

练习 9.5（信息增益） 我们使用测试 $T \in \mathcal{T}$ 将数据子集 $S \subset \mathcal{X}$ 拆分为：

$$L = \{x \in S | T(x) = 0\}, \quad R = \{x \in S | T(x) = 1\}。$$

我们用 X 表示对象属于 C_{yes} 或 C_{no} 类的随机变量，那么，它将服从概率分布：

$$p_S = \frac{|S \cap C_{\mathrm{yes}}|}{|S|}, \quad 1 - p_S = \frac{|S \cap C_{\mathrm{no}}|}{|S|}。$$

用 Y 表示对象属于的左子树 L 或右子树 R 的随机变量,那么它将服从概率分布:

$$q_S = \frac{|L|}{|S|}, \quad 1 - q_S = \frac{|R|}{|S|}。$$

试证明对于通过测试 T 进行数据集拆分的信息增益,有:

$$G(S) = H(X) + H(Y) - H(X, Y),$$

其中对于概率分布为 $p \in [0,1]^k$ 的随机变量 Z,它的熵定义为

$$H(Z) = -\sum_{l=1}^{k} p_l \cdot \log_2 p_l。$$

练习 9.6(ID 决策树) 人们通常将表现为发热、咳嗽和呼吸困难症状的感染视为不同的症状。表 9.2 是已知是否已被感染的人员数据集。试通过应用以熵 ε_2 作为泛化误差的迭代二分法来构造决策树。随后,请尝试使用误分类率作为衡量标准(pruning criterion)来对此决策树剪枝。如果一个人没有发热和咳嗽症状,但有呼吸困难症状,这一决策树会预测什么结果?

表 9.2 是否已被感染人员数据集

人 员	发 热	咳 嗽	呼吸困难	是 否 感 染
人员 1	No	No	No	No
人员 2	Yes	Yes	Yes	Yes
人员 3	Yes	Yes	No	No
人员 4	Yes	No	Yes	Yes
人员 5	Yes	Yes	Yes	Yes
人员 6	No	Yes	No	No
人员 7	Yes	No	Yes	Yes
人员 8	Yes	No	Yes	Yes
人员 9	No	Yes	Yes	Yes
人员 10	Yes	Yes	No	Yes
人员 11	No	Yes	No	No
人员 12	No	Yes	Yes	No
人员 13	No	Yes	Yes	No
人员 14	Yes	Yes	No	No

第 **10** 章　练习题解

10.1　排序

练习 1.1（排序）　网络 N1 的转移矩阵为

$$
\boldsymbol{P} = \begin{pmatrix} 0 & 0 & 1 & \frac{1}{3} & \frac{1}{3} \\ 1 & 0 & 0 & 0 & \frac{1}{3} \\ 0 & \frac{1}{2} & 0 & \frac{1}{3} & \frac{1}{3} \\ 0 & \frac{1}{2} & 0 & 0 & 0 \\ 0 & 0 & 0 & \frac{1}{3} & 0 \end{pmatrix} 。
$$

利用高斯消元法求解 $(\boldsymbol{P}-\boldsymbol{I})\cdot\boldsymbol{x}=0$，可得

$$
\begin{pmatrix} -1 & 0 & 1 & \frac{1}{3} & \frac{1}{3} \\ 1 & -1 & 0 & 0 & \frac{1}{3} \\ 0 & \frac{1}{2} & -1 & \frac{1}{3} & \frac{1}{3} \\ 0 & \frac{1}{2} & 0 & -1 & 0 \\ 0 & 0 & 0 & \frac{1}{3} & -1 \end{pmatrix} \sim \begin{pmatrix} -1 & 0 & 1 & \frac{1}{3} & \frac{1}{3} \\ 0 & -1 & 1 & \frac{1}{3} & \frac{2}{3} \\ 0 & \frac{1}{2} & -1 & \frac{1}{3} & \frac{1}{3} \\ 0 & \frac{1}{2} & 0 & -1 & 0 \\ 0 & 0 & 0 & \frac{1}{3} & -1 \end{pmatrix}
$$

$$
\sim \begin{pmatrix} -1 & 0 & 1 & \frac{1}{3} & \frac{1}{3} \\ 0 & -1 & 1 & \frac{1}{3} & \frac{2}{3} \\ 0 & 0 & -\frac{1}{2} & \frac{1}{2} & \frac{2}{3} \\ 0 & 0 & \frac{1}{2} & -\frac{5}{6} & \frac{1}{3} \\ 0 & 0 & 0 & \frac{1}{3} & -1 \end{pmatrix} \sim \begin{pmatrix} -1 & 0 & 1 & \frac{1}{3} & \frac{1}{3} \\ 0 & -1 & 1 & \frac{1}{3} & \frac{2}{3} \\ 0 & 0 & -\frac{1}{2} & \frac{1}{2} & \frac{2}{3} \\ 0 & 0 & 0 & -\frac{1}{3} & 1 \\ 0 & 0 & 0 & \frac{1}{3} & -1 \end{pmatrix}
$$

$$
\sim \begin{pmatrix} -1 & 0 & 1 & \frac{1}{3} & \frac{1}{3} \\ 0 & -1 & 1 & \frac{1}{3} & \frac{2}{3} \\ 0 & 0 & -\frac{1}{2} & \frac{1}{2} & \frac{2}{3} \\ 0 & 0 & 0 & -\frac{1}{3} & 1 \\ 0 & 0 & 0 & 0 & 0 \end{pmatrix} \sim \begin{pmatrix} 1 & 0 & -1 & -\frac{1}{3} & -\frac{1}{3} \\ 0 & 1 & -1 & -\frac{1}{3} & -\frac{2}{3} \\ 0 & 0 & 1 & -1 & -\frac{4}{3} \\ 0 & 0 & 0 & 1 & -3 \\ 0 & 0 & 0 & 0 & 0 \end{pmatrix}
$$

$$\sim \begin{pmatrix} 1 & 0 & -1 & 0 & -4/3 \\ 0 & 1 & -1 & 0 & -5/3 \\ 0 & 0 & 1 & 0 & -13/3 \\ 0 & 0 & 0 & 1 & -3 \\ 0 & 0 & 0 & 0 & 0 \end{pmatrix} \sim \begin{pmatrix} 1 & 0 & 0 & 0 & -17/3 \\ 0 & 1 & 0 & 0 & -18/3 \\ 0 & 0 & 1 & 0 & -13/3 \\ 0 & 0 & 0 & 1 & -9/3 \\ 0 & 0 & 0 & 0 & 0 \end{pmatrix}。$$

这个解可以通过自由参数 $t \in \mathbb{R}$ 写成

$$\boldsymbol{x} = t \cdot \begin{pmatrix} 17/3 \\ 18/3 \\ 13/3 \\ 9/3 \\ 1 \end{pmatrix}。$$

我们可以选择 $t > 0$ 来保证 $\boldsymbol{x}$ 的元素为正。为了使得它们总和为 1，将自由参数指定为：

$$1 = \boldsymbol{e}^\top \cdot \boldsymbol{x} = t \cdot \left(\frac{17}{3} + \frac{18}{3} + \frac{13}{3} + \frac{9}{3} + 1 \right) = t \cdot \frac{60}{3} \quad \Rightarrow \quad t = \frac{3}{60}。$$

由此可得排序值向量为

$$\boldsymbol{x} = \frac{3}{60} \cdot \begin{pmatrix} 17/3 \\ 18/3 \\ 13/3 \\ 9/3 \\ 1 \end{pmatrix} = \begin{pmatrix} 17/60 \\ 18/60 \\ 13/60 \\ 9/60 \\ 3/60 \end{pmatrix}。$$

而网络 N1 的谷歌排序对应于以下正则化矩阵的特征向量：

$$\boldsymbol{P}_\alpha = (1 - \alpha) \cdot \boldsymbol{P} + \alpha \cdot \boldsymbol{E},$$

其中 $\alpha = 0.15$，$\boldsymbol{E}$ 是 5×5 维度的随机矩阵，且其中的全部元素均为 $1/5$。计算网络 N1 的谷歌排序的过程请参考我们的 Python 代码。

练习 1.2（Cesàro 均值）

（i）Cesàro 均值中元素均非负，因为

$$\bar{\boldsymbol{x}}(s) = \underbrace{\frac{1}{s}}_{\geqslant 0} \cdot \sum_{t=1}^{s} \underbrace{\boldsymbol{x}(t)}_{\geqslant 0} \geqslant \boldsymbol{0}.$$

同时，$\bar{\boldsymbol{x}}$ 的全部元素之和为 1：

$$\boldsymbol{e}^\top \cdot \bar{\boldsymbol{x}}(s) = \boldsymbol{e}^\top \cdot \frac{1}{s} \cdot \sum_{t=1}^s \boldsymbol{x}(t) = \frac{1}{s} \cdot \sum_{t=1}^s \underbrace{\boldsymbol{e}^\top \cdot \boldsymbol{x}(t)}_{=1} = \frac{1}{s} \cdot \sum_{t=1}^s 1 = 1。$$

上述两个结论都支持 $\bar{\boldsymbol{x}}(s)$ 在 $s = 1, 2 \cdots$ 时是一个分布的结论。

（ii）利用以下公式

$$\boldsymbol{x}(t+1) = \boldsymbol{P} \cdot \boldsymbol{x}(t) = \boldsymbol{P} \cdot \boldsymbol{P} \cdot \boldsymbol{x}(t-1) = \boldsymbol{P}^2 \cdot \boldsymbol{x}(t-1) = \cdots = \boldsymbol{P}^t \cdot \boldsymbol{x}(1),$$

可以将 Cesàro 均值表达为：

$$\bar{\boldsymbol{x}}(s) = \frac{1}{s} \cdot \sum_{t=1}^s \boldsymbol{x}(t) = \frac{1}{s} \cdot \sum_{t=1}^s \boldsymbol{P}^{t-1} \cdot \boldsymbol{x}(1)。$$

利用三角不等式，可得

$$\begin{aligned}
\|\bar{\boldsymbol{x}}(s) - \boldsymbol{P} \cdot \bar{\boldsymbol{x}}(s)\|_1 &= \left\| \frac{1}{s} \cdot \sum_{t=1}^s \boldsymbol{P}^{t-1} \cdot \boldsymbol{x}(1) - \boldsymbol{P} \cdot \frac{1}{s} \cdot \sum_{t=1}^s \boldsymbol{P}^{t-1} \cdot \boldsymbol{x}(1) \right\|_1 \\
&= \frac{1}{s} \cdot \left\| \sum_{t=1}^s \boldsymbol{P}^{t-1} \cdot \boldsymbol{x}(1) - \sum_{t=1}^s \boldsymbol{P}^t \cdot \boldsymbol{x}(1) \right\|_1 = \frac{1}{s} \cdot \|\boldsymbol{x}(1) - \boldsymbol{P}^s \cdot \boldsymbol{x}(1)\|_1 \\
&\leqslant \frac{1}{s} \cdot (\|\boldsymbol{x}(1)\|_1 + \|\boldsymbol{P}^s \cdot \boldsymbol{x}(1)\|_1) = \frac{1}{s} \cdot (\|\boldsymbol{x}(1)\|_1 + \|\boldsymbol{x}(s+1)\|_1) \\
&= \frac{1}{s} \cdot \Big(\boldsymbol{e}^\top \cdot \underbrace{|\boldsymbol{x}(1)|}_{\geqslant 0} + \boldsymbol{e}^\top \cdot \underbrace{|\boldsymbol{x}(s+1)|}_{\geqslant 0} \Big) \\
&= \frac{1}{s} \cdot \Big(\underbrace{\boldsymbol{e}^\top \cdot \boldsymbol{x}(1)}_{=1} + \underbrace{\boldsymbol{e}^\top \cdot \boldsymbol{x}(s+1)}_{=1} \Big) = \frac{2}{s}。
\end{aligned}$$

所以，Cesàro 均值的序列将逐渐逼近排序值向量，因为

$$\|\bar{\boldsymbol{x}}(s) - \boldsymbol{P} \cdot \bar{\boldsymbol{x}}(s)\|_1 \leqslant \frac{2}{s} \to 0, \quad s \to \infty。$$

练习 1.3（置换矩阵）

（i）该网络的转移矩阵为

$$\boldsymbol{P} = \begin{pmatrix} & \boxed{1} & \boxed{2} & \cdots & \boxed{n-1} & \boxed{n} \\ \boxed{1} & 0 & 0 & \cdots & 0 & 1 \\ \boxed{2} & 1 & 0 & \cdots & 0 & 0 \\ \boxed{3} & 0 & 1 & \cdots & 0 & 0 \\ \vdots & \vdots & \vdots & & \vdots & \vdots \\ \boxed{n} & 0 & 0 & \cdots & 1 & 0 \end{pmatrix} \text{。}$$

（ii） 利用以下矩阵求出线性方程组 $(\boldsymbol{P} - \boldsymbol{I}) \cdot \boldsymbol{x} = \boldsymbol{0}$ 的解

$$\boldsymbol{P} - \boldsymbol{I} = \begin{pmatrix} -1 & 0 & \cdots & 0 & 1 \\ 1 & -1 & \cdots & 0 & 0 \\ 0 & 1 & \cdots & 0 & 0 \\ \vdots & \vdots & \ddots & \vdots & \vdots \\ 0 & 0 & \cdots & 1 & -1 \end{pmatrix} \text{。}$$

对 $\boldsymbol{x}$ 中的元素，有以下关系：

$$x_n = x_1, \quad x_1 = x_2, \quad \cdots, \quad x_{n-1} = x_n \text{。}$$

由此可以得知，它们彼此相等。因此，可以由均匀分布给出的唯一的排序 $\boldsymbol{x}$ 为：

$$x_1 = x_2 = \cdots = x_n = \frac{1}{n} \text{。}$$

（iii） 假设迭代算法式 (1.8) 的起始分布为任意分布，即

$$\boldsymbol{x}(1) = (a_1, a_2, a_3, \cdots, a_n)^{\top} \text{。}$$

由 $\boldsymbol{x}(t+1) = \boldsymbol{P} \cdot \boldsymbol{x}(t)$，可知：

$$\boldsymbol{x}(2) = \begin{pmatrix} a_n \\ a_1 \\ \vdots \\ a_{n-2} \\ a_{n-1} \end{pmatrix}, \quad \boldsymbol{x}(3) = \begin{pmatrix} a_{n-1} \\ a_n \\ \vdots \\ a_{n-3} \\ a_{n-2} \end{pmatrix}, \quad \cdots, \quad \boldsymbol{x}(n+1) = \begin{pmatrix} a_1 \\ a_2 \\ \vdots \\ a_{n-1} \\ a_n \end{pmatrix} \text{。}$$

每次迭代完成后，所有元素都向同一个方向移动了一个位置。因此，经过 n 次迭代后，该过程将重新回到起始分布，即 $\boldsymbol{x}(n+1) = \boldsymbol{x}(1)$，这意味着振荡将会发生。

（iv） 从练习 1.2 的 (ii) 中可知，Cesàro 均值的序列接近排序值。由于练习 1.2 的 (ii) 中排序集合是单例的，所以 Cesàro 均值的序列的极限为排序值向量 $\boldsymbol{x}$。

练习 1.4（正矩阵）

（i） 假设对于 $\boldsymbol{P}$ 的最小元素有：

$$\min_{1\leqslant i,j\leqslant n} p_{ij} > \frac{1}{n}\text{。}$$

那么，在 $\boldsymbol{e}^\top \cdot \boldsymbol{P}$ 中至少有一个元素严格大于 1。这与 $\boldsymbol{P}$ 是随机矩阵这一条件相矛盾。

（ii） 如果 $\bar{\alpha} = 1$，则 $\boldsymbol{P} = \boldsymbol{E}$，题目中表达式得证。对于 $\bar{\alpha} < 1$，考虑矩阵

$$\overline{\boldsymbol{P}} = \frac{1}{1-\bar{\alpha}} \cdot (\boldsymbol{P} - \bar{\alpha} \cdot \boldsymbol{E})\text{。}$$

可以直接看出 $\overline{\boldsymbol{P}}$ 是一个随机矩阵，因为：

$$\bar{p}_{ij} = \frac{1}{1-\bar{\alpha}} \cdot \left(p_{ij} - \frac{\bar{\alpha}}{n}\right) = \frac{1}{1-\bar{\alpha}} \cdot \left(p_{ij} - \min_{1\leqslant i,j\leqslant n} p_{ij}\right) \geqslant 0,$$

$$\boldsymbol{e}^\top \cdot \overline{\boldsymbol{P}} = \frac{1}{1-\bar{\alpha}} \left(\boldsymbol{e}^\top \cdot \boldsymbol{P} - \bar{\alpha} \cdot \boldsymbol{e}^\top \cdot \boldsymbol{E}\right) = \frac{1}{1-\bar{\alpha}} \cdot \left(\boldsymbol{e}^\top - \bar{\alpha} \cdot \boldsymbol{e}^\top\right) = \boldsymbol{e}^\top\text{。}$$

（iii） 对任意排序向量 $\boldsymbol{x}$，计算

$$\begin{aligned}
\|\boldsymbol{x}(t+1) - \boldsymbol{x}\|_1 &= \|\boldsymbol{P} \cdot (\boldsymbol{x}(t) - \boldsymbol{x})\|_1 = \left\|\left((1-\bar{\alpha}) \cdot \overline{\boldsymbol{P}} + \bar{\alpha} \cdot \boldsymbol{E}\right) \cdot (\boldsymbol{x}(t) - \boldsymbol{x})\right\|_1 \\
&= \left\|(1-\bar{\alpha}) \cdot \overline{\boldsymbol{P}} \cdot (\boldsymbol{x}(t) - \boldsymbol{x}) + \bar{\alpha} \cdot \underbrace{(\boldsymbol{E} \cdot \boldsymbol{x}(t) - \boldsymbol{E} \cdot \boldsymbol{x})}_{=\boldsymbol{e}-\boldsymbol{e}=0}\right\|_1 \\
&= (1-\bar{\alpha}) \cdot \left\|\overline{\boldsymbol{P}} \cdot (\boldsymbol{x}(t) - \boldsymbol{x})\right\|_1 = (1-\bar{\alpha}) \cdot \boldsymbol{e}^\top \cdot \underbrace{\left|\overline{\boldsymbol{P}} \cdot (\boldsymbol{x}(t) - \boldsymbol{x})\right|}_{\leqslant \overline{\boldsymbol{P}} \cdot |\boldsymbol{x}(t) - \boldsymbol{x}|} \\
&\leqslant (1-\bar{\alpha}) \cdot \underbrace{\boldsymbol{e}^\top \cdot \overline{\boldsymbol{P}}}_{=\boldsymbol{e}^\top} \cdot |\boldsymbol{x}(t) - \boldsymbol{x}| = (1-\bar{\alpha}) \cdot \|\boldsymbol{x}(t) - \boldsymbol{x}\|_1\text{。}
\end{aligned}$$

（iv） 由于 $0 < \bar{\alpha} \leqslant 1$，可以递归地得到：

$$\|\boldsymbol{x}(t+1) - \boldsymbol{x}\|_1 \leqslant (1-\bar{\alpha})^t \cdot \|\boldsymbol{x}(1) - \boldsymbol{x}\|_1 \to 0, \quad t \to \infty\text{。}$$

因此，式 (1.8) 的收敛速度为 $1-\bar{\alpha}$，且向量 $\boldsymbol{x}$ 是唯一的排序。

练习 1.5（社交地位） 在题目给出的 Facebook 网络中，转移矩阵的列由该用户给某一朋友的赞数占其给出总赞数的份额给出：

$$\boldsymbol{P} = \begin{pmatrix} & \boxed{1} & \boxed{2} & \boxed{3} & \boxed{4} \\ \boxed{1} & 0 & 0 & {}^2\!/_8 & {}^1\!/_3 \\ \boxed{2} & {}^5\!/_9 & 0 & {}^2\!/_8 & {}^1\!/_3 \\ \boxed{3} & 0 & {}^7\!/_9 & 0 & {}^1\!/_3 \\ \boxed{4} & {}^4\!/_9 & {}^2\!/_9 & {}^4\!/_8 & 0 \end{pmatrix}。$$

这个矩阵反映出了朋友之间彼此关注的情况。对应于转移矩阵 $\boldsymbol{P}$ 的排序向量可以很容易地计算出来：

$$\boldsymbol{x} = \begin{pmatrix} {}^{405}\!/_{2429} \\ {}^{630}\!/_{2429} \\ {}^{716}\!/_{2429} \\ {}^{678}\!/_{2429} \end{pmatrix}。$$

可见，朋友 $\boxed{3}$ 的社交地位最高，尽管该用户一共只收到了 8 个赞。然而尽管朋友 $\boxed{4}$ 获得 10 个赞，但其社交地位却是较低的，对于这位用户来说，从有影响力的朋友那里获得赞要比获得最多数量的赞更加重要。

练习 1.6（交换经济） 首先定义交换矩阵 $\boldsymbol{A} = (a_{ij})$，其中 a_{ij} 是生产者 P_i 交换得到的货物 G_j 的数量：

$$\begin{pmatrix} & \boxed{G_1} & \cdots & \boxed{G_j} & \cdots & \boxed{G_n} \\ \boxed{P_1} & a_{11} & \cdots & a_{1j} & \cdots & a_{1n} \\ \vdots & \vdots & & \vdots & & \vdots \\ \boxed{P_i} & a_{i1} & \cdots & a_{ij} & \cdots & a_{in} \\ \vdots & \vdots & & \vdots & & \vdots \\ \boxed{P_n} & a_{n1} & \cdots & a_{nj} & \cdots & a_{nn} \end{pmatrix}。$$

$\boldsymbol{A}$ 的第 i 行包含被生产者 P_i 交换来的生产一个实体的 G_i 所需的 $G_1, \cdots, G_n$ 等商品的数量。$\boldsymbol{A}$ 的第 j 列包含被生产者 $P_1, \cdots, P_n$ 各自交换得到的商品 G_j 的数量。一个商品 G_j 被 P_j 制造后可以在生产者 $P_1, \cdots, P_n$ 之间分配流通，因此有：

$$\sum_{i=1}^{n} a_{ij} = 1, \quad j = 1, \cdots, n。$$

与此等效的是，交换矩阵就是一个随机矩阵，即

$$\boldsymbol{e}^\top = \boldsymbol{e}^\top \cdot \boldsymbol{A}。$$

均衡价格 $\boldsymbol{p} = (p_1, \cdots, p_n)^\top \geqslant \boldsymbol{0}$ 具有以下不等式特征：

$$p_i \geqslant \sum_{j=1}^{n} a_{ij} \cdot p_j, \quad i = 1, \cdots, n。$$

第 i 个不等式表示生产者 P_i 从销售一个商品 G_i 获得的收入必须大于或等于其制造成本。使用矩阵形式表述，就是：

$$\boldsymbol{p} \geqslant \boldsymbol{A} \cdot \boldsymbol{p}。$$

在这里，实际上有等式关系成立。为了证明这一点，我们首先注意到

$$\boldsymbol{e}^\top \cdot (\boldsymbol{p} - \boldsymbol{A} \cdot \boldsymbol{p}) = \boldsymbol{e}^\top \cdot \boldsymbol{p} - \underbrace{\boldsymbol{e}^\top \cdot \boldsymbol{A}}_{=\boldsymbol{e}^\top} \cdot \boldsymbol{p} = \boldsymbol{e}^\top \cdot \boldsymbol{p} - \boldsymbol{e}^\top \cdot \boldsymbol{p} = \boldsymbol{0}。$$

因此，

$$\underbrace{\boldsymbol{e}^\top}_{>0} \cdot \underbrace{(\boldsymbol{p} - \boldsymbol{A} \cdot \boldsymbol{p})}_{\geqslant \boldsymbol{0}} = 0 \quad \Rightarrow \quad \boldsymbol{p} = \boldsymbol{A} \cdot \boldsymbol{p}。$$

因此均衡价格的向量是一个排序向量，我们可以使用迭代算法式 (1.8) 进行价格的调整。在后续的时间段中，价格将以最近的时间段的制造成本为基础调整，即

$$\boldsymbol{p}(t+1) = \boldsymbol{A} \cdot \boldsymbol{p}(t), \quad t = 1, 2, \cdots,$$

其中 $\boldsymbol{p}(1)$ 是表示起始价格的标准化向量。

10.2 在线学习

练习 2.1（对偶范数） 我们证明对偶范数满足范数的性质，即正定性、绝对齐次性和三角不等式。

（i） 显然，

$$\|\boldsymbol{0}\|_* = \max_{\|\boldsymbol{x}\| \leqslant 1} \boldsymbol{0}^\top \cdot \boldsymbol{x} = 0。$$

接下来，取任意 $\boldsymbol{g} \neq \boldsymbol{0}$，可推出 $\|\boldsymbol{g}\| \neq 0$。因此，我们可以通过选择 $\boldsymbol{x} = \dfrac{\boldsymbol{g}}{\|\boldsymbol{g}\|}$ 来定义一个可行向量并计算：

$$\|\boldsymbol{g}\|_* = \max_{\|\boldsymbol{x}\| \leqslant 1} \boldsymbol{g}^\top \cdot \boldsymbol{x} \geqslant \boldsymbol{g}^\top \cdot \frac{\boldsymbol{g}}{\|\boldsymbol{g}\|} = \frac{\|\boldsymbol{g}\|_2^2}{\|\boldsymbol{g}\|} > 0。$$

因此，我们得出结论 $\|g\|_* = 0$，当且仅当 $g = 0$，并且正定性成立。

（ii） 绝对同质性也可满足，因为根据可行集的对称性，有：

$$\max_{\|x\| \leqslant 1} g^\top \cdot x = \max_{\|x\| \leqslant 1} \left| g^\top \cdot x \right| \text{。}$$

因此，对于任何 $\alpha \in \mathbb{R}$ 和 $g \in \mathbb{R}^n$，有：

$$\|\alpha \cdot g\|_* = \max_{\|x\| \leqslant 1} \left| \alpha \cdot g^\top \cdot x \right| = |\alpha| \cdot \max_{\|x\| \leqslant 1} g^\top \cdot x = |\alpha| \cdot \|g\|_* \text{。}$$

（iii） 取任意 $g, h \in \mathbb{R}^n$ 并考虑它们之和的对偶范数：

$$\|g + h\|_* = \max_{\|x\| \leqslant 1} \left(g^\top + h^\top \right) \cdot x \leqslant \max_{\|x\| \leqslant 1} g^\top \cdot x + \max_{\|x\| \leqslant 1} h^\top \cdot x = \|g\|_* + \|h\|_* \text{。}$$

由此可知，对偶范数也满足三角不等式。

练习 2.2（Cauchy-Schwarz 不等式） 下面证明欧几里得范数是自对偶的：

$$\|g\|_* = \max_{\|x\|_2 \leqslant 1} g^\top \cdot x = \|g\|_2 \text{。}$$

如果 $g = 0$，则易知关系成立。下面要分析 $g \neq 0$ 的情况。注意，问题要求线性函数在凸集上的最大化，这表示最大值将在可行集的边界处达到，即我们要解决

$$\max_{\|x\|_2 = 1} g^\top \cdot x \text{。}$$

利用等式 $\frac{1}{2} \|x\|_2^2 = \frac{1}{2}$ 重新表达上述等式约束，并为该等式约束引入拉格朗日乘子 $\mu \in \mathbb{R}^n$，应用拉格朗日乘子法，参见 [Jongen et al., 2007]：

$$g - \mu \cdot x = 0 \text{。}$$

两边同时左乘 $x^\top$，同时利用 $x^\top \cdot x = 1$，我们可以看到

$$g^\top \cdot x = \mu,$$

即 μ 是目标函数的最优值。因此，对于上面的最大化问题，可以得到 $x = \frac{1}{\mu} \cdot g$。将其代入等式约束，可得

$$\left(\frac{1}{\mu} \right)^2 \cdot g^\top \cdot g = 1 \quad \text{或} \quad \|g\|_2^2 = \mu^2 \text{。}$$

取平方根后则可证明这个结论:

$$\|\boldsymbol{g}\|_* = \mu = \|\boldsymbol{g}\|_2 。$$

Cauchy-Schwarz 不等式直接由 Hölder 不等式得到。

练习 2.3(三点恒等式) 将 Bregman 散度的定义代入左边, 有:

$$B(\boldsymbol{x}, \boldsymbol{y}) - B(\boldsymbol{x}, \boldsymbol{z}) - B(\boldsymbol{z}, \boldsymbol{y})$$

$$= d(\boldsymbol{x}) - d(\boldsymbol{y}) - \nabla^\top d(\boldsymbol{y}) \cdot (\boldsymbol{x} - \boldsymbol{y})$$

$$\quad - (d(\boldsymbol{x}) - d(\boldsymbol{z}) - \nabla^\top d(\boldsymbol{z}) \cdot (\boldsymbol{x} - \boldsymbol{z}))$$

$$\quad - (d(\boldsymbol{z}) - d(\boldsymbol{y}) - \nabla^\top d(\boldsymbol{y}) \cdot (\boldsymbol{z} - \boldsymbol{y}))$$

$$= -\nabla^\top d(\boldsymbol{y}) \cdot (\boldsymbol{x} - \boldsymbol{y}) + \nabla^\top d(\boldsymbol{z}) \cdot (\boldsymbol{x} - \boldsymbol{z}) + \nabla^\top d(\boldsymbol{y}) \cdot (\boldsymbol{z} - \boldsymbol{y})$$

$$= \nabla^\top d(\boldsymbol{y}) \cdot (-\boldsymbol{x} + \boldsymbol{y} + \boldsymbol{z} - \boldsymbol{y}) + \nabla^\top d(\boldsymbol{z}) \cdot (\boldsymbol{x} - \boldsymbol{z})$$

$$= (\nabla^\top d(\boldsymbol{y}) - \nabla^\top d(\boldsymbol{z})) \cdot (\boldsymbol{z} - \boldsymbol{x}) 。$$

练习 2.4(负熵) 让我们首先计算单纯形上负熵的迫近中心 $\boldsymbol{x}(1)$。为此, 我们要解决解决下面的优化问题:

$$\min_{\boldsymbol{x} \geqslant 0} d(\boldsymbol{x}) = \sum_{i=1}^n x_i \cdot \ln x_i \quad \text{s.t.} \quad \boldsymbol{e}^\top \cdot \boldsymbol{x} - 1 = 0 。$$

为这个等式约束引入拉格朗日乘子 μ, 我们得到最优性条件, 参考 [Jongen et al., 2007]:

$$\nabla d(\boldsymbol{x}) = \mu \cdot \nabla \left(\boldsymbol{e}^\top \cdot \boldsymbol{x} - 1 \right) 。$$

在这个等式两边每一个维度的元素上, 有:

$$x_i = \mathrm{e}^{\mu - 1}, \quad i = 1, \cdots, n 。$$

因此, $\boldsymbol{x}$ 的所有元素都是相等的, 从这里我们得出一个结论, 即近似中心为:

$$\boldsymbol{x}(1) = \left(\frac{1}{n}, \cdots, \frac{1}{n} \right)^\top 。$$

因此, 对于所有 $\boldsymbol{y} \in \Delta$, 负熵的下界为:

$$d(\boldsymbol{y}) \geqslant d(\boldsymbol{x}(1)) = \sum_{i=1}^n \frac{1}{n} \cdot \ln \frac{1}{n} = \ln \frac{1}{n} = -\ln n 。$$

由于对所有 $i = 1, \cdots, n$，均有 $x_i \in [0,1]$，所以负熵的上限为 0：

$$d(\boldsymbol{x}) = \sum_{i=1}^{n} \underbrace{x_i}_{\geqslant 0} \underbrace{\ln x_i}_{\leqslant 0} \leqslant 0。$$

而对于单纯形 Δ 的直径，我们最终得到：

$$D^2 = \max_{\boldsymbol{x}, \boldsymbol{y} \in \Delta} d(\boldsymbol{x}) - d(\boldsymbol{y}) \leqslant 0 + \ln n = \ln n。$$

练习 2.5（欧几里得设定）

（i）函数 $d(\boldsymbol{x}) = \frac{1}{2} \cdot \|\boldsymbol{x}\|_2^2$ 两次连续可微，梯度为 $\nabla d(\boldsymbol{x}) = \boldsymbol{x}$。因此，它的 Hesse 矩阵是单位矩阵，即 $\nabla^2 d(\boldsymbol{x}) = \boldsymbol{I}$。由二阶强凸性准则式 (2.6) 可知，对所有 $\xi \in \mathbb{R}^n$ 有：

$$\boldsymbol{\xi}^\top \cdot \boldsymbol{I} \cdot \boldsymbol{\xi} = \boldsymbol{\xi}^\top \cdot \boldsymbol{\xi} = 1 \cdot \|\boldsymbol{\xi}\|_2^2,$$

这表明 $\frac{1}{2} \cdot \|\boldsymbol{x}\|_2^2$ 确实是一个关于欧几里得范数 $\|\cdot\|_2$ 的迫近函数，且凸度参数 $\beta = 1$。

（ii）将 $d(\boldsymbol{x}) = \frac{1}{2}\|\boldsymbol{x}\|_2^2$ 代入 Bregman 散度的定义：

$$B(\boldsymbol{x}, \boldsymbol{y}) = d(\boldsymbol{x}) - d(\boldsymbol{y}) - \nabla^\top d(\boldsymbol{y}) \cdot (\boldsymbol{x} - \boldsymbol{y}) = \frac{1}{2} \cdot \|\boldsymbol{x}\|_2^2 - \frac{1}{2} \cdot \|y\|_2^2 - \boldsymbol{y}^\top (\boldsymbol{x} - \boldsymbol{y})$$

$$= \frac{1}{2} \cdot \|\boldsymbol{x}\|_2^2 + \frac{1}{2} \cdot \|\boldsymbol{y}\|_2^2 - \boldsymbol{y}^\top \cdot \boldsymbol{x} = \frac{1}{2} \cdot \left(\|\boldsymbol{x}\|_2^2 + \|\boldsymbol{y}\|_2^2 - 2 \cdot \boldsymbol{y}^\top \cdot \boldsymbol{x}\right) = \frac{1}{2} \cdot \|\boldsymbol{x} - \boldsymbol{y}\|_2^2。$$

练习 2.6（投影（Projection））我们注意到这两个优化问题都是强凸的。因此，可以通过它们各自最小化形式相同来显示等效性。我们从辅助优化问题式 (2.9) 开始：

$$\min_{\boldsymbol{x} \in X} \boldsymbol{c}^\top \cdot \boldsymbol{x} + \frac{1}{2} \cdot \|\boldsymbol{x} - \boldsymbol{y}\|_2^2。$$

添加独立于决策变量的项不会改变解，所以我们加上 $\frac{1}{2} \cdot \|c\|_2^2 - \boldsymbol{c}^\top \cdot \boldsymbol{y}$。所以以下等价性得到证明：

$$\arg\min_{\boldsymbol{x} \in X} \boldsymbol{c}^\top \cdot \boldsymbol{x} + \frac{1}{2} \cdot \|\boldsymbol{x} - \boldsymbol{y}\|_2^2 = \arg\min_{\boldsymbol{x} \in X} \boldsymbol{c}^\top \cdot \boldsymbol{x} + \frac{1}{2} \cdot \|\boldsymbol{x} - \boldsymbol{y}\|_2^2 + \frac{1}{2} \cdot \|\boldsymbol{c}\|_2^2 - \boldsymbol{c}^\top \cdot \boldsymbol{y}$$

$$= \arg\min_{\boldsymbol{x} \in X} \frac{1}{2} \cdot \|\boldsymbol{x} - \boldsymbol{y}\|_2^2 + \frac{1}{2} \cdot \|\boldsymbol{c}\|_2^2 + \boldsymbol{c}^\top \cdot (\boldsymbol{x} - \boldsymbol{y})$$

$$= \arg\min_{\boldsymbol{x} \in X} \frac{1}{2} \cdot \left(\|\boldsymbol{x} - \boldsymbol{y}\|_2^2 + \|\boldsymbol{c}\|_2^2 + 2 \cdot \boldsymbol{c}^\top \cdot (\boldsymbol{x} - \boldsymbol{y})\right)$$

$$= \arg\min_{\boldsymbol{x} \in X} \frac{1}{2} \cdot \|\boldsymbol{x} - (\boldsymbol{y} - \boldsymbol{c})\|_2^2 \text{。}$$

这里可以回想到，取平方根操作是一个单调变换。因此，该结论成立。

练习 2.7（在线梯度下降） 在线镜像下降的本质是在线梯度下降。为了证明这一说法，我们将欧几里得散度代入式 (2.10) 更新中：

$$\boldsymbol{x}(t+1) = \arg\min_{\boldsymbol{x} \in X} f_t(\boldsymbol{x}(t)) + \nabla^{\top} f_t(\boldsymbol{x}(t)) \cdot \boldsymbol{x} + \frac{1}{2\eta} \cdot \|\boldsymbol{x} - \boldsymbol{x}(t)\|_2^2 \text{。}$$

而此式又可以等价写为：

$$\boldsymbol{x}(t+1) = \arg\min_{\boldsymbol{x} \in X} \eta \cdot \nabla^{\top} f_t(\boldsymbol{x}(t)) \cdot \boldsymbol{x} + \frac{1}{2} \cdot \|\boldsymbol{x} - \boldsymbol{x}(t)\|_2^2 \text{。}$$

但这正是辅助问题式 (2.9) 的形式，其中 $c = \eta \cdot \nabla f_t(\boldsymbol{x}(t))$。根据练习 2.6 可知，这等价于

$$\boldsymbol{x}(t+1) = \arg\min_{\boldsymbol{x} \in X} \frac{1}{2} \cdot \|\boldsymbol{x} - (\boldsymbol{x}(t) - \eta \cdot \nabla f_t(\boldsymbol{x}(t)))\|_2 \text{。}$$

再次参考练习 2.6，此题的唯一解为

$$\boldsymbol{x}(t+1) = \text{proj}_X(\boldsymbol{x}(t) - \eta \cdot \nabla f_t(\boldsymbol{x}(t))) \text{。}$$

此外，$\boldsymbol{x}(1)$ 是欧几里得迫近函数的迫近中心，即

$$\boldsymbol{x}(1) = \arg\min_{\boldsymbol{x} \in X} \frac{1}{2} \cdot \|\boldsymbol{x}\|_2^2 = \arg\min_{\boldsymbol{x} \in X} \frac{1}{2} \cdot \|\boldsymbol{x} - \boldsymbol{0}\|_2^2 = \text{proj}_X(\boldsymbol{0}) \text{。}$$

总体来说，我们得出以下由式 (2.12) 衍生出的变形：

$$\boldsymbol{x}(t+1) = \arg\min_{\boldsymbol{x} \in X} \text{proj}_X(\boldsymbol{x}(t) - \eta \cdot \nabla f_t(\boldsymbol{x}(t))), \quad \boldsymbol{x}(1) = \text{proj}_X(\boldsymbol{0}) \text{。}$$

将注意力转向步长参数 η。回忆收敛分析中的步骤 (2)，可知对于任何 $T > 0$，式 (2.10) 的后悔的上界 $\mathcal{R}(T)$ 为：

$$\mathcal{R}(T) \leqslant \frac{1}{\eta} \cdot \frac{D^2}{T} + \eta \cdot \frac{G^2}{2\beta} \text{。}$$

为了推导出最佳步长，我们将这个上界关于 η 最小化如下：

$$\min_{\eta > 0} \frac{1}{\eta} \cdot \frac{D^2}{T} + \eta \cdot \frac{G^2}{2\beta} \text{。}$$

由一阶条件可得：

$$\frac{1}{\eta^2} \cdot \frac{D^2}{T} = \frac{G^2}{2\beta}。$$

因此，最佳步长可以由下式给出

$$\eta = \frac{D}{G} \cdot \sqrt{\frac{2\beta}{T}}。$$

有了步长的最佳选择以后，后悔的上界就变成了

$$\mathcal{R}(T) \leqslant D \cdot G \cdot \sqrt{\frac{2}{\beta \cdot T}}。$$

由练习 2.5 可知，欧几里得迫近函数相对于欧几里得范数是 1-强凸的，并且在欧几里得设定中平均后悔的最佳收敛速度是

$$\mathcal{R}(T) \leqslant D \cdot G \cdot \sqrt{\frac{2}{T}}。$$

10.3　推荐系统

练习 3.1（用户和影片相似度）　我们要补全 Netflix 评分矩阵：

$$\boldsymbol{R} = \begin{pmatrix} & \boxed{\text{M1}} & \boxed{\text{M2}} & \boxed{\text{M3}} & \boxed{\text{M4}} \\ \boxed{\text{U1}} & 5 & 3 & - & 1 \\ \boxed{\text{U2}} & 4 & - & - & 1 \\ \boxed{\text{U3}} & 1 & 1 & - & 5 \\ \boxed{\text{U4}} & 1 & - & - & 4 \\ \boxed{\text{U5}} & - & 1 & 5 & 4 \end{pmatrix}。$$

为此，我们首先应用基于用户余弦相似度的 k-近邻 (3.1) 算法。对于用户 U1 和 U2，我们有 M1∩M2 = $\{1, 4\}$，即他们都对电影 M1 和 M4 进行了评分。然后，我们计算相似度

$$\cos(1, 2) = \frac{5 \times 4 + 1 \times 1}{\sqrt{5^2 + 1^2} \times \sqrt{4^2 + 1^2}} \approx 0.99。$$

对于用户 U1 和 U3，有 M1∩M3 = $\{1, 2, 4\}$，进而有：

$$\cos(1, 3) = \frac{5 \times 1 + 3 \times 1 + 1 \times 5}{\sqrt{5^2 + 3^2 + 1^2} \times \sqrt{1^2 + 1^2 + 5^2}} \approx 0.42。$$

用户 U1 和 U4 的相似度是由影片集合 M1∩M4 = $\{1,4\}$ 表示的，所以有：

$$\cos(1,4) = \frac{5 \times 1 + 1 \times 4}{\sqrt{5^2 + 1^2} \times \sqrt{1^2 + 4^2}} \approx 0.43。$$

对于用户 U1 和 U5，有 M1∩M5 = $\{2,4\}$，有

$$\cos(1,5) = \frac{3 \times 1 + 1 \times 4}{\sqrt{3^2 + 1^2} \times \sqrt{1^2 + 4^2}} \approx 0.54。$$

其他相似度可以用同样的方式推导出：

$$\cos(2,3) \approx 0.43, \quad \cos(2,4) \approx 0.47, \quad \cos(2,5) \approx 1,$$

$$\cos(3,4) \approx 0.99, \quad \cos(3,5) \approx 0.99, \quad \cos(4,5) \approx 1。$$

注意，用户 U5 和 U2 以及 U5 和 U4 之间有完美余弦相似度的原因是他们仅对一部电影进行了评分。为了预测缺失的条目，我们必须找到每个用户最近的两个邻居。下面以用户 U5 为例详细解释这个过程。我们的目标是为用户 U5 推荐电影 M1。给 M1 打过分的用户的集合是

$$U1 = \{1,2,3,4\},$$

从中可以选出 U5 的两个最近的邻居为：

$$N_1(5) = \{2,4\}。$$

最后一步，计算加权平均值：

$$r_{51} = \frac{1 \times 4 + 1 \times 1}{|1| + |1|} = 2.50。$$

对于电影 M3 的推荐说明了该算法的缺点。由于只有用户 U5 对电影 M3 评了分，所以集合 U3= $\{5\}$ 只有一个元素。很明显，加权平均中的余弦相似度被抵消了，所以用户 U5 的评分被设置为所有其他用户给 M3 的预测评分，即

$$r_{13} = r_{23} = r_{33} = r_{43} = 5.00。$$

现在还剩 r_{22} 和 r_{42} 的预测没有给出。二者各自对应的两个最近邻分别是：

$$N_2(2) = \{1,5\}, \quad N_2(4) = \{3,5\}。$$

因此，评分的预测分别是：

$$r_{22} = \frac{0.99 \times 3 + 1 \times 1}{|0.99| + |1|} \approx 1.99, \quad r_{42} = \frac{0.99 \times 1 + 1 \times 1}{|0.99| + |1|} \approx 1。$$

综上所述，我们就得到了基于用户的补全矩阵：

$$
\boldsymbol{R}_{\text{neighbor}} =
\begin{pmatrix}
 & \boxed{\text{M1}} & \boxed{\text{M2}} & \boxed{\text{M3}} & \boxed{\text{M4}} \\
\boxed{\text{U1}} & 5 & 3 & \mathbf{5.00} & 1 \\
\boxed{\text{U2}} & 4 & \mathbf{1.99} & \mathbf{5.00} & 1 \\
\boxed{\text{U3}} & 1 & 1 & \mathbf{5.00} & 5 \\
\boxed{\text{U4}} & 1 & \mathbf{1} & \mathbf{5.00} & 4 \\
\boxed{\text{U5}} & \mathbf{2.50} & 1 & 5 & 4
\end{pmatrix}。
$$

补全矩阵 $\boldsymbol{R}$ 的另一种方案是应用基于商品的 k-近邻算法式 (3.1)。在这个方法中，最为重要的是商品之间的相似性，而非遵循想法相似的用户的看法。这反映了一种用户将以相似方式对相似的电影进行评分的想法。两部电影 j 和 k 之间的余弦相似度为

$$
\cos(j,k) = \frac{\displaystyle\sum_{i \in U_j \cap U_k} r_{ij} \cdot r_{ik}}{\sqrt{\displaystyle\sum_{i \in U_j \cap U_k} r_{ij}^2} \cdot \sqrt{\displaystyle\sum_{i \in U_j \cap U_k} r_{ik}^2}}。
$$

与按列求和基于用户的情况不同，基于商品的方法需要按行求和。请注意，求和的操作是针对为某两部电影都评过分的所有用户做的。这样我们就可以计算电影的余弦相似度：

$$
\cos(1,2) = \frac{5 \times 3 + 1 \times 1}{\sqrt{5^2 + 1^2} \times \sqrt{3^2 + 1^2}} \approx 0.99,
$$

$$
\cos(1,4) = \frac{5 \times 1 + 4 \times 1 + 1 \times 5 + 1 \times 4}{\sqrt{5^2 + 4^2 + 1^2 + 1^2} \times \sqrt{1^2 + 1^2 + 5^2 + 4^2}} \approx 0.42,
$$

$$
\cos(2,4) = \frac{3 \times 1 + 1 \times 5 + 1 \times 4}{\sqrt{3^2 + 1^2 + 1^2} \times \sqrt{1^2 + 5^2 + 4^2}} \approx 0.56,
$$

$$
\cos(2,3) = \frac{1 \times 5}{\sqrt{1^2} \times \sqrt{5^2}} = 1,
$$

$$
\cos(3,4) = \frac{5 \times 4}{\sqrt{5^2} \times \sqrt{4^2}} = 1。
$$

同样，电影 M3 分别与 M2 和 M4 的具有高度相似性的原因是只有一个用户 U5 对这 3 部电影都进行了评分。尽管用户 U5 为电影 M2 和 M4 的评分不同，但它们还是与电影 M3 具有一样的相似性。另外我们注意到，由于 U1∩U3= ϕ，所以无法计算电影 M1 和 M3 的余弦相似度。基于商品的 k-近邻算法式 (3.1) 类似于基于用户算法的变体。为了预测评分 r_{ij}，我们按照用户 i 与电影 j 的相似度对用户 i 评过分的电影集进行降序排序。然后，

对任意两个相邻的电影，它们的评分预测是以余弦相似度为权重对它们的评分进行加权平均。给出预测的结果：

$$r_{51} = \frac{0.99 \times 1 + 0.42 \times 4}{|0.99| + |0.42|} \approx 1.89, \quad r_{13} = \frac{1 \times 3 + 1 \times 1}{|1| + |1|} = 2.00,$$

$$r_{22} = \frac{0.99 \times 4 + 0.56 \times 1}{|0.99| + |0.56|} \approx 2.92, \quad r_{42} = \frac{0.99 \times 1 + 0.56 \times 4}{|0.99| + |0.56|} \approx 2.08,$$

$$r_{33} = \frac{1 \times 1 + 1 \times 5}{|1| + |1|} \approx 3.00, \quad r_{23} = \frac{1 \times 1}{|1|} = 1.00, \quad r_{43} = \frac{1 \times 4}{|1|} = 4.00。$$

基于电影的矩阵 $\boldsymbol{R}$ 的补全结果如下所示：

$$\boldsymbol{R}_{\text{neighbor}} = \begin{pmatrix} & \boxed{\text{M1}} & \boxed{\text{M2}} & \boxed{\text{M3}} & \boxed{\text{M4}} \\ \boxed{\text{U1}} & 5 & 3 & \mathbf{2.00} & 1 \\ \boxed{\text{U2}} & 4 & \mathbf{2.92} & \mathbf{1.00} & 1 \\ \boxed{\text{U3}} & 1 & 1 & \mathbf{3.00} & 5 \\ \boxed{\text{U4}} & 1 & \mathbf{2.08} & \mathbf{4.00} & 4 \\ \boxed{\text{U5}} & \mathbf{1.89} & 1 & 5 & 4 \end{pmatrix}。$$

练习 3.2（特征值和奇异值）　通过使用矩阵 $\boldsymbol{R} = \boldsymbol{U} \cdot \boldsymbol{\Sigma} \cdot \boldsymbol{V}$ 的奇异值分解，我们得到：

$$\boldsymbol{R} \cdot \boldsymbol{R}^{\top} \cdot \boldsymbol{U} = \boldsymbol{U} \cdot \boldsymbol{\Sigma} \cdot \underbrace{\boldsymbol{V} \cdot \boldsymbol{V}^{\top}}_{=I} \cdot \boldsymbol{\Sigma}^{\top} \cdot \underbrace{\boldsymbol{U}^{\top} \cdot \boldsymbol{U}}_{=I} = \boldsymbol{U} \cdot \boldsymbol{\Sigma}^2。$$

以向量形式重写，可得：

$$\boldsymbol{R} \cdot \boldsymbol{R}^{\top} \cdot \boldsymbol{u}_i = \sigma_i^2 \cdot \boldsymbol{u}_i \quad \text{对于任意 } i = 1, \cdots, r。$$

因此，$\lambda_i = \sigma_i^2$ 是 $\boldsymbol{R} \cdot \boldsymbol{R}^{\top}$ 的正特征值，其中 $i = 1, \cdots, r$。假设有另一个 $\boldsymbol{R} \cdot \boldsymbol{R}^{\top}$ 的特征值 $\lambda \neq 0$，且它对应特征向量 $\boldsymbol{u}$，即

$$\boldsymbol{R} \cdot \boldsymbol{R}^{\top} \cdot \boldsymbol{u} = \lambda \cdot \boldsymbol{u}。$$

然后有：

$$\lambda \cdot \boldsymbol{u}_i^{\top} \boldsymbol{u} = \boldsymbol{u}_i^{\top} \cdot \underbrace{\lambda \cdot \boldsymbol{u}}_{=\boldsymbol{R} \cdot \boldsymbol{R}^{\top} \cdot \boldsymbol{u}} = \boldsymbol{u}_i^{\top} \cdot \boldsymbol{R} \cdot \boldsymbol{R}^{\top} \cdot \boldsymbol{u} = \underbrace{\left(\boldsymbol{R} \cdot \boldsymbol{R}^{\top} \cdot \boldsymbol{u}_i\right)^{\top}}_{=\lambda_i \cdot \boldsymbol{u}_i^{\top}} \cdot \boldsymbol{u} = \lambda_i \cdot \boldsymbol{u}_i^{\top} \cdot \boldsymbol{u}。$$

由于 $\lambda \neq \lambda_i$, 可以从这里得知 $\boldsymbol{u}_i^\top \cdot \boldsymbol{u} = 0$, 因此, 对于 $i = 1, \cdots, r$, $\boldsymbol{u}$ 与 $\boldsymbol{u}_i$ 正交。此外, $\boldsymbol{u}$ 位于 $\boldsymbol{R}$ 的值域内:

$$\boldsymbol{R} \cdot \left(\frac{1}{\lambda} \cdot \boldsymbol{R}^\top \cdot \boldsymbol{u} \right) = \boldsymbol{u}。$$

因此, $\boldsymbol{R}$ 的值域至少包含 $r + 1$ 个线性无关的向量 $\boldsymbol{u}$ 和 $\boldsymbol{u}_i$, 其中 $i = 1, \cdots, r$。这与 $\boldsymbol{R}$ 的秩只是 r 的事实相矛盾。综上所述, 我们已经证明 $\boldsymbol{R} \cdot \boldsymbol{R}^\top$ 正好有 r 个正特征值 $\lambda_i = \sigma_i$, $i = 1, \cdots, r$, 并且它的秩是 r。

仍有待证明的是 $\boldsymbol{R}^\top \cdot \boldsymbol{R}$ 与 $\boldsymbol{R} \cdot \boldsymbol{R}^\top$ 有相同的特征值 λ_i, $i = 1, \cdots, r$。这个结论是正确的, 原因是 $\boldsymbol{v}_i = \boldsymbol{R}^\top \cdot \boldsymbol{u}_i$ 是 $\boldsymbol{R}^\top \cdot \boldsymbol{R}$ 的特征值为 λ_i 的特征向量:

$$\boldsymbol{R}^\top \cdot \boldsymbol{R} \cdot \boldsymbol{v}_i = \boldsymbol{R}^\top \cdot \underbrace{\boldsymbol{R} \cdot \boldsymbol{R}^\top \cdot \boldsymbol{u}_i}_{= \lambda_i \cdot \boldsymbol{u}_i} = \lambda_i \cdot \underbrace{\boldsymbol{R}^\top \cdot \boldsymbol{u}_i}_{= \boldsymbol{v}_i} = \lambda_i \cdot \boldsymbol{v}_i。$$

因此, 两个矩阵共享相同的一组特征值, 同时矩阵 $\boldsymbol{U}$ 的列是 $\boldsymbol{R} \cdot \boldsymbol{R}^\top$ 的特征向量, 而矩阵 $\boldsymbol{V}$ 的行是 $\boldsymbol{R}^\top \cdot \boldsymbol{R}$ 的特征向量。

练习 3.3(Frobenius 范数和奇异值) 利用 $\boldsymbol{R} = \boldsymbol{U} \cdot \boldsymbol{\Sigma} \cdot \boldsymbol{V}$ 的奇异值分解, 一个简单的计算即可证明该结论:

$$\begin{aligned} \|\boldsymbol{R}\|_F^2 &= \|\boldsymbol{U} \cdot \boldsymbol{\Sigma} \cdot \boldsymbol{V}\|_F^2 = \mathrm{trace}\left((\boldsymbol{U} \cdot \boldsymbol{\Sigma} \cdot \boldsymbol{V})^\top \cdot (\boldsymbol{U} \cdot \boldsymbol{\Sigma} \cdot \boldsymbol{V}) \right) \\ &= \mathrm{trace}\left(\boldsymbol{V}^\top \cdot \boldsymbol{\Sigma}^\top \cdot \underbrace{\boldsymbol{U}^\top \cdot \boldsymbol{U}}_{=\boldsymbol{I}} \cdot \boldsymbol{\Sigma} \cdot \boldsymbol{V} \right) \\ &= \mathrm{trace}\left(\boldsymbol{V}^\top \cdot \boldsymbol{\Sigma}^\top \cdot \boldsymbol{\Sigma} \cdot \boldsymbol{V} \right) = \mathrm{trace}\left((\boldsymbol{\Sigma} \cdot \boldsymbol{V})^\top \cdot \boldsymbol{\Sigma} \cdot \boldsymbol{V} \right) = \mathrm{trace}\left(\boldsymbol{\Sigma} \cdot \boldsymbol{V} \cdot (\boldsymbol{\Sigma} \cdot \boldsymbol{V})^\top \right) \\ &= \mathrm{trace}\left(\boldsymbol{\Sigma} \cdot \underbrace{\boldsymbol{V} \cdot \boldsymbol{V}^\top}_{=\boldsymbol{I}} \cdot \boldsymbol{\Sigma}^\top \right) = \mathrm{trace}(\boldsymbol{\Sigma}^2) = \sigma_1^2 + \sigma_2^2 + \cdots + \sigma_r^2。 \end{aligned}$$

练习 3.4(最大和最小奇异值) 我们求解一个等价的优化问题:

$$\max_{\boldsymbol{z}} \|\boldsymbol{R} \cdot \boldsymbol{z}\|_2^2 \quad \text{s.t.} \quad \|\boldsymbol{z}\|^2 - 1 = 0。$$

为此, 我们应用了拉格朗日乘数法, 参见 [Jongen et al., 2007]:

$$\nabla \|\boldsymbol{R} \cdot \boldsymbol{z}\|_2^2 = \lambda \cdot \nabla(\|\boldsymbol{z}\|^2 - 1)。$$

通过简单直观的计算, 我们得到:

$$\boldsymbol{R}^\top \cdot \boldsymbol{R} \cdot \boldsymbol{z} = \lambda \cdot \boldsymbol{z}。$$

我们看到，$\boldsymbol{z}$ 是矩阵 $\boldsymbol{R}^\top \cdot \boldsymbol{R}$ 的特征向量，其相对应的特征值为 λ。进一步推断：

$$\|\boldsymbol{R} \cdot \boldsymbol{z}\|_2^2 = \boldsymbol{z}^\top \cdot \underbrace{\boldsymbol{R}^\top \cdot \boldsymbol{R} \cdot \boldsymbol{z}}_{=\lambda \cdot \boldsymbol{z}} = \lambda \cdot \underbrace{\|\boldsymbol{z}\|_2^2}_{=1} = \lambda_\circ$$

这意味着，λ 必须是正半定矩阵 $\boldsymbol{R}^\top \cdot \boldsymbol{R}$ 的最大特征值，即

$$\lambda = \lambda_{\max}(\boldsymbol{R}^\top \cdot \boldsymbol{R})_\circ$$

因此得到：

$$\|\boldsymbol{R} \cdot \boldsymbol{z}\|_2 = \sqrt{\lambda_{\max}(\boldsymbol{R}^\top \cdot \boldsymbol{R})}_\circ$$

鉴于练习 3.2 可知，上式结果也是矩阵 $\boldsymbol{R}$ 的最大奇异值，即

$$\sqrt{\lambda_{\max}(\boldsymbol{R}^\top \cdot \boldsymbol{R})} = \sigma_{\max}(\boldsymbol{R})_\circ$$

综上所述，我们证明了以下推断：

$$\max_{\|\boldsymbol{z}\|_2=1} \|\boldsymbol{R} \cdot \boldsymbol{z}\|_2 = \sigma_{\max}(\boldsymbol{R})_\circ$$

$\boldsymbol{R}$ 的最小奇异值公式的推导方式与上述最大奇异值的过程类似。

练习 3.5（特征）

（i） 回想用户电影评分矩阵

$$\boldsymbol{R} = \begin{pmatrix} 1 & 2 & 4 & -9 \\ 1 & 1 & 3 & -6 \\ -5 & 6 & -4 & -3 \end{pmatrix},$$

为了求解潜在特征的数量，我们通过高斯消去计算它的秩：

$$\begin{pmatrix} 1 & 2 & 4 & -9 \\ 1 & 1 & 3 & -6 \\ -5 & 6 & -4 & -3 \end{pmatrix} \sim \begin{pmatrix} 1 & 2 & 4 & -9 \\ 0 & -1 & -1 & 3 \\ 0 & 16 & 16 & -48 \end{pmatrix} \sim \begin{pmatrix} 1 & 2 & 4 & -9 \\ 0 & -1 & -1 & 3 \\ 0 & 0 & 0 & 0 \end{pmatrix}_\circ$$

可以得出结论，即 $\mathrm{rank}(\boldsymbol{R}) = 2$，因此矩阵有两个潜在特征。潜在特征的重要性可以从 $\boldsymbol{R}$ 的奇异值中看出。$\boldsymbol{R}$ 的奇异值是 $\boldsymbol{R} \cdot \boldsymbol{R}^\top$ 的特征值的平方根，详见练习 3.2：

$$\boldsymbol{R} \cdot \boldsymbol{R}^\top = \begin{pmatrix} 102 & 69 & 18 \\ 69 & 47 & 7 \\ 18 & 7 & 86 \end{pmatrix}_\circ$$

$\boldsymbol{R} \cdot \boldsymbol{R}^\top$ 的特征多项式为

$$\det(\boldsymbol{R} \cdot \boldsymbol{R}^\top - \lambda \cdot \boldsymbol{I}) = -\lambda^3 + 235 \cdot \lambda^2 - 12474 \cdot \lambda。$$

它的两个非零根为 $\lambda_1 = 154$ 和 $\lambda_2 = 81$，因此，$\boldsymbol{R}$ 的奇异值是

$$\sigma_1 = \sqrt{154}, \quad \sigma_2 = 9。$$

（ii） 奇异值分解 $\boldsymbol{R} = \boldsymbol{U} \cdot \boldsymbol{\Sigma} \cdot \boldsymbol{V}$ 可以手动计算。请注意，$\boldsymbol{U}$ 的列是 $\boldsymbol{R} \cdot \boldsymbol{R}^\top$ 的特征向量，$\boldsymbol{V}$ 的行是 $\boldsymbol{R}^\top \cdot \boldsymbol{R}$ 的特征向量，这两个特征向量分别对应于特征值 $\lambda_1 = \sigma_1^2$ 和 $\lambda_2 = \sigma_2^2$，见练习 3.2。奇异值存储在对角矩阵 $\boldsymbol{\Sigma} = \mathrm{diag}(\sigma_1, \sigma_2)$ 中。可以使用我们常用的软件获得：

$$\underbrace{\begin{pmatrix} 1 & 2 & 4 & -9 \\ 1 & 1 & 3 & -6 \\ -5 & 6 & -4 & -3 \end{pmatrix}}_{\boldsymbol{R}} = \underbrace{\begin{pmatrix} \frac{3}{\sqrt{14}} & -\frac{1}{\sqrt{27}} \\ \frac{2}{\sqrt{14}} & -\frac{1}{\sqrt{27}} \\ \frac{1}{\sqrt{14}} & \frac{5}{\sqrt{27}} \end{pmatrix}}_{\boldsymbol{U}} \cdot \underbrace{\begin{pmatrix} \sqrt{154} & 0 \\ 0 & 9 \end{pmatrix}}_{\boldsymbol{\Sigma}} \cdot \underbrace{\begin{pmatrix} 0 & \frac{1}{\sqrt{11}} & \frac{1}{\sqrt{11}} & -\frac{3}{\sqrt{11}} \\ -\frac{1}{\sqrt{3}} & \frac{1}{\sqrt{3}} & -\frac{1}{\sqrt{3}} & 0 \end{pmatrix}}_{\boldsymbol{V}}。$$

由于 Eckart-Young-Mirsky 定理，$\boldsymbol{R}$ 的最佳 1-秩近似由下式给出

$$\boldsymbol{A} = \boldsymbol{U} \cdot \boldsymbol{\Sigma}_1 \cdot \boldsymbol{V},$$

其中 $\boldsymbol{\Sigma}_1 = \mathrm{diag}(\sigma_1, 0)$ 中，最小奇异值被置为 0。因此，可以得到：

$$\boldsymbol{A} = \underbrace{\begin{pmatrix} \frac{3}{\sqrt{14}} & -\frac{1}{\sqrt{27}} \\ \frac{2}{\sqrt{14}} & -\frac{1}{\sqrt{27}} \\ \frac{1}{\sqrt{14}} & \frac{5}{\sqrt{27}} \end{pmatrix}}_{\boldsymbol{U}} \cdot \underbrace{\begin{pmatrix} \sqrt{154} & 0 \\ 0 & 0 \end{pmatrix}}_{\boldsymbol{\Sigma}} \cdot \underbrace{\begin{pmatrix} 0 & \frac{1}{\sqrt{11}} & \frac{1}{\sqrt{11}} & -\frac{3}{\sqrt{11}} \\ -\frac{1}{\sqrt{3}} & \frac{1}{\sqrt{3}} & -\frac{1}{\sqrt{3}} & 0 \end{pmatrix}}_{\boldsymbol{V}}。$$

对应的近似误差是 $\boldsymbol{R}$ 的最小奇异值：

$$\|\boldsymbol{R} - \boldsymbol{A}\|_F = \sqrt{\sigma_2^2} = \sigma_2 = 9。$$

练习 3.6（矩阵乘积的秩） 因为 $\boldsymbol{Y}$ 的秩为 s，因此在 $\boldsymbol{Y}$ 值域中有 s 个线性独立向量：

$$\boldsymbol{y}_i = \boldsymbol{Y} \cdot \boldsymbol{z}_i, \quad i = 1, \cdots, s。$$

我们设置：

$$\boldsymbol{x}_i = \boldsymbol{X} \cdot \boldsymbol{y}_i, \quad i = 1, \cdots, s。$$

注意这些向量均在 $\boldsymbol{X} \cdot \boldsymbol{Y}$ 的值域内：

$$\boldsymbol{x}_i = \boldsymbol{X} \cdot \boldsymbol{y}_i = \boldsymbol{X} \cdot \boldsymbol{Y} \cdot \boldsymbol{z}_i, \quad i = 1, \cdots, s。$$

我们现在来证明它们是线性独立的。如非如此，则存在实数 $c_1, \cdots, c_r$ 不同时消失，因此有以下成立：

$$\sum_{i=1}^{s} c_i \cdot \boldsymbol{x}_i = 0。$$

通过代入，继续可得：

$$\sum_{i=1}^{s} c_i \cdot \boldsymbol{X} \cdot \boldsymbol{y}_i = \boldsymbol{X} \cdot \left(\sum_{i=1}^{s} c_i \cdot \boldsymbol{y}_i \right) = 0。$$

由于 $\boldsymbol{X}$ 的所有 s 个列都是线性独立的，我们可以从中得到：

$$\sum_{i=1}^{s} c_i \cdot \boldsymbol{y}_i = 0。$$

由于全部 y_i 在构造上就是线性独立的，所以与 $c_1 = \cdots = c_r$ 矛盾。综上所述，$\boldsymbol{X} \cdot \boldsymbol{Y}$ 的值域中的向量 $\boldsymbol{x}_1, \cdots, \boldsymbol{x}_r$ 是线性无关的。如果在 $\boldsymbol{X} \cdot \boldsymbol{Y}$ 的值域内有超过 s 个线性独立向量，那么它们也在 $\boldsymbol{X}$ 的值域内，这与 $\dim(\mathrm{range}(\boldsymbol{X})) = s$ 矛盾。因此，最终有：

$$\mathrm{rank}(\boldsymbol{X} \cdot \boldsymbol{Y}) = \dim(\mathrm{range}(\boldsymbol{X} \cdot \boldsymbol{Y})) = s。$$

练习 3.7（低秩近似）　我们先大致给出式 (3.8) 的步骤，然后使用 Python 代码获取数值结果。我们注意到低秩逼近问题不是凸的，因此不能保证梯度下降的会收敛至全局最优。因此，应用式 (3.8) 的优化效果对于初始化和步长的选择非常敏感。下面我们给出步长为 0.1，起始矩阵为以下矩阵时的梯度下降的实现：

$$\boldsymbol{X}(0) = \begin{pmatrix} 0 & 0.3 \\ 0 & 0 \\ 0 & 0.1 \\ 0 & 0 \\ 0.1 & 0 \end{pmatrix}, \quad \boldsymbol{Y}(0) = \begin{pmatrix} 0 & 0 & 0.1 & 0 \\ 0 & 0.1 & 0 & 0.1 \end{pmatrix}。$$

注意，两个矩阵的秩都等于 2。要计算矩阵 $\boldsymbol{X}(1)$ 和 $\boldsymbol{Y}(1)$，则还需要确定：

$$\boldsymbol{E}(0) = \begin{pmatrix} 5 & 2.97 & 0 & 0.97 \\ 4 & 0 & 0 & 1 \\ 1 & 0.99 & 0 & 4.99 \\ 1 & 0 & 0 & 4 \\ 1 & 1 & 4.99 & 4 \end{pmatrix} 。$$

于是有：

$$\boldsymbol{X}(1) = \boldsymbol{X}(0) + \eta \cdot \boldsymbol{E}(0) \cdot \boldsymbol{Y}^{\top}(0) = \begin{pmatrix} 0 & 0.4267 \\ 0 & 0.01 \\ 0 & 0.1598 \\ 0 & 0.04 \\ 0.1499 & 0.05 \end{pmatrix} ,$$

$$\boldsymbol{Y}(1) = \boldsymbol{Y}(0) + \eta \boldsymbol{X}^{\top}(0) \cdot \boldsymbol{E}(0) = \begin{pmatrix} 0.01 & 0.01 & 0.1499 & 0.04 \\ 0.16 & 0.199 & 0 & 0.179 \end{pmatrix} 。$$

经过 15 次迭代后，由式 (3.8) 可以得到：

$$R_{\text{model}} = \boldsymbol{X}(15) \cdot \boldsymbol{Y}(15) = $$

	M1	M2	M3	M4
U1	4.99	2.97	**1.25**	0.94
U2	3.97	**2.38**	1.24	0.96
U3	0.96	1.01	**5.54**	4.81
U4	0.99	**0.93**	4.44	3.85
U5	**0.97**	0.95	**4.76**	4.13

我们注意到这个矩阵补全算法有几个变体，例如可以对目标函数正则化以避免过拟合。此外，还可以应用其他算法，例如交替最小二乘法或随机梯度下降法。

10.4 分类

练习 4.1（Fisher 判别式） 假设客户的索引分别为 $i = 1, \cdots, 6$。根据他们的信用度，将其分为以下两类：

$$C_{\text{yes}} = \{1, 2, 3, 5\}, \quad C_{\text{no}} = \{4, 6\}.$$

显然可知 $n = 6$，$n_{\text{yes}} = 4$ 和 $n_{\text{no}} = 2$。接下来计算样本均值：

$$\bar{\boldsymbol{x}} = \frac{1}{6} \cdot \sum_{i=1}^{n} \boldsymbol{x}_i = \begin{pmatrix} 4 \\ 20 \\ 27/3 \end{pmatrix},$$

$$\boldsymbol{x}_{\text{yes}} = \frac{1}{4} \cdot \sum_{i \in C_{\text{yes}}} \boldsymbol{x}_i = \begin{pmatrix} 5 \\ 12.5 \\ 2.5 \end{pmatrix}, \quad \boldsymbol{x}_{\text{no}} = \frac{1}{2} \cdot \sum_{i \in C_{\text{no}}} \boldsymbol{x}_i = \begin{pmatrix} 2 \\ 35 \\ 2 \end{pmatrix}.$$

注意，特征空间是 3 维的，即 $\boldsymbol{x}_i \in \mathbb{R}^3$，$i = 1, \cdots, 6$，因此，矩阵 $\boldsymbol{W}$ 的阶数为 3×3。回忆可知

$$\boldsymbol{W} = \frac{1}{n} \cdot \left(\sum_{i \in C_{\text{yes}}} (\boldsymbol{x}_i - \boldsymbol{x}_{\text{yes}}) \cdot (\boldsymbol{x}_i - \boldsymbol{x}_{\text{yes}})^\top + \sum_{i \in C_{\text{no}}} (\boldsymbol{x}_i - \boldsymbol{x}_{\text{no}}) \cdot (\boldsymbol{x}_i - \boldsymbol{x}_{\text{no}})^\top \right),$$

由此得到矩阵（后文中保留 4 位小数）：

$$\boldsymbol{W} = \begin{pmatrix} 2.6667 & -5.0000 & -1.1667 \\ -5.0000 & 54.1667 & 5.8333 \\ -1.1667 & 5.8333 & 0.8333 \end{pmatrix}.$$

为了计算 Fisher 判别式，我们利用了对应于 $\boldsymbol{W}^{-1} \cdot \boldsymbol{B}$ 的最大特征值的特征向量 $\boldsymbol{a}$ 的公式为：

$$\boldsymbol{a} = \boldsymbol{W}^{-1} \cdot (\boldsymbol{x}_{\text{yes}} - \boldsymbol{x}_{\text{no}}).$$

因此，我们得出结论，Fisher 判别式为

$$\boldsymbol{a} = \begin{pmatrix} 35.1111 \\ -10.2889 \\ 121.7778 \end{pmatrix}.$$

我们尚需确定它的界：

$$b = \frac{(\boldsymbol{x}_{\text{yes}} - \boldsymbol{x}_{\text{no}})^\top \cdot \boldsymbol{W}^{-1} \cdot (\boldsymbol{x}_{\text{yes}} + \boldsymbol{x}_{\text{no}})}{2}.$$

将已知的值全部代入公式可得：

$$b = 152.5278.$$

因此，新的客户可以表示为 3 维特征向量，即

$$\boldsymbol{x} = \begin{pmatrix} 4 \\ 10 \\ 1 \end{pmatrix}。$$

我们得出结论，新的客户 $\boldsymbol{x}$ 将被标记为 $y = 1$，因为

$$\boldsymbol{a}^{\top} \cdot \boldsymbol{x} = 159.3332 \geqslant 152.5278 = b。$$

换句话说，该客户应该被认为是值得信赖的。

练习 4.2（样本均值） 首先证明第一项会消失，即

$$\sum_{i \in C_{\text{yes}}} (z_i - z_{\text{yes}}) \cdot (z_{\text{yes}} - \bar{z}) = 0。$$

回顾样本均值的公式

$$z_{\text{yes}} = \frac{1}{n_{\text{yes}}} \cdot \sum_{i \in C_{\text{yes}}} z_i,$$

通过简单的计算可以得出：

$$\sum_{i \in C_{\text{yes}}} (z_i - z_{\text{yes}}) \cdot (z_{\text{yes}} - \bar{z}) = \sum_{i \in C_{\text{yes}}} z_i \cdot (z_{\text{yes}} - \bar{z}) - \sum_{i \in C_{\text{yes}}} z_{\text{yes}} \cdot (z_{\text{yes}} - \bar{z})$$

$$= (z_{\text{yes}} - \bar{z}) \cdot n_{\text{yes}} \cdot z_{\text{yes}} - (z_{\text{yes}} - \bar{z}) \cdot n_{\text{yes}} \cdot z_{\text{yes}} = 0。$$

按照同样的方式可以推导出第二项为：

$$\sum_{i \in C_{\text{no}}} (z_i - z_{\text{no}}) \cdot (z_{\text{no}} - \bar{z}) = 0。$$

练习 4.3（齐次函数） 首先证明

$$\max_{\boldsymbol{a}} \frac{f(\boldsymbol{a})}{g(\boldsymbol{a})} = \max_{\boldsymbol{a}} \{ f(\boldsymbol{a}) | g(\boldsymbol{a}) = 1 \}。$$

令 $\boldsymbol{a}$ 为等式左边优化问题的解。那么，对于所有 $t > 0$，$t \cdot \boldsymbol{a}$ 也是这个优化问题的解，因为 f 和 g 有 α 度的同质性：

$$\frac{f(t \cdot \boldsymbol{a})}{g(t \cdot \boldsymbol{a})} = \frac{t^{\alpha} \cdot f(\boldsymbol{a})}{t^{\alpha} \cdot g(\boldsymbol{a})} = \frac{f(\boldsymbol{a})}{g(\boldsymbol{a})}。$$

由于 $g(\boldsymbol{a}) > 0$，我们可以设置：

$$t = \sqrt[\alpha]{\frac{1}{g(\boldsymbol{a})}},$$

那么，对于等式右边的优化问题，$t \cdot \boldsymbol{a}$ 就是可行的：

$$g(t \cdot \boldsymbol{a}) = t^\alpha \cdot g(\boldsymbol{a}) = \left(\sqrt[\alpha]{\frac{1}{g(\boldsymbol{a})}}\right)^\alpha \cdot g(\boldsymbol{a}) = 1。$$

此外，对于这个目标函数，有：

$$f(t \cdot \boldsymbol{a}) = t^\alpha \cdot f(\boldsymbol{a}) = \left(\sqrt[\alpha]{\frac{1}{g(\boldsymbol{a})}}\right)^\alpha \cdot f(\boldsymbol{a}) = \frac{f(\boldsymbol{a})}{g(\boldsymbol{a})}。$$

这可以证明：

$$\max_{\boldsymbol{a}} \frac{f(\boldsymbol{a})}{g(\boldsymbol{a})} \leqslant \max_{\boldsymbol{a}}\{f(\boldsymbol{a})|g(\boldsymbol{a}) = 1\}。$$

不等式反方向的证明很简单，此处略过。

现在，我们将注意力转向优化问题式 (4.3) 和式 (4.4)。请注意，优化问题式 (4.3) 的形式为

$$\max_{\boldsymbol{a}} \frac{B(\boldsymbol{a})}{W(\boldsymbol{a})},$$

其中

$$B(\boldsymbol{a}) = \boldsymbol{a}^\top \cdot B \cdot \boldsymbol{a}, \quad W(\boldsymbol{a}) = \boldsymbol{a}^\top \cdot W \cdot \boldsymbol{a}。$$

另外，函数 $B(\boldsymbol{a})$ 是二次齐次的，因为对于 $t \geqslant 0$ 有：

$$B(t \cdot \boldsymbol{a}) = (t \cdot \boldsymbol{a})^\top \cdot B \cdot (t \cdot \boldsymbol{a}) = t^2 \cdot \boldsymbol{a}^\top \cdot B \cdot \boldsymbol{a} = t^2 \cdot B(\boldsymbol{a})。$$

显然，上述关系对于函数 $W(\boldsymbol{a})$ 也成立。此外，我们假设半正定矩阵 $\boldsymbol{W}$ 是正则的，因此是正定的，即对于所有 $\boldsymbol{a} \in \mathbb{R}^m$，有 $W(\boldsymbol{a}) > 0$。因此，上述结果是适用的。它表明式 (4.4) 等价于优化问题式 (4.3)：

$$\max_{\boldsymbol{a}} \boldsymbol{a}^\top \cdot B \cdot \boldsymbol{a} \quad \text{s.t.} \quad \boldsymbol{a}^\top \cdot W \cdot \boldsymbol{a} = 1。$$

练习 4.4（超平面） 给定两个平行的超平面 $\boldsymbol{a}^\top \cdot \boldsymbol{x} - b_1 = 0$ 和 $\boldsymbol{a}^\top \cdot \boldsymbol{x} - b_2 = 0$，我们计算它们之间的距离。为此，在第一个超平面上任取一点 $\boldsymbol{x}_1$。在这一点处，我们取该平

面的法向量 $\boldsymbol{a}$。由于超平面是平行的，沿 $\boldsymbol{a}$ 的方向移动会与第二个超平面在点 $\boldsymbol{x}_2$ 处相交，即对于某些 $t \in \mathbb{R}$，有：

$$\boldsymbol{x}_2 = \boldsymbol{x}_1 + t \cdot \boldsymbol{a}。$$

接下来需要确定沿着法向量的方向移动多远，即计算 t 的值。由于 $\boldsymbol{x}_2$ 位于第二个超平面上，我们得到：

$$\boldsymbol{a}^\top \cdot (\boldsymbol{x}_1 + t \cdot \boldsymbol{a}) = b_2。$$

由于点 $\boldsymbol{x}_1$ 位于第一个超平面上：

$$\underbrace{\boldsymbol{a}^\top \cdot \boldsymbol{x}_1}_{=b_1} + t \cdot \underbrace{\boldsymbol{a}^\top \cdot \boldsymbol{a}}_{=\|\boldsymbol{a}\|_2^2} = b_2。$$

进一步简化后得到：

$$t = \frac{b_2 - b_1}{\|\boldsymbol{a}\|_2^2}。$$

现在，我们做好了计算超平面间距离的准备后，有：

$$\|\boldsymbol{x}_2 - \boldsymbol{x}_1\|_2 = \left\| \boldsymbol{x}_1 + \frac{b_2 - b_1}{\|\boldsymbol{a}\|_2^2} \cdot \boldsymbol{a} - \boldsymbol{x}_1 \right\|_2 = \frac{|b_2 - b_1| \cdot \|\boldsymbol{a}\|_2}{\|\boldsymbol{a}\|_2^2} = \frac{|b_2 - b_1|}{\|\boldsymbol{a}\|_2}。$$

回想一下，间距是由两个平行超平面界定的区域的半宽度：

$$\boldsymbol{a}^\top \cdot \boldsymbol{x} - b = +\gamma, \quad \boldsymbol{a}^\top \cdot \boldsymbol{x} - b = -\gamma。$$

我们定义 $b_1 = b + \gamma$ 和 $b_2 = b - \gamma$，可以得到距离：

$$\frac{|b_2 - b_1|}{\|\boldsymbol{a}\|_2} = \frac{|b - \gamma - (b + \gamma)|}{\|\boldsymbol{a}\|_2} = \frac{2 \cdot \gamma}{\|\boldsymbol{a}\|_2}。$$

因此，半宽度为 $\dfrac{\gamma}{\|\boldsymbol{a}\|_2}$，结论得证。

练习 4.5（正则化 SVM） 我们找出式 (4.9) 的对偶问题。为此，引入拉格朗日乘子 λ_i，$i = 1, \cdots, n$。参考 Nesterov et al. [2018]，得到：

$$\max_{\lambda \geqslant 0} \min_{\boldsymbol{a}, b, \boldsymbol{\xi} \geqslant 0} \frac{1}{2} \cdot \|\boldsymbol{a}\|_2^2 + c \cdot \sum_{i=1}^{n} \boldsymbol{\xi}_i + \sum_{i=1}^{n} \lambda_i \cdot (1 - \boldsymbol{\xi}_i - \boldsymbol{y}_i \cdot (\boldsymbol{a}^\top \cdot \boldsymbol{x}_i - \boldsymbol{b}))。$$

可以由内部的对于 $\boldsymbol{a}$ 和 $\boldsymbol{b}$ 的最小化问题的必要最优性条件得出：

$$\boldsymbol{a} = \sum_{i=1}^{n} \lambda_i \cdot y_i \cdot \boldsymbol{x}_i, \quad \sum_{i=1}^{n} \lambda_i \cdot y_i = 0。$$

关于 $\boldsymbol{x}$ 的最小化, 对于所有 $i = 1, \cdots, n$ 有:

$$\boldsymbol{\xi}_i \geqslant 0, \quad c - \lambda_i \geqslant 0, \quad (c - \lambda_i) \cdot \boldsymbol{\xi}_i = 0。$$

将其插入目标函数, 有:

$$\frac{1}{2} \cdot \sum_{i,j=1}^n \lambda_i \cdot \lambda_j \cdot y_i \cdot y_j \cdot \boldsymbol{x}_i^\top \boldsymbol{x}_j + c \cdot \sum_{i=1}^n \boldsymbol{\xi}_i$$

$$+ \sum_{i=1}^n \lambda_i - \underbrace{\sum_{i=1}^n \lambda_i \cdot \boldsymbol{\xi}_i}_{= c \cdot \boldsymbol{\xi}_i} + b \cdot \underbrace{\sum_{i=1}^n \lambda_i \cdot y_i}_{= 0} - \sum_{i,j=1}^n \lambda_i \cdot \lambda_j \cdot y_i \cdot y_j \cdot \boldsymbol{x}_i^\top \cdot \boldsymbol{x}_j。$$

我们得出结论, 对偶问题式 (4.10) 如下:

$$\max_{c \cdot e \geqslant \lambda \geqslant 0} \sum_{i=1}^n \lambda_i - \frac{1}{2} \cdot \sum_{i,j=1}^n \lambda_i \cdot \lambda_j \cdot y_i \cdot y_j \cdot \boldsymbol{x}_i^\top \cdot \boldsymbol{x}_j \quad \text{s.t.} \quad \sum_{i=1}^n \lambda_i \cdot y_i = 0。$$

练习 4.6（核规则） 分析两个有效的核的总和

$$S(\boldsymbol{u}, \boldsymbol{v}) = K(\boldsymbol{u}, \boldsymbol{v}) + L(\boldsymbol{u}, \boldsymbol{v})。$$

它们均可以被写成特征映射的标量积, 即

$$K(\boldsymbol{u}, \boldsymbol{v}) = \phi(\boldsymbol{u})^\top \cdot \phi(\boldsymbol{v}), \quad L(\boldsymbol{u}, \boldsymbol{v}) = \varphi(\boldsymbol{u})^\top \cdot \varphi(\boldsymbol{v}),$$

其中 $\phi : \mathbb{R}^m \mapsto \mathbb{R}^{r_K}$, $\varphi : \mathbb{R}^m \mapsto \mathbb{R}^{r_L}$。将两个特征映射连接起来:

$$\Phi(\boldsymbol{u}) = [\phi(\boldsymbol{u}), \varphi(\boldsymbol{u})]。$$

因此, 可以将 S 表示为以下标量积 $\Phi : \mathbb{R}^m \mapsto \mathbb{R}^{r_K + r_L}$:

$$S(\boldsymbol{u}, \boldsymbol{v}) = K(\boldsymbol{u}, \boldsymbol{v}) + L(\boldsymbol{u}, \boldsymbol{v}) = \phi(\boldsymbol{u})^\top \cdot \phi(\boldsymbol{v}) + \varphi(\boldsymbol{u})^\top \cdot \varphi(\boldsymbol{v})$$

$$= [\phi(\boldsymbol{u}), \varphi(\boldsymbol{u})]^\top \cdot [\varphi(\boldsymbol{u}), \varphi(\boldsymbol{u})] = \Phi(\boldsymbol{u})^\top \cdot \Psi(\boldsymbol{v})。$$

因此, S 是有效的, 且它的本征度为 $r_S = r_K + r_L$ 时是有效的。

接下来, 我们证明两个有效核的乘积也是有效的。我们再次将 K 和 L 的特征映射分别表示为 ϕ 和 φ, 直接可以计算出:

$$P(\boldsymbol{u}, \boldsymbol{v}) = K(\boldsymbol{u}, \boldsymbol{v}) \cdot L(\boldsymbol{u}, \boldsymbol{v}) = (\phi(\boldsymbol{u})^\top \cdot \phi(\boldsymbol{v})) \cdot (\varphi(\boldsymbol{u})^\top \cdot \varphi(\boldsymbol{v}))$$

$$= \sum_{k=1}^{r_K} \phi_k(\boldsymbol{u}) \cdot \phi_k(\boldsymbol{v}) \cdot \sum_{l=1}^{r_L} \varphi_l(\boldsymbol{u}) \cdot \varphi_l(\boldsymbol{v}) = \sum_{k=1}^{r_K} \sum_{l=1}^{r_L} \varphi_k(\boldsymbol{u}) \cdot \varphi_l(\boldsymbol{u}) \cdot \phi_K(\boldsymbol{v}) \cdot \varphi_l(\boldsymbol{v}).$$

我们为上述求和中的所有元素定义 $\phi_{kl}(\boldsymbol{u}) = \phi_k(\boldsymbol{u}) \cdot \varphi_l(\boldsymbol{u})$，因此有：

$$P(\boldsymbol{u}, \boldsymbol{v}) = \varPhi(\boldsymbol{u})^\top \cdot \varPhi(\boldsymbol{v}).$$

因此，核函数 P 是有效的，且它的本征度为 $r_P = r_K \cdot r_L$。

练习 4.7（多项式核函数） 多项式核函数写为

$$(\boldsymbol{u}^\top \cdot \boldsymbol{v})^d = \left(\sum_{i=1}^{m} \boldsymbol{u}_i \cdot \boldsymbol{v}_i \right)^d.$$

为了推导出特征映射计算公式，我们将此表达式扩展为求和的各项的幂。为此，我们应用多项式定理，它是二项式定理的推广形式，进而得到：

$$(\boldsymbol{u}^\top \cdot \boldsymbol{v})^d = \sum_{k_1+k_2+\cdots+k_m=d} \frac{d!}{k_1! \cdots k_m!} \cdot \prod_{i=1}^{m} (\boldsymbol{u}_i \cdot \boldsymbol{v}_i)^{k_i},$$

其中 $k_1, \cdots, k_m$ 是非负整数，求和的项数覆盖全部总和为 d 的组合。其中 $\dfrac{d!}{k_1! \cdots k_m!}$ 这一项被称为**多项式系数**（multinomial coefficients）。进一步可以得到：

$$(\boldsymbol{u}^\top \cdot \boldsymbol{v})^d = \sum_{k_1+k_2+\cdots+k_m=d} \frac{d!}{k_1! \cdots k_m!} \cdot \prod_{i=1}^{m} (\boldsymbol{u}_i)^{k_i} \cdot \prod_{i=1}^{m} (\boldsymbol{v}_i)^{k_i}.$$

假设我们用 $k = (k_1, \cdots, k_m)$ 表示一个非负整数的组合。这样，就可以通过以下方式定义特征映射中的各项元素为

$$\varPhi_k(\boldsymbol{u}) = \sqrt{\frac{d!}{k_1! \cdots k_m!}} \cdot \prod_{i=1}^{m} (\boldsymbol{u}_i)^{k_i}.$$

因此，该核函数可以简化为

$$(\boldsymbol{u}^\top \cdot \boldsymbol{v})^d = \sum_{\boldsymbol{e}^\top \cdot k = d} \varPhi_k(\boldsymbol{u})^\top \cdot \varPhi_k(\boldsymbol{v}).$$

总之，我们已经证明多项式核函数可以写成特征映射的标量积，因此它是有效的核。它的本征度仍有待确定。我们需要计算满足 $k_1 + k_2 + \cdots + k_m = d$ 的非负整数组合 $k_1, \cdots, k_m$ 的个数。这个计数等同于将 d 个未标记的球分配到 m 个不同的盒子中，不同分法的个数。而后者可以利用组合学中的**星条法**（stars and bars）来计算。为此，用星号表示 d 个球并将它们放在一条线上，从左边开始记录第一个箱子的星号，其次是第二个箱子的星号，以此类推。因此，一旦依次知道了第二个、第三个，直到最后一个箱子的第一个星号的位置，就可以唯一确定一种分配方式了。我们也可以在星号之间放置 $m-1$ 个分隔条来表示：

$$\underbrace{\bigstar\,\bigstar\,\bigstar}_{k_1=3}\,\Big|\,\underbrace{}_{k_2=0}\,\Big|\,\underbrace{\bigstar\,\bigstar}_{k_3=2}\,\Big|\,\bigstar\,\bigstar\,\bigstar\cdots\bigstar$$

可以观察到，我们想要实现的排列其实是由 $d + m - 1$ 个对象组成的。为了确定一个具体的排列，我们只需要用条形替换 $m-1$ 个对象，将其余对象全部设置为星号。这种替换方法的数量是

$$\binom{d+m-1}{d}。$$

综上所述，多项式核函数的本征度为

$$r = \binom{d+m-1}{m-1}。$$

我们注意到二次核的 $d = 2$，且是上式的特例：

$$r = \binom{2+m-1}{2} = \binom{m+1}{2}。$$

10.5 聚类

练习 5.1（k-均值聚类） 假定已知以下数据点

$$\boldsymbol{x}_1 = (1,0)^\top, \quad \boldsymbol{x}_2 = (2,0)^\top, \quad \boldsymbol{x}_3 = (3,0)^\top, \quad \boldsymbol{x}_4 = (4,0)^\top, \quad \boldsymbol{x}_5 = (5,0)^\top, \quad \boldsymbol{x}_6 = (5,1)^\top$$

和聚类中心 $\boldsymbol{z}_1 = (3,0)^\top$，$\boldsymbol{z}_2 = (5,1)^\top$，我们从 k-均值聚类的步骤 (1) 开始。由于 $k = 2$，如果 $\|\boldsymbol{x}_i - \boldsymbol{z}_1\|_2 < \|\boldsymbol{x}_i - \boldsymbol{z}_2\|_2$，我们就将数据点 $\boldsymbol{x}_i$ 分配给集群 C_1，否则分配给集群 C_2。

$t = 1$ 时：有 $|C_1| = 4$ 和 $|C_2| = 2$。在步骤 (2) 中，计算新的聚类中心：

$$z_1 = \frac{1}{4} \cdot (x_1 + x_2 + x_3 + x_4) = \frac{1}{4} \times \begin{pmatrix} 1+2+3+4 \\ 0+0+0+0 \end{pmatrix} = \begin{pmatrix} 2.5 \\ 0 \end{pmatrix},$$

$$z_2 = \frac{1}{2} \cdot (x_5 + x_6) = \frac{1}{2} \cdot \begin{pmatrix} 5+5 \\ 0+1 \end{pmatrix} = \begin{pmatrix} 5 \\ 0.5 \end{pmatrix}.$$

	$\|x_i - z_1\|_2$	$\|x_i - z_2\|_2$	聚类
$i=1$	2	$\sqrt{17}$	C_1
$i=2$	1	$\sqrt{10}$	C_1
$i=3$	0	$\sqrt{5}$	C_1
$i=4$	1	$\sqrt{2}$	C_1
$i=5$	2	1	C_2
$i=6$	$\sqrt{5}$	0	C_2

我们使用新的中心 $z_1 = (2.5, 0)^\top$ 和 $z_2 = (5, 0.5)$ 继续重复执行这个过程。

$t = 2$ 时：由步骤（2）可得：

$$z_1 = \frac{1}{3} \cdot (x_1 + x_2 + x_3) = \frac{1}{3} \cdot \begin{pmatrix} 1+2+3 \\ 0+0+0 \end{pmatrix} = \begin{pmatrix} 2 \\ 0 \end{pmatrix},$$

$$z_2 = \frac{1}{3} \cdot (x_4 + x_5 + x_6) = \frac{1}{3} \cdot \begin{pmatrix} 4+5+5 \\ 0+0+1 \end{pmatrix} = \begin{pmatrix} 14/3 \\ 1/3 \end{pmatrix}.$$

	$\|x_i - z_1\|_2$	$\|x_i - z_2\|_2$	聚类
$i=1$	1.5	$\sqrt{16.25}$	C_1
$i=2$	0.5	$\sqrt{9.25}$	C_1
$i=3$	0.5	$\sqrt{4.25}$	C_1
$i=4$	1.5	$\sqrt{1.25}$	C_2
$i=5$	2.5	0.5	C_2
$i=6$	$\sqrt{7.25}$	0.5	C_2

将聚类中心更新为 $z_1 = (2, 0)^\top$ 和 $z_2 = (14/3, 1/3)^\top$ 后，我们可以进行下一次迭代。

$t = 3$ 时：可见数据点被分配到了与之前迭代中相同的聚类中。因此，在此处算法停止运行，因为更新步骤（2）将计算出与迭代 $t = 2$ 中计算出的完全相同的中心。因此聚类和中心的这种分配方案可以求出优化问题式 (5.1) 的解。

	$\|\boldsymbol{x}_i - \boldsymbol{z}_1\|_2$	$\|\boldsymbol{x}_i - \boldsymbol{z}_2\|_2$	聚类
$i = 1$	1	$\dfrac{\sqrt{122}}{3}$	C_1
$i = 2$	0	$\dfrac{\sqrt{65}}{3}$	C_1
$i = 3$	1	$\dfrac{\sqrt{26}}{3}$	C_1
$i = 4$	2	$\dfrac{\sqrt{5}}{3}$	C_2
$i = 5$	3	$\dfrac{\sqrt{2}}{3}$	C_2
$i = 6$	$\sqrt{10}$	$\dfrac{\sqrt{5}}{3}$	C_2

练习 5.2（边缘中位数） 回忆一下中位数的定义。我们假设给定 N 个有序的数字 $a_1 < \cdots < a_N$。它们的中位数定义如下：

$$a = \begin{cases} a_{M+1}, & N \text{ 为奇数,} \\ \dfrac{a_M + a_{M+1}}{2}, & N \text{ 为偶数。} \end{cases}$$

将注意力转向 k-均值算法中的更新步骤 (2)：

$$\min_{\boldsymbol{z}} d(C_l, z),$$

其中的目标函数为：

$$d(C_l, \boldsymbol{z}) = \sum_{i \in C_l} \|\boldsymbol{z} - \boldsymbol{x}_i\|_1 = \sum_{i \in C_l} \sum_{j=1}^m |z_j - (\boldsymbol{x}_i)_j| = \sum_{j=1}^m \sum_{i \in C_l} |z_j - (\boldsymbol{x}_i)_j|。$$

参考 [Rockafellar, 1970]，绝对值函数的凸次微分为：

$$\partial |y| = \begin{cases} 1, & y > 0, \\ [-1, 1], & y = 0, \\ -1, & y < 0。 \end{cases}$$

因此，凸次微分 $\partial d(C_l, \boldsymbol{z})$ 的第 j 个分量由下式给出：

$$\frac{\partial d(C_l, \boldsymbol{z})}{\partial z_j} = \sum_{i \in C_l} \partial |z_j - (\boldsymbol{x}_i)_j|。$$

特别地，可以使用符号函数得到：

$$\sum_{i \in C_l} \text{sign}(\boldsymbol{z}_j - (\boldsymbol{x}_i)_j) \in \frac{\partial d(C_l, \boldsymbol{z})}{\partial \boldsymbol{z}_j}。$$

将 $(\boldsymbol{z}_l)_j$ 设置为对于 $i \in C_l$ 的 $(\boldsymbol{x}_i)_j$ 的中位数。因此，对于所有 $j = 1, \cdots, m$ 有：

$$\sum_{i \in C_l} \text{sign}((\boldsymbol{z}_l)_j - (\boldsymbol{x}_i)_j) = \#\{i : (\boldsymbol{z}_l)_j > (\boldsymbol{x}_i)_j\} - \#\{i : (\boldsymbol{z}_l)_j < (\boldsymbol{x}_i)_j\} = 0。$$

综上所述，可以满足充分充要最优性条件：

$$0 \in \partial d(C_l, \boldsymbol{z}),$$

其中 $\boldsymbol{z}_l = ((\boldsymbol{z}_l)_1, \cdots, (\boldsymbol{z}_l)_m)^\top$ 是聚类 C_l 边缘中位数。

练习 5.3（随机矩阵的特征值） 假设 $n \times n$ 维度的矩阵 $\boldsymbol{P}$ 是随机的。可以通过简单的计算证明 $\boldsymbol{P}$ 和 $\boldsymbol{P}^\top$ 有相同的特征多项式：

$$\det(\boldsymbol{P}^\top - \boldsymbol{I} \cdot \lambda) = \det(\boldsymbol{P} - \boldsymbol{I} \cdot \lambda)^\top = \det(\boldsymbol{P} - \boldsymbol{I} \cdot \lambda)。$$

因此，这两个矩阵的特征值相同。下面我们证明 $\boldsymbol{P}^\top$ 的特征值是有界的。显然，1 是它的特征值之一：

$$\boldsymbol{P}^\top \cdot \boldsymbol{e} = (\boldsymbol{e}^\top \cdot \boldsymbol{P})^\top = (\boldsymbol{e}^\top)^\top = 1 \cdot \boldsymbol{e}。$$

假设存在特征值 λ 且 $|\lambda| > 1$ 和其相应的特征向量 $\boldsymbol{v} \neq 0$。我们将其中最大元素的绝对值表示为

$$v_{\max} = \max_{j=1, \cdots, n} |v_j|。$$

由于 $\boldsymbol{P}$ 是一个随机矩阵，所以对于所有 $j = 1, \cdots, n$ 有：

$$\left| (\boldsymbol{P}^\top \cdot \boldsymbol{v})_j \right| = \left| \sum_{i=1}^n p_{ij} \cdot v_i \right| \leqslant \sum_{i=1}^n p_{ij} \cdot \underbrace{|v_i|}_{\leqslant v_{\max}} \leqslant \underbrace{\sum_{i=1}^n p_{ij}}_{=1} \cdot v_{\max} = v_{\max}。$$

另一方面，对于 $|v_j| = v_{\max} \neq 0$ 的 j 有：

$$\left| (\boldsymbol{P}^\top \cdot \boldsymbol{v})_j \right| = |(\lambda \cdot \boldsymbol{v})_j| = \underbrace{|\lambda|}_{>1} \cdot |v_j| > |v_j| = v_{\max}。$$

通过比较这两个公式，我们可以得到矛盾的结论。因此，$\boldsymbol{P}^\top$ 和 $\boldsymbol{P}$ 的特征值都以 1 为界。

练习 5.4（谱聚类） 我们首先计算转移概率矩阵：

$$\boldsymbol{P} = \boldsymbol{W} \cdot \boldsymbol{D}^{-1} = \begin{pmatrix} 0 & 0.1111 & 0.3125 & 0 & 0.4 \\ 0.0625 & 0 & 0.5 & 0 & 0 \\ 0.3125 & 0.8889 & 0 & 0 & 0.12 \\ 0 & 0 & 0 & 0 & 0.48 \\ 0.625 & 0 & 0.1875 & 1 & 0 \end{pmatrix}。$$

回想一下，$\boldsymbol{D}$ 是一个对角矩阵，其中对角元素是 $\boldsymbol{W}$ 的相应列元素之和。为了计算扩散图，我们需要计算 $\boldsymbol{D}^{-1/2}$，计算过程如下：

$$\boldsymbol{D}^{-1/2} = \begin{pmatrix} 0.25 & 0 & 0 & 0 & 0 \\ 0 & 0.3333 & 0 & 0 & 0 \\ 0 & 0 & 0.25 & 0 & 0 \\ 0 & 0 & 0 & 0.28867513 & 0 \\ 0 & 0 & 0 & 0 & 0.2 \end{pmatrix}。$$

将矩阵对角化可得

$$\boldsymbol{S} = \boldsymbol{V} \cdot \boldsymbol{\Lambda} \cdot \boldsymbol{V}^\top,$$

其中

$$\boldsymbol{\Lambda} = \mathrm{diag}(1, -0.8558, -0.7066, 0.6077, -0.0454)$$

且

$$\boldsymbol{V} = \begin{pmatrix} 0.4529 & -0.4137 & 0.2144 & 0.0021 & 0.76011 \\ 0.3397 & 0.0485 & 0.6558 & -0.5684 & -0.3594 \\ 0.4529 & -0.0106 & -0.7218 & -0.5184 & -0.0706 \\ 0.3922 & -0.57199 & -0.0381 & 0.4803 & -0.5356 \\ 0.5661 & 0.7066 & 0.0388 & 0.4213 & 0.0351 \end{pmatrix}。$$

接下来，我们就可以计算矩阵 $\boldsymbol{\Phi}$ 和 $\boldsymbol{\Psi}$ 为

$$\boldsymbol{\Phi} = \boldsymbol{D}^{1/2} \cdot \boldsymbol{V} = \begin{pmatrix} 1.8116 & -1.6546 & 0.8577 & 0.0085 & 3.0405 \\ 1.019 & 0.1456 & 1.9673 & -1.7052 & -1.0782 \\ 1.8116 & -0.0425 & -2.8873 & -2.0737 & -0.2823 \\ 1.3587 & -1.9814 & -0.1319 & 1.6638 & -1.8553 \\ 2.8307 & 3.5329 & 0.1941 & 2.1066 & 0.1753 \end{pmatrix},$$

并且

$$\boldsymbol{\Psi} = \boldsymbol{D}^{-1/2} \cdot \boldsymbol{V} = \begin{pmatrix} 0.1132 & -0.1034 & 0.0536 & 0.0005 & 0.19 \\ 0.1132 & 0.0162 & 0.2186 & -0.1895 & -0.1198 \\ 0.1132 & -0.0027 & -0.1805 & -0.1296 & -0.0176 \\ 0.1132 & -0.1651 & -0.011 & 0.1386 & -0.1546 \\ 0.1132 & 0.1413 & 0.0078 & 0.0843 & 0.007 \end{pmatrix},$$

回想一下，扩散图定义如下：

$$F_j(t) = \begin{pmatrix} \lambda_1^t \cdot (\boldsymbol{\psi}_1)_j \\ \vdots \\ \lambda_5^t \cdot (\boldsymbol{\psi}_5)_j \end{pmatrix}, \quad j = 1, \cdots, 5。$$

通过设置 $k = 2$，我们得到 k-截断扩散图：

$$k\text{-}F_j(t) = \lambda_2^t \cdot (\boldsymbol{\psi}_2)_j, \quad j = 1, \cdots, 5。$$

现在让我们计算 10 个周期后的 k-截断扩散图，即对于 $t = 10$：

$$k\text{-}F_1(10) = \lambda_2^{10} \cdot (\boldsymbol{\psi}_2)_1 = (-0.8558)^{10} \cdot (-0.1034) = -0.0218,$$

$$k\text{-}F_2(10) = \lambda_2^{10} \cdot (\boldsymbol{\psi}_2)_2 = (-0.8558)^{10} \cdot 0.0162 = 0.0034,$$

$$k\text{-}F_3(10) = \lambda_2^{10} \cdot (\boldsymbol{\psi}_2)_3 = (-0.8558)^{10} \cdot (-0.0027) = -0.0006,$$

$$k\text{-}F_4(10) = \lambda_2^{10} \cdot (\boldsymbol{\psi}_2)_4 = (-0.8558)^{10} \cdot (-0.1651) = -0.0348,$$

$$k\text{-}F_5(10) = \lambda_2^{10} \cdot (\boldsymbol{\psi}_2)_5 = (-0.8558)^{10} \cdot 0.1413 = 0.0298。$$

谱聚类将欧几里得设定中的 k-均值应用于 k-截断扩散图。接下来的就是将数字 $k\text{-}F_j(10)$，$j = 1, \cdots, 5$ 分配到任意一个聚类中。最终，我们可以得出结论，标号为 1 和 4 的两人在一个聚类中，标号为 2、3 和 5 的三人在一个聚类中。读者请参考 Python 代码中所示的数值计算过程。

练习 5.5（时间序列聚类） 使用 Pearson 相关系数得到的差异性度量为

$$d(\boldsymbol{x}, \boldsymbol{z}) = \frac{1 - \text{Pearson}(x, z)}{2}。$$

k-均值算法中的更新步骤 (2) 为：

$$\boldsymbol{z}_l \in \arg\min_{\boldsymbol{z}} \sum_{i \in C_l} \frac{1 - \text{Pearson}(x_i, z)}{2},$$

可以简化为

$$\max_{\boldsymbol{z}\in\mathbb{R}^m} \sum_{i\in C_l} \frac{(\boldsymbol{x}_i - \bar{\boldsymbol{x}}_i)^\top \cdot (\boldsymbol{z} - \bar{\boldsymbol{z}})}{\|\boldsymbol{x}_i - \bar{\boldsymbol{x}}_i\|_2 \cdot \|\boldsymbol{z} - \bar{\boldsymbol{z}}\|_2},$$

其中 $\bar{\boldsymbol{x}}_i$ 和 $\bar{\boldsymbol{z}}$ 分别表示向量 $\boldsymbol{x}_i$ 和 $\boldsymbol{z}$ 的均值。我们定义

$$\boldsymbol{a} = \sum_{i\in C_l} \frac{(\boldsymbol{x}_i - \bar{\boldsymbol{x}}_i)}{\|\boldsymbol{x}_i - \bar{\boldsymbol{x}}_i\|_2}。$$

接下来，我们设 $\boldsymbol{y} = \boldsymbol{z} - \bar{\boldsymbol{z}}$，并且注意到其均值将会消失：

$$\bar{\boldsymbol{y}} = \frac{1}{m} \cdot \sum_{j=1}^m y_j = \frac{1}{m} \cdot \sum_{j=1}^m (\boldsymbol{z}_j - \bar{\boldsymbol{z}}) = \bar{\boldsymbol{z}} - \bar{\boldsymbol{z}} = 0。$$

因而优化问题

$$\max_{\boldsymbol{z}\in\mathbb{R}^m} \boldsymbol{a}^\top \cdot \frac{(\boldsymbol{z} - \bar{\boldsymbol{z}})}{\|\boldsymbol{z} - \bar{\boldsymbol{z}}\|_2}$$

等价于

$$\max_{\bar{\boldsymbol{y}}=0} \boldsymbol{a}^\top \cdot \frac{\boldsymbol{y}}{\|\boldsymbol{y}\|_2} \underset{\boldsymbol{w}=\frac{\boldsymbol{y}}{\|\boldsymbol{y}\|_2}}{\Leftrightarrow} \max_{\substack{\|\boldsymbol{w}\|_2=1\\\bar{\boldsymbol{w}}=0}} \boldsymbol{a}^\top \cdot \boldsymbol{w} \Leftrightarrow \max_{\substack{\|\boldsymbol{w}\|_2=1\\\boldsymbol{e}^\top\cdot\boldsymbol{w}=0}} \boldsymbol{a}^\top \cdot \boldsymbol{w}。$$

我们通过拉格朗日乘子法求解后一个优化问题，参考 [Jongen et al., 2007]：

$$\boldsymbol{a} = \lambda \cdot \boldsymbol{w} + \mu \cdot \boldsymbol{e}。$$

将上式左乘 $\boldsymbol{e}$ 得到：

$$\boldsymbol{e}^\top \cdot \boldsymbol{a} = \lambda \cdot \underbrace{\boldsymbol{e}^\top \cdot \boldsymbol{w}}_{=0} + \mu \cdot \underbrace{\boldsymbol{e}^\top \cdot \boldsymbol{e}}_{=m}。$$

因此有：

$$\mu = \frac{1}{m} \cdot \sum_{j=1}^m a_j = \bar{\boldsymbol{a}}。$$

将上式右乘 $\boldsymbol{w}$ 得到：

$$\boldsymbol{a}^\top \cdot \boldsymbol{w} = \lambda \cdot \boldsymbol{w}^\top \cdot \boldsymbol{w} + \mu \cdot \underbrace{\boldsymbol{e}^\top \cdot \boldsymbol{w}}_{=0}。$$

因此，λ 是上述优化问题的最优解：

$$\lambda = \boldsymbol{a}^\top \cdot \boldsymbol{w}。$$

此外，还可以得到：

$$|\lambda| = \|\boldsymbol{a} - \mu \cdot \boldsymbol{e}\|_2。$$

如果 $\lambda = 0$，可得 $\boldsymbol{a} = \mu \cdot \boldsymbol{e}$，并且任何可行的 $\boldsymbol{w}$ 都是最优的。反之，由 $\boldsymbol{w}$ 的最优性可得 $\lambda > 0$，进而可以得到：

$$\boldsymbol{w} = \frac{\boldsymbol{a} - \mu \cdot \boldsymbol{e}}{\lambda} = \frac{\boldsymbol{a} - \mu \cdot \boldsymbol{e}}{\|\boldsymbol{a} - \mu \cdot \boldsymbol{e}\|_2} \cdot \underbrace{\mathrm{sign}(\lambda)}_{=1} = \frac{\boldsymbol{a} - \mu \cdot \boldsymbol{e}}{\|\boldsymbol{a} - \mu \cdot \boldsymbol{e}\|_2} = \frac{\boldsymbol{a} - \bar{a} \cdot \boldsymbol{e}}{\|\boldsymbol{a} - \bar{a} \cdot \boldsymbol{e}\|_2}。$$

让我们把注意力转向 $\bar{a}$，通过简单计算得到：

$$\bar{a} = \overline{\sum_{i \in C_l} \frac{(\boldsymbol{x}_i - \bar{\boldsymbol{x}}_i)}{\|\boldsymbol{x}_i - \bar{\boldsymbol{x}}_i\|_2}} = \sum_{i \in C_l} \left(\overline{\frac{(\boldsymbol{x}_i - \bar{\boldsymbol{x}}_i)}{\|\boldsymbol{x}_i - \bar{\boldsymbol{x}}_i\|_2}} \right) = \sum_{i \in C_l} \frac{1}{\|\boldsymbol{x}_i - \bar{\boldsymbol{x}}_i\|_2} \cdot \overline{(\boldsymbol{x}_i - \bar{\boldsymbol{x}}_i)} = 0。$$

因此，给出如下的解：

$$\boldsymbol{w} = \frac{\boldsymbol{a}}{\|\boldsymbol{a}\|_2},$$

可以从中得出结论，聚类 C_l 的中心是

$$\boldsymbol{z}_l = \sum_{i \in C_l} \frac{(\boldsymbol{x}_i - \bar{\boldsymbol{x}}_i)}{\|\boldsymbol{x}_i - \bar{\boldsymbol{x}}_i\|_2}。$$

如果我们从股票价格的角度解释时间序列聚类，则每个向量 $\boldsymbol{x}_i$ 代表股票价格的一个时间序列，元素 $(\boldsymbol{x}_i)_j$ 代表第 i 个资产在 j 时刻的（对数）回报。这些类别包含相互成正相关的资产，而这一信息也可用于投资组合的多样化。

练习 5.6（产品聚类） 我们处理 5 种产品，这些产品有的被 3 个客户中的某几个消费过，有的则没有被消费过。因此，每个产品被消费的情况都可以表示为二进制向量 $\boldsymbol{x}_1, \boldsymbol{x}_2, \cdots, \boldsymbol{x}_5 \in \{0, 1\}^3$。聚类中心的初始值是 $\boldsymbol{z}_1 = (0, 1, 1)^\top$ 和 $\boldsymbol{z}_2 = (1, 1, 1)^\top$。为了衡量用二进制向量 $\boldsymbol{x}$ 和 $\boldsymbol{y}$ 表示的两个产品之间的距离，我们必须计算两者间的 Jaccard 系数 $J(\boldsymbol{x}, \boldsymbol{y})$。在我们的问题中，它就是同时购买了两种产品的客户 $j \in \{1, 2, 3\}$ 与只购买其中一种产品的客户的比例。先来计算 $\boldsymbol{z}_1$ 聚类中产品的 Jaccard 系数：

$$J(\boldsymbol{x}_1, \boldsymbol{z}_1) = 1, \quad J(\boldsymbol{x}_2, \boldsymbol{z}_1) = \frac{1}{3}, \quad J(\boldsymbol{x}_3, \boldsymbol{z}_1) = \frac{1}{2}, \quad J(\boldsymbol{x}_4, \boldsymbol{z}_1) = 0, \quad J(\boldsymbol{x}_5, \boldsymbol{z}_1) = \frac{2}{3}。$$

从这些结果中，可以直接计算出对应的差异度为：

$$d(\boldsymbol{x}_1, \boldsymbol{z}_1) = 0, \quad d(\boldsymbol{x}_2, \boldsymbol{z}_1) = \frac{2}{3}, \quad d(\boldsymbol{x}_3, \boldsymbol{z}_1) = \frac{1}{2}, \quad d(\boldsymbol{x}_4, \boldsymbol{z}_1) = 1, \quad d(\boldsymbol{x}_5, \boldsymbol{z}_1) = \frac{1}{3}。$$

聚类 z_2 中的产品的 Jaccard 系数为

$$J(\boldsymbol{x}_1, \boldsymbol{z}_2) = \frac{2}{3}, \quad J(\boldsymbol{x}_2, \boldsymbol{z}_2) = \frac{2}{3}, \quad J(\boldsymbol{x}_3, \boldsymbol{z}_2) = \frac{1}{3}, \quad J(\boldsymbol{x}_4, \boldsymbol{z}_2) = \frac{1}{3}, \quad J(\boldsymbol{x}_5, \boldsymbol{z}_2) = 1 \text{。}$$

对应的差异度则为

$$d(\boldsymbol{x}_1, \boldsymbol{z}_2) = \frac{1}{3}, \quad d(\boldsymbol{x}_2, \boldsymbol{z}_2) = \frac{1}{3}, \quad d(\boldsymbol{x}_3, \boldsymbol{z}_2) = \frac{2}{3}, \quad d(\boldsymbol{x}_4, \boldsymbol{z}_2) = \frac{2}{3}, \quad d(\boldsymbol{x}_5, \boldsymbol{z}_2) = 0 \text{。}$$

因此，k-均值算法中的步骤（1）可以计算出以下聚类：

$$C_1 = \{1, 3\}, \quad C_2 = \{2, 4, 5\} \text{。}$$

聚类中心也必须是二元向量，因此，步骤（2）是一个组合问题。我们选取所有可能的候选产品并计算它们到新定义的聚类中心的距离。能得到最小距离的候选产品就是新的聚类中心。对于 C_1，我们得到两个可能的中心为 $\boldsymbol{z}_1 = (0, 0, 1)^\top$ 或 $\boldsymbol{z}_1 = (0, 1, 1)^\top$。$C_2$ 的新中心为 $\boldsymbol{z}_2 = (1, 0, 1)^\top$。我们使用 $\boldsymbol{z}_1 = (0, 0, 1)^\top$ 和 $\boldsymbol{z}_2 = (1, 0, 1)^\top$ 继续后面的运算，并且将 $\boldsymbol{z}_1$ 的另一个选项留给读者来探究。下面我们用新的 $\boldsymbol{z}_1$ 计算各个产品的 Jaccard 系数：

$$J(\boldsymbol{x}_1, \boldsymbol{z}_1) = \frac{1}{2}, \quad J(\boldsymbol{x}_2, \boldsymbol{z}_1) = \frac{1}{2}, \quad J(\boldsymbol{x}_3, \boldsymbol{z}_1) = 1, \quad J(\boldsymbol{x}_4, \boldsymbol{z}_1) = 0, \quad J(\boldsymbol{x}_5, \boldsymbol{z}_1) = \frac{1}{3} \text{。}$$

对应的差异性为

$$d(\boldsymbol{x}_1, \boldsymbol{z}_1) = \frac{1}{2}, \quad d(\boldsymbol{x}_2, \boldsymbol{z}_1) = \frac{1}{2}, \quad d(\boldsymbol{x}_3, \boldsymbol{z}_1) = 0, \quad d(\boldsymbol{x}_4, \boldsymbol{z}_1) = 1, \quad d(\boldsymbol{x}_5, \boldsymbol{z}_1) = \frac{2}{3} \text{。}$$

再来计算聚类 z_2 产品的 Jaccard 系数：

$$J(\boldsymbol{x}_1, \boldsymbol{z}_2) = \frac{1}{3}, \quad J(\boldsymbol{x}_2, \boldsymbol{z}_2) = 1, \quad J(\boldsymbol{x}_3, \boldsymbol{z}_2) = \frac{1}{2}, \quad J(\boldsymbol{x}_4, \boldsymbol{z}_2) = \frac{1}{2}, \quad J(\boldsymbol{x}_5, \boldsymbol{z}_2) = \frac{2}{3} \text{。}$$

进而在计算差异度为

$$d(\boldsymbol{x}_1, \boldsymbol{z}_2) = \frac{2}{3}, \quad d(\boldsymbol{x}_2, \boldsymbol{z}_2) = 0, \quad d(\boldsymbol{x}_3, \boldsymbol{z}_2) = \frac{1}{2}, \quad d(\boldsymbol{x}_4, \boldsymbol{z}_2) = \frac{1}{2}, \quad d(\boldsymbol{x}_5, \boldsymbol{z}_2) = \frac{1}{3} \text{。}$$

因此聚类的分配在迭代步骤（2）中并没有改变，最终得到：

$$C_1 = \{1, 3\}, \quad C_2 = \{2, 4, 5\} \text{。}$$

10.6 线性回归

练习 6.1（奥肯定律） 注意，奥肯定律将 GDP 的变化与失业率的变化联系起来。因此，第一步我们将表格数据转换为其中各项变化的数据。通过索引 $i = 1, \cdots, 25$ 标记每个观察数据，用 GDP_i 和 u_i 来分别标记 GDP 产出和失业率。为了计算改动的量，考虑以下差值的计算方法：

$$\Delta_i \mathrm{GDP} = \mathrm{GDP}_{i+1} - \mathrm{GDP}_i, \quad \Delta_i u = u_{i+1} - u_i, \quad i = 1, \cdots, 25。$$

注意，由于计算了两两的差值，新的数据集减少到 25 个数据点，如表 10.1 所示。回顾奥肯定律的陈述：

$$\Delta u = w_0 + w_1 \cdot \Delta \mathrm{GDP} + \varepsilon,$$

其中

$$\Delta \mathrm{GDP} = (\Delta_i \mathrm{GDP}, i = 1, \cdots, 25)^\top, \quad \Delta\boldsymbol{u} = (\Delta_i u, i = 1, \cdots, 25)^\top。$$

写成矩阵形式，有：

$$\Delta\boldsymbol{u} = \boldsymbol{X} \cdot \boldsymbol{w} + \boldsymbol{\varepsilon},$$

其中，$\boldsymbol{X}$ 是一个 25×2 的矩阵，第一列是全 1 的单位向量 $\boldsymbol{e}$，第二列包含 $\Delta \mathrm{GDP}$ 的条目，即 $\boldsymbol{X} = (e, \Delta \mathrm{GDP})$。最后我们计算 OLS 估计量

$$\boldsymbol{w}_{\mathrm{OLS}} = (\boldsymbol{X}^\top \cdot \boldsymbol{X})^{-1} \cdot \boldsymbol{X}^\top \cdot \Delta\boldsymbol{u} = \begin{pmatrix} -0.0333 \\ -0.2259 \end{pmatrix}。$$

根据德国的数据表格，奥肯定律可以得到验证，并且有 $w_1 = -0.2259$。

练习 6.2（伪逆） 回顾伪逆的定义，$\boldsymbol{X}^\dagger = (\boldsymbol{X}^\top \cdot \boldsymbol{X})^{-1} \cdot \boldsymbol{X}^\top$。易证性质 (i) 是成立的，因为

$$\boldsymbol{X} \cdot \boldsymbol{X}^\dagger \cdot \boldsymbol{X} = \boldsymbol{X} \cdot \underbrace{(\boldsymbol{X}^\top \cdot \boldsymbol{X})^{-1} \cdot \boldsymbol{X}^\top \cdot \boldsymbol{X}}_{=\boldsymbol{I}} = \boldsymbol{X}。$$

性质 (ii) 也是成立的，因为

$$\boldsymbol{X}^\dagger \cdot \boldsymbol{X} \cdot \boldsymbol{X}^\dagger = \underbrace{(\boldsymbol{X}^\top \cdot \boldsymbol{X})^{-1} \cdot \boldsymbol{X}^\top \cdot \boldsymbol{X}}_{=\boldsymbol{I}} \cdot (\boldsymbol{X}^\top \cdot \boldsymbol{X})^{-1} \cdot \boldsymbol{X}^\top = \boldsymbol{X}^\dagger。$$

下面证明性质 (iii)：

$$(\boldsymbol{X} \cdot \boldsymbol{X}^\dagger)^\top = \left(\boldsymbol{X} \cdot (\boldsymbol{X}^\top \cdot \boldsymbol{X})^{-1} \cdot \boldsymbol{X}^\top \right)^\top = \boldsymbol{X} \cdot \left((\boldsymbol{X}^\top \cdot \boldsymbol{X})^{-1} \right)^\top \cdot \boldsymbol{X}^\top$$

$$= X \cdot \left(\left(X^\top \cdot X\right)^\top\right)^{-1} \cdot X^\top = X \cdot \left(X^\top \cdot X\right)^{-1} \cdot X^\top = X \cdot X^\dagger 。$$

表 10.1　新的 GDP 数据集

i	$\Delta_i \mathrm{GDP}$	$\Delta_i u$
1	0.26	1.006
2	0.05	1.352
3	0.14	1.053
4	0.38	0.57
5	0.09	0.667
6	0.28	1.038
7	0.02	0.075
8	0.04	0.933
9	0.25	0.938
10	0	0.144
11	0.06	0.709
12	0.5	1.297
13	0.31	0.948
14	0.04	0.440
15	0.14	0.917
16	0.44	1.592
17	0.31	1.134
18	0.33	0.218
19	0	0.776
20	0.34	1.142
21	0.22	0.445
22	0.21	0.148
23	0.13	0.250
24	0.52	0.357
25	0.11	0.502

练习 6.3（Hilbert 矩阵）　Hilbert 矩阵是一个著名的病态矩阵的例子。让我们比较一下它们的条件数的数值结果和渐近结果，如表 10.2 所示。

表 10.2　Hilbert 矩阵条件数的数值结果和渐近结果

	$\kappa(\boldsymbol{H}_n) = \dfrac{\sigma_{\max}(\boldsymbol{H}_n)}{\sigma_{\min}(\boldsymbol{H}_n)}$	$\dfrac{(1+\sqrt{2})^{4n}}{\sqrt{n}}$
$\boldsymbol{H}_5$:	476,607.2502422687	20,231,528.940628633
$\boldsymbol{H}_{10}$:	1.60252853523e+13	6.47183465942e+14
$\boldsymbol{H}_{15}$:	1.10542932559e+18	2.39053711440e+22

我们注意到，条件数随着 n 的增加而爆炸。在练习的第 (ii) 部分中，我们看到，条件数太大会导致数值不稳定，从而导致更难得到正确的解。注意到矩阵 $\boldsymbol{H}_5$、$\boldsymbol{H}_{10}$、$\boldsymbol{H}_{15}$ 都是正则的，则线性系统的解

$$\boldsymbol{H}_n \cdot \boldsymbol{x} = \boldsymbol{H}_n \cdot \boldsymbol{e}, \quad n = 5, 10, 15,$$

可以很容易地确定出

$$\boldsymbol{x}_n = \boldsymbol{H}_n^{-1} \cdot \boldsymbol{H}_n \cdot \boldsymbol{e} = \boldsymbol{e}, \quad n = 5, 10, 15。$$

然而，除了 $\boldsymbol{H}_5$ 之外，数值计算无法提供准确的结果。对于 $\boldsymbol{H}_{10}$，数值计算至少还可以得到一个接近 $\boldsymbol{e}$ 的向量，但对于 $\boldsymbol{H}_{15}$，结果的向量与 $\boldsymbol{e}$ 相差很大。这表明对病态矩阵求逆在数值上是不稳定的，有关详细信息请参阅 Python 代码。

练习 6.4（Vandermonde 矩阵）　通过归纳证明，对于 $m \times m$ 维的 Vandermonde 矩阵 $\boldsymbol{V}$ 的行列式，有：

$$\det(\boldsymbol{V}) = \prod_{1 \leqslant i < j \leqslant m} (\alpha_j - \alpha_i)。$$

显然，上式在 $m = 1$ 时成立，因为 1×1 维的 Vandermonde 矩阵的行列式是 1，而等式右侧的乘积是空的，因此也等于 1。而且，对于归纳的基础条件，容易看到，2×2 维的 Vandermonde 矩阵也满足等式关系。然后，等式右边的乘积为 $\alpha_2 - \alpha_1$，显然是 Vandermonde 矩阵的行列式的结果。下面尝试使用归纳假设，即上述关系对 $(m-1) \times (m-1)$ 维 Vandermonde 矩阵成立来计算行列式。对于维度 m 的行列式，有：

$$\det(\boldsymbol{V}) = \begin{vmatrix} 1 & \alpha_1 & \alpha_1^2 & \cdots & \alpha_1^{m-1} \\ 1 & \alpha_2 & \alpha_2^2 & \cdots & \alpha_2^{m-1} \\ \vdots & \vdots & \vdots & \ddots & \vdots \\ 1 & \alpha_m & \alpha_m^2 & \cdots & \alpha_m^{m-1} \end{vmatrix}。$$

用 $\boldsymbol{A}_i$ 标记 $\boldsymbol{V}$ 的第 i 列。由于行列式的行、列操作不会改变行列式的值，所以对除第

一列外的所有列做 $\boldsymbol{A}_i - \alpha_m \cdot \boldsymbol{A}_{i-1}$，得到：

$$\det(\boldsymbol{V}) = \begin{vmatrix} 1 & \alpha_1 - \alpha_m & (\alpha_1 - \alpha_m) \cdot \alpha_1 & \cdots & (\alpha_1 - \alpha_m) \cdot \alpha_1^{m-2} \\ 1 & \alpha_2 - \alpha_m & (\alpha_2 - \alpha_m) \cdot \alpha_2 & \cdots & (\alpha_2 - \alpha_m) \cdot \alpha_2^{m-2} \\ \vdots & \vdots & \vdots & \ddots & \vdots \\ 1 & \alpha_{m-1} - \alpha_m & (\alpha_{m-1} - \alpha_m) \cdot \alpha_{m-1} & \cdots & (\alpha_{m-1} - \alpha_m) \cdot \alpha_{m-1}^{m-2} \\ 1 & 0 & 0 & \cdots & 0 \end{vmatrix}。$$

对最后一行展开行列式，得到：

$$\det(\boldsymbol{V}) = (-1)^{m+1} \cdot \begin{vmatrix} \alpha_1 - \alpha_m & (\alpha_1 - \alpha_m) \cdot \alpha_1 & \cdots & (\alpha_1 - \alpha_m) \cdot \alpha_1^{m-2} \\ \alpha_2 - \alpha_m & (\alpha_2 - \alpha_m) \cdot \alpha_2 & \cdots & (\alpha_2 - \alpha_m) \cdot \alpha_2^{m-2} \\ \vdots & \vdots & \ddots & \vdots \\ \alpha_{m-1} - \alpha_m & (\alpha_{m-1} - \alpha_m) \cdot \alpha_{m-1} & \cdots & (\alpha_{m-1} - \alpha_m) \cdot \alpha_{m-1}^{m-2} \end{vmatrix}。$$

进一步应用行列式规则展开得到：

$$\det(\boldsymbol{V}) = (-1)^{m+1} \cdot \prod_{i=1}^{m-1}(\alpha_i - \alpha_m) \cdot \begin{vmatrix} 1 & \alpha_1 & \alpha_1^2 & \cdots & \alpha_1^{m-2} \\ 1 & \alpha_2 & \alpha_2^2 & \cdots & \alpha_2^{m-2} \\ \vdots & \vdots & \vdots & \ddots & \vdots \\ 1 & \alpha_{m-1} & \alpha_{m-1}^2 & \cdots & \alpha_{m-1}^{m-2} \end{vmatrix}。$$

注意，由于归纳假设，剩余的行列式是已知的：

$$\det(\boldsymbol{V}) = (-1)^{m+1} \cdot \prod_{i=1}^{m-1}(\alpha_i - \alpha_m) \cdot \prod_{1 \leqslant i < j \leqslant m-1}(\alpha_j - \alpha_i)。$$

在下一步中，改写成绩第一项的差的顺序：

$$(-1)^{m+1} \cdot \prod_{i=1}^{m-1}(\alpha_i - \alpha_m) = (-1)^2 \cdot \prod_{i=1}^{m-1}(\alpha_m - \alpha_i) = \prod_{i=1}^{m-1}(\alpha_m - \alpha_i)。$$

因此，得出关于行列式的结论：

$$\det(\boldsymbol{V}) = \prod_{i=1}^{m-1}(\alpha_m - \alpha_i) \cdot \prod_{1 \leqslant i < j \leqslant m-1}(\alpha_j - \alpha_i) = \prod_{i \leqslant i < j \leqslant m}(\alpha_j - \alpha_i)。$$

最终，可以由归纳原理证明题目的结论成立。

练习 6.5（多项式回归） 首先，需要注意到一个重要的结论：多项式回归的对于系数来说依然是线性的。因此，可以将 x 的所有幂都视为外生变量。给定一个数据集，内生变量 y_i 在 $i = 1, \cdots, n$ 时依赖于外生变量 x_i 如下：

$$y_i = w_0 + x_i \cdot w_1 + x_i^2 \cdot w_2 + \cdots + x_i^{m-1} \cdot w_{m-1} + \varepsilon_i。$$

这种依赖的线性结构使得我们能够将其写为矩阵形式：

$$\boldsymbol{y} = \boldsymbol{X} \cdot \boldsymbol{w} + \boldsymbol{\varepsilon},$$

其中 $\boldsymbol{y} \in \mathbb{R}^n$ 是内生变量的数据向量，而 $\boldsymbol{\varepsilon}$ 则由 n 个随机误差组成：

$$\boldsymbol{y} = (y_1, \cdots, y_n)^\top, \quad \boldsymbol{\varepsilon} = (\varepsilon_1, \cdots, \varepsilon_n)^\top。$$

权重向量 $\boldsymbol{w} \in \mathbb{R}^m$ 由下式给出

$$\boldsymbol{w} = (w_0, w_1, \cdots, w_{m-1})^\top。$$

下面仔细观察这个 $n \times m$ 维的数据矩阵

$$\boldsymbol{X} = \begin{pmatrix} 1 & x_1 & x_1^2 & \cdots & x_1^{m-1} \\ 1 & x_2 & x_2^2 & \cdots & x_2^{m-1} \\ \vdots & \vdots & \vdots & \ddots & \vdots \\ 1 & x_n & x_n^2 & \cdots & x_n^{m-1} \end{pmatrix}。$$

由于 $n > m$，为了确保不存在多重共线性，必须确定是否有 $\mathrm{rank}(\boldsymbol{X}) = m$。我们注意到，$\boldsymbol{X}$ 的前 m 行构成了一个 $m \times m$ 维的 Vandermonde 矩阵：

$$\boldsymbol{V} = \begin{pmatrix} 1 & x_1 & x_1^2 & \cdots & x_1^{m-1} \\ 1 & x_2 & x_2^2 & \cdots & x_2^{m-1} \\ \vdots & \vdots & \vdots & \ddots & \vdots \\ 1 & x_m & x_m^2 & \cdots & x_m^{m-1} \end{pmatrix}。$$

通过练习 6.4 的结论，对于 $\boldsymbol{V}$ 的行列式，有：

$$\det(\boldsymbol{V}) = \prod_{1 \leqslant i < j \leqslant m} (\boldsymbol{x}_j - \boldsymbol{x}_i)。$$

根据假设，所有 $\boldsymbol{x}_i$, $i = 1, \cdots, n$ 两两不同，所以 $\boldsymbol{V}$ 的行列式不会消失，因此矩阵 $\boldsymbol{V}$ 是正则的。因此，数据矩阵 $\boldsymbol{X}$ 确实具有满秩 m，并且正规方程是唯一可解的：

$$\boldsymbol{w} = (\boldsymbol{X}^\top \cdot \boldsymbol{X})^{-1} \cdot \boldsymbol{X}^\top \cdot \boldsymbol{y}。$$

练习 6.6（均方误差） 首先介绍均方误差的偏差-方差分解。将等式右边的第一项 $\mathbb{E}(\boldsymbol{w}_{\text{lin}})$ 放大，得到：

$$\mathbb{E} \left\| \boldsymbol{w}_{\text{lin}} - \boldsymbol{w} \right\|_2^2 = \mathbb{E} \left\| \boldsymbol{w}_{\text{lin}} - \mathbb{E}(\boldsymbol{w}_{\text{lin}}) + \mathbb{E}(\boldsymbol{w}_{\text{lin}}) - \boldsymbol{w} \right\|_2^2。$$

计算并扩展得到：

$$\mathbb{E} \left(\left\| \boldsymbol{w}_{\text{lin}} - \mathbb{E}(\boldsymbol{w}_{\text{lin}}) \right\|_2^2 + \left\| \mathbb{E}(\boldsymbol{w}_{\text{lin}}) - \boldsymbol{w} \right\|_2^2 + 2 \cdot \langle \boldsymbol{w}_{\text{lin}} - \mathbb{E}(\boldsymbol{w}_{\text{lin}}), \mathbb{E}(\boldsymbol{w}_{\text{lin}}) - \boldsymbol{w} \rangle \right)。$$

由于期望是线性的，上式可以写成

$$\mathbb{E} \left\| \boldsymbol{w}_{\text{lin}} - \mathbb{E}(\boldsymbol{w}_{\text{lin}}) \right\|_2^2 + \left\| \mathbb{E}(\boldsymbol{w}_{\text{lin}}) - \boldsymbol{w} \right\|_2^2 + 2 \cdot \mathbb{E}(\langle \boldsymbol{w}_{\text{lin}} - \mathbb{E}(\boldsymbol{w}_{\text{lin}}), \mathbb{E}(\boldsymbol{w}_{\text{lin}}) - \boldsymbol{w} \rangle)。$$

仔细观察可以得出结论，最后一个求和的项将会消失：

$$\mathbb{E}(\langle \boldsymbol{w}_{\text{lin}} - \mathbb{E}(\boldsymbol{w}_{\text{lin}}), \mathbb{E}(\boldsymbol{w}_{\text{lin}}) - \boldsymbol{w} \rangle) = \langle \underbrace{\mathbb{E}(\boldsymbol{w}_{\text{lin}}) - \mathbb{E}(\boldsymbol{w}_{\text{lin}})}_{=0}, \mathbb{E}(\boldsymbol{w}_{\text{lin}}) - \boldsymbol{w} \rangle。$$

因此，均方误差可以简化为

$$\mathbb{E} \left\| \boldsymbol{w}_{\text{lin}} - \boldsymbol{w} \right\|_2^2 = \left\| \mathbb{E}(\boldsymbol{w}_{\text{lin}}) - \boldsymbol{w} \right\|_2^2 + \mathbb{E} \left\| \boldsymbol{w}_{\text{lin}} - \mathbb{E}(\boldsymbol{w}_{\text{lin}}) \right\|_2^2。$$

第二项还有待分析。我们注意到

$$\left\| \boldsymbol{w}_{\text{lin}} - \mathbb{E}(\boldsymbol{w}_{\text{lin}}) \right\|_2^2 = \sum_{i=0}^{m-1} \left((\boldsymbol{w}_{\text{lin}})_i - (\mathbb{E}(\boldsymbol{w}_{\text{lin}}))_i \right)^2,$$

从中可以通过使用期望的线性推断出

$$\mathbb{E} \left\| \boldsymbol{w}_{\text{lin}} - \mathbb{E}(\boldsymbol{w}_{\text{lin}}) \right\|_2^2 = \sum_{i=0}^{m-1} \mathbb{E} \left(\left((\boldsymbol{w}_{\text{lin}})_i - (\mathbb{E}(\boldsymbol{w}_{\text{lin}}))_i \right)^2 \right),$$

因此，第二项是 $\boldsymbol{w}_{\text{lin}}$ 的方差矩阵的对角线元素之和，因此等于方差矩阵的迹：

$$\mathbb{E} \left\| \boldsymbol{w}_{\text{lin}} - \mathbb{E}(\boldsymbol{w}_{\text{lin}}) \right\|_2^2 = \text{trace}(\text{Var}(\boldsymbol{w}_{\text{lin}}))。$$

综上所述，均方误差的偏差-方差分解有：

$$\mathbb{E}\left\|\boldsymbol{w}_{\text{lin}} - \boldsymbol{w}\right\|_2^2 = \left\|\mathbb{E}(\boldsymbol{w}_{\text{lin}}) - \boldsymbol{w}\right\|_2^2 + \text{trace}(\text{Var}\,(\boldsymbol{w}_{\text{lin}}))。$$

它的直接结果就是，对于每个无偏估计量，偏差项都将消失。在假设 $\boldsymbol{X}^\top \cdot \boldsymbol{X} = n \cdot \boldsymbol{I}$ 时，我们计算 $\boldsymbol{w}_{\text{OLS}}$ 和 $\boldsymbol{w}_{\text{ridge}}$ 的均方误差。由于前者是无偏的，因此仅需要计算 $\text{Var}\,(\boldsymbol{w}_{\text{OLS}})$ 的迹。回顾一下 OLS 估计量的方差公式：

$$\text{Var}\,(\boldsymbol{w}_{\text{OLS}}) = \sigma^2 \cdot \underbrace{\left(\boldsymbol{X}^\top \cdot \boldsymbol{X}\right)^{-1}}_{=\frac{1}{n}\cdot\boldsymbol{I}} = \frac{\sigma^2}{n} \cdot \boldsymbol{I}。$$

因此，对于 $\boldsymbol{w}_{\text{OLS}}$ 的均方误差，得到：

$$\mathbb{E}\left\|\boldsymbol{w}_{\text{OLS}} - \boldsymbol{w}\right\|_2^2 = \text{trace}(\text{Var}\,(\boldsymbol{w}_{\text{OLS}})) = \text{trace}\left(\frac{\sigma^2}{n} \cdot \boldsymbol{I}\right) = \frac{m}{n} \cdot \sigma^2。$$

岭估计则是有偏差的，因为 $\mathbb{E}(\boldsymbol{w}_{\text{ridge}}) = \frac{n}{n+\lambda} \cdot \boldsymbol{w}$。因此，偏置项可以简化为

$$\left\|\mathbb{E}(\boldsymbol{w}_{\text{ridge}}) - \boldsymbol{w}\right\|_2^2 = \frac{\lambda^2}{(n+\lambda)^2} \cdot \left\|\boldsymbol{w}\right\|_2^2。$$

此外，岭估计的方差为 $\text{Var}\,(\boldsymbol{w}_{\text{ridge}}) = \frac{n^2}{(n+\lambda)^2}\text{Var}\,(\boldsymbol{w}_{\text{OLS}})$。从这里我们得到：

$$\text{trace}(\text{Var}\,(\boldsymbol{w}_{\text{ridge}})) = \frac{n^2}{(n+\lambda)^2} \cdot \text{trace}(\text{Var}\,(\boldsymbol{w}_{\text{OLS}})) = \frac{n^2}{(n+\lambda)^2} \cdot \frac{m}{n} \cdot \sigma^2 = \frac{n \cdot m}{(n+\lambda)^2} \cdot \sigma^2。$$

最后推导出 $\boldsymbol{w}_{\text{ridge}}$ 的均方误差公式为：

$$\mathbb{E}\left\|\boldsymbol{w}_{\text{ridge}} - \boldsymbol{w}\right\|_2^2 = \frac{\lambda^2}{(n+\lambda)^2} \cdot \left\|\boldsymbol{w}\right\|_2^2 + \frac{n \cdot m}{(n+\lambda)^2} \cdot \sigma^2。$$

可以看到，对于较小的 λ 值，方差项的大小占了主导地位。然而，对于较大的 λ，均方误差由真实的权重的大小控制。因此需要仔细选择 λ，进而使均方误差最小化。所以，求解优化问题：

$$\min_{\lambda} \frac{\lambda^2 \cdot \left\|\boldsymbol{w}\right\|_2^2 + n \cdot m \cdot \sigma^2}{(n+\lambda)^2}$$

可以得到 Tikhonov 参数为：

$$\lambda = \frac{m \cdot \sigma^2}{\left\|\boldsymbol{w}\right\|_2^2}。$$

10.7 稀疏恢复

练习 7.1（零范数） 我们证明 $\|\cdot\|_0$ 满足除绝对齐次性之外的所有范数性质。先从正定性开始。显然，对于所有 $w \in \mathbb{R}^n$，$\|w\|_0 \geqslant 0$。此外，根据定义，零向量没有非零元素，因此 $\|0\|_0 = 0$。另一方面，任何非零向量至少有一个不等于零的元素，即对于任意 $w \neq 0$，有 $\|w\|_0 > 0$。为了证明三角不等式，取任意两个向量 $v, w \in \mathbb{R}^n$。如果对于一个索引 j，有 $v_j + w_j \neq 0$，则 $v_j \neq 0$ 或 $w_j \neq 0$。因此，有：

$$\|v + w\|_0 = \#\{j | v_j + w_j \neq 0\} \leqslant \#\{j | v_j \neq 0\} + \#\{j | w_j \neq 0\} = \|v\|_0 + \|w\|_0。$$

证明 $\|\cdot\|_0$ 不是绝对齐次的，即它对 $\alpha \in \mathbb{R}$ 和 $w \in \mathbb{R}^n$ 有：

$$\|\alpha \cdot w\|_0 = |\alpha| \cdot \|w\|_0，当且仅当\alpha \in \{0, \pm 1\}或者w = 0。$$

如果 $\alpha = 0$ 或 $w = 0$，由于正定性，等式一定成立。而如果 $\alpha \neq 0$，向量 w 与 $\alpha \cdot w$ 的非零元素数相同。因此，它们的零范数也相同：

$$\|w\|_0 = \|\alpha \cdot w\|_0。$$

假设绝对齐次性成立，我们可以得到：

$$\|w\|_0 = |\alpha| \cdot \|w\|_0。$$

如果 $w \neq 0$，我们可以将这个等式除以 $\|w\|_0$，得到 $|\alpha| = 1$。

练习 7.2（Spark 常数） 证明最优性的第一步是检查向量 $w = (0, 12, 0, 6, 0, 0)^\top$ 是不是可行的，也就是说 $X \cdot w = y$ 是否成立，我们可以证明它确实成立，即有：

$$\begin{pmatrix} 1 & -1 & 1 & 0 & 0 & 0 \\ 1 & 0 & -1 & 1/2 & 1/2 & 0 \\ 1 & 1 & 0 & -1 & 0 & 0 \\ 1 & 1/3 & 0 & 1/3 & -1 & 1/3 \\ 1 & 1/3 & 1/3 & 1/3 & 0 & -1 \end{pmatrix} \cdot \begin{pmatrix} 0 \\ 12 \\ 0 \\ 6 \\ 0 \\ 0 \end{pmatrix} = \begin{pmatrix} -12 \\ 3 \\ 6 \\ 6 \\ 6 \end{pmatrix}。$$

另外，再来检查最优性的充分条件：

$$\|w\|_0 < \frac{\text{spark}(X)}{2},$$

这就需要计算矩阵 X 的 spark 常数。为此，必须利用列向量的组合。显然，X 的任何两列都是线性独立的。首先来考虑 3 列的子集的情况。请注意，有 20 种从 X 中选择 3 列的组合。例如，这里检查前 3 列，使用高斯消元法可得：

$$\begin{pmatrix} 1 & -1 & 1 \\ 1 & 0 & -1 \\ 1 & 1 & 0 \\ 1 & 1/3 & 0 \\ 1 & 1/3 & 1/3 \end{pmatrix} \sim \begin{pmatrix} 1 & 0 & -1 \\ 0 & 1 & -2 \\ 0 & 0 & 3 \\ 0 & 0 & 5/3 \\ 0 & 0 & 2 \end{pmatrix} \sim \begin{pmatrix} 1 & 0 & 0 \\ 0 & 1 & 0 \\ 0 & 0 & 1 \\ 0 & 0 & 0 \\ 0 & 0 & 0 \end{pmatrix} 。$$

因此，它们是线性独立的。其他的 19 种组合也会产生相同的结果。所以得出结论，$\mathrm{spark}(X) \geqslant 4$。通过类似的计算过程可以证明，任意的 4 列也都是线性独立的，因此 $\mathrm{spark}(X) \geqslant 5$。但是，可证明最后 5 列是线性相关的：

$$\begin{pmatrix} -1 & 1 & 0 & 0 & 0 \\ 0 & -1 & 1/2 & 1/2 & 0 \\ 1 & 0 & -1 & 0 & 0 \\ 1/3 & 0 & 1/3 & -1 & 1/3 \\ 1/3 & 1/3 & 1/3 & 0 & -1 \end{pmatrix} \sim \begin{pmatrix} 1 & 0 & 0 & 0 & 1 \\ 0 & 1 & 0 & 0 & 1 \\ 0 & 0 & 1 & 0 & -1 \\ 0 & 0 & 0 & 1 & -1 \\ 0 & 0 & 0 & 0 & 0 \end{pmatrix} 。$$

因此可以证明 $\mathrm{spark}(X) = 5$。因此，w 是优化问题 7.2 的解，即

$$\|w\|_0 = 2 < \frac{5}{2} = \frac{\mathrm{spark}(X)}{2} 。$$

练习 7.3（零空间性质） 我们分析矩阵的零空间性质

$$X = \begin{pmatrix} 1 & 0 & 1 & 0 \\ 0 & 1 & 1 & 0 \\ 0 & 1 & 0 & 1 \end{pmatrix} 。$$

求解齐次系统 $X \cdot u = 0$ 可以推出 X 的零空间可以是由向量 $u = (1, 1, -1, -1)^\top$ 张成的。对于任意索引子集 $S \subset \{1, 2, 3, 4\}$，均有：

$$\|u_S\|_1 = |S| 。$$

因此，只要集合 S 的基数 s 大于或等于 S^c 的基数 $4 - s$，向量 $u \in \mathrm{null}(X)$ 的零空间性质就不成立。矩阵 X 满足零空间性质，当且仅当 $s \in \{0, 1\}$。

练习 7.4（拉普拉斯分布） 评估：

$$\mathbb{E}(Z) = \int_{-\infty}^{\infty} z \cdot p(z) \mathrm{d}z = \int_{-\infty}^{\infty} z \cdot \frac{1}{2\tau} \mathrm{e}^{-\frac{|z-\mu|}{\tau}} \mathrm{d}z。$$

将 $x = z - \mu$ 代入上式，可得：

$$\int_{-\infty}^{\infty} (x+\mu) \cdot \frac{1}{2\tau} \cdot \mathrm{e}^{-\frac{|x|}{\tau}} \mathrm{d}x = \int_{-\infty}^{\infty} x \cdot \frac{1}{2\tau} \cdot \mathrm{e}^{-\frac{|x|}{\tau}} \mathrm{d}x + \int_{-\infty}^{\infty} \mu \cdot \frac{1}{2\tau} \cdot \mathrm{e}^{-\frac{|x|}{\tau}} \mathrm{d}x。$$

检查第一个积分，并对其进行简化：

$$\int_{-\infty}^{\infty} x \cdot \frac{1}{2\tau} \cdot \mathrm{e}^{-\frac{|x|}{\tau}} \mathrm{d}x = \frac{1}{2\tau} \cdot \left[\int_{-\infty}^{0} x \cdot \mathrm{e}^{\frac{x}{\tau}} \mathrm{d}x + \int_{0}^{\infty} x \cdot \mathrm{e}^{-\frac{x}{\tau}} \mathrm{d}x \right]。$$

按各个部分积分后产生：

$$\frac{1}{2\tau} \cdot \left[\int_{-\infty}^{0} x \cdot \mathrm{e}^{\frac{x}{\tau}} \mathrm{d}x + \int_{0}^{\infty} x \cdot \mathrm{e}^{-\frac{x}{\tau}} \mathrm{d}x \right] = \frac{1}{2\tau} \cdot (-\tau^2 + \tau^2) = 0。$$

剩下的就是计算第二个积分，它可以写成

$$\frac{1}{2\tau} \cdot \int_{-\infty}^{\infty} \mu \cdot \mathrm{e}^{-\frac{|x|}{\tau}} \mathrm{d}x = \frac{\mu}{2\tau} \cdot \left[\int_{-\infty}^{0} \mathrm{e}^{\frac{x}{\tau}} \mathrm{d}x + \int_{0}^{\infty} \mathrm{e}^{-\frac{x}{\tau}} \mathrm{d}x \right]。$$

经过简单直接的计算可以得出：

$$\frac{\mu}{2\tau} \cdot \left[\int_{-\infty}^{0} \mathrm{e}^{\frac{x}{\tau}} \mathrm{d}x + \int_{0}^{\infty} \mathrm{e}^{-\frac{x}{\tau}} \mathrm{d}x \right] = \frac{\mu}{2\tau} \cdot (\tau + \tau) = \mu。$$

因此，得出结论：

$$\mathbb{E}(Z) = 0 + \mu = \mu。$$

通过定义随机变量 $X = Z - \mu$ 来计算 Z 的方差，有：

$$\mathbb{E}(X) = \mathbb{E}(Z) - \mu = 0。$$

考虑到期望的线性，可以得到：

$$\mathrm{Var}(Z) = \mathbb{E}(Z^2) - \mathbb{E}(Z)^2 = \mathbb{E}((X+\mu)^2) - (\mathbb{E}(X)+\mu)^2$$

$$= \mathbb{E}(X^2) + 2 \cdot \underbrace{\mathbb{E}(X)}_{=0} \cdot \mu + \mu^2 - \underbrace{\mathbb{E}(X)^2}_{=0} - 2 \cdot \underbrace{\mathbb{E}(X)}_{=0} \cdot \mu - \mu^2 = \mathbb{E}(X^2)。$$

至此，还需要计算积分

$$\frac{1}{2\tau}\int_{-\infty}^{\infty} x^2 \cdot \mathrm{e}^{-\frac{|x|}{\tau}}\mathrm{d}x = \frac{1}{2\tau}\cdot\left(\int_{-\infty}^{0} x^2\cdot\mathrm{e}^{\frac{x}{\tau}}\mathrm{d}x + \int_{0}^{\infty} x^2\cdot\mathrm{e}^{-\frac{x}{\tau}}\mathrm{d}x\right)\text{。}$$

计算第一个积分。按不同部分积分得到：

$$\int_{-\infty}^{0} x^2\cdot\mathrm{e}^{\frac{x}{\tau}}\mathrm{d}x = 0 - 2\cdot\tau\cdot\underbrace{\int_{-\infty}^{0} x\cdot\mathrm{e}^{\frac{x}{\tau}}\mathrm{d}x}_{=-\tau^2} = 2\cdot\tau\cdot\tau^2 = 2\tau^3\text{。}$$

对另一项做类似的计算，可得

$$\int_{0}^{\infty} x^2\cdot\mathrm{e}^{-\frac{x}{\tau}}\mathrm{d}x = 0 + 2\cdot\tau\cdot\underbrace{\int_{0}^{\infty} x\cdot\mathrm{e}^{-\frac{x}{\tau}}\mathrm{d}x}_{=\tau^2} = 2\tau^3\text{。}$$

综合上面几项，得到：

$$\mathrm{Var}\,(Z) = \mathbb{E}(X^2) = \frac{1}{2\tau}\cdot(2\tau^3 + 2\tau^3) = 2\tau^2\text{。}$$

练习 7.5（Lasso） 需要证明以下两个凸优化问题的等价性：

$$\min_{\boldsymbol{w}} \frac{1}{2}\cdot\|\boldsymbol{y}-\boldsymbol{X}\cdot\boldsymbol{w}\|_2^2 + \lambda\cdot\|\boldsymbol{w}\|_1, \tag{10.1}$$

和

$$\min_{\boldsymbol{w}} \frac{1}{2}\cdot\|\boldsymbol{y}-\boldsymbol{X}\cdot\boldsymbol{w}\|_2^2 \quad \text{s.t.} \quad \|\boldsymbol{w}\|_1 \leqslant s\text{。} \tag{10.2}$$

为简洁起见，用 f 和 g 表示：

$$f(\boldsymbol{w}) = \frac{1}{2}\cdot\|\boldsymbol{y}-\boldsymbol{X}\cdot\boldsymbol{w}\|_2^2, \quad g(\boldsymbol{w}) = \|\boldsymbol{w}\|_1\text{。}$$

首先证明任意式(10.2)的解 $\boldsymbol{w}$ 也同时是式(10.1)的解。为不等式约束引入拉格朗日乘子 $\mu\in\mathbb{R}$ 后，$\boldsymbol{w}$ 可以满足式(10.2)的最优性条件，参见 Rockafellar [1970]：

平稳性（stationarity）：$0 \in \nabla f(\boldsymbol{w}) + \mu\cdot\partial g(\boldsymbol{w})$,

原问题可行性（primal feasibility）：$\|\boldsymbol{w}\|_1 \leqslant s$,

对偶问题可行性（dual feasibility）：$\mu \geqslant 0$,

互补松弛性（complementary slackness）：$\mu \cdot (\|\boldsymbol{w}\|_1 - s) = 0$。

这里，$\partial g(\boldsymbol{w})$ 表示 Manhattan 范数的凸次微分。如果我们设置 $\lambda = \mu$，那么可由平稳性导出式(10.1)的最优性条件，因此，由于其凸性，$\boldsymbol{w}$ 也是式(10.1)的解。可以以类似的方式给出另一个方向的证明。假设 $\boldsymbol{w}$ 为式(10.1)的解，那么，$\boldsymbol{w}$ 必须满足：

$$0 \in \nabla f(\boldsymbol{w}) + \lambda \cdot \partial g(\boldsymbol{w})。$$

我们可以选择 $s = \|\boldsymbol{w}\|_1$ 和 $\mu = \lambda$。显然，$\boldsymbol{w}$ 和 μ 分别对于原问题和对偶问题是可行的。而且，$\|\boldsymbol{w}\|_1 - s = 0$，即约束是有效的，并且互补松弛成立。此外，由于式(10.1)的最优条件，$\boldsymbol{w}$ 是固定的。综上，可以得出最优条件成立的结论，因此，$\boldsymbol{w}$ 是式(10.2)的解。

练习 7.6（ISTA） 我们首先计算矩阵

$$\boldsymbol{X}^\top \boldsymbol{X} = \begin{pmatrix} 3 & -2 \\ 2 & 0 \\ 6 & 8 \end{pmatrix} \cdot \begin{pmatrix} 3 & 2 & 6 \\ -2 & 0 & 8 \end{pmatrix} = \begin{pmatrix} 13 & 6 & 2 \\ 6 & 4 & 12 \\ 2 & 12 & 100 \end{pmatrix}。$$

由于练习 3.2，$\boldsymbol{X}$ 的奇异值 $\boldsymbol{\sigma}$ 是 $\boldsymbol{X}^\top \cdot \boldsymbol{X}$ 的特征值 λ 的平方根。而后者有以下性质

$$\det(\boldsymbol{X}^\top \cdot \boldsymbol{X} - \lambda \cdot \boldsymbol{I}) = 0。$$

简单计算可得特征值的平方根为：

$$\sqrt{\lambda_1} = 10.0777, \quad \sqrt{\lambda_2} = 3.9292, \quad \sqrt{\lambda_3} = 0。$$

得出结论

$$\sigma_{\max}(\boldsymbol{X}) = 10.0777,$$

因此，f 的梯度的 Lipschitz 常数为

$$L = \sigma_{\max}^2(\boldsymbol{X}) = 101.5600。$$

因此式 (7.8) 更新写为

$$\boldsymbol{w}(t+1) = T_{\frac{4}{101.56}}\left(\boldsymbol{w}(t) - \frac{1}{101.56} \cdot \boldsymbol{X}^\top \cdot (\boldsymbol{X} \cdot \boldsymbol{w}(t) - \boldsymbol{y})\right)。$$

为了详细阐述算法的运行过程，我们演示在第一次迭代后如何确定新的权重。首先计算

$$\boldsymbol{w}(1) - \frac{1}{101.56} \cdot \boldsymbol{X}^\top \cdot (\boldsymbol{X} \cdot \boldsymbol{w}(1) - \boldsymbol{y}) = \begin{pmatrix} 0.744 \\ 0.8031 \\ 0.2517 \end{pmatrix}。$$

剩下的过程就是将软阈值运算符应用于这个结果向量。由于 $\lambda = 4$，$L = 101.56$，我们得到 $\lambda/L \approx 0.0394$。请注意，向量 $(0.744, 0.8031, 0.2517)^\top$ 的所有元素都是正数并且严格大于 0.0394。因此，软阈值运算符简化为

$$T_{\frac{4}{101.56}}\left(\boldsymbol{w}(t) - \frac{1}{101.56} \cdot \boldsymbol{X}^\top \cdot (\boldsymbol{X} \cdot \boldsymbol{w}(t) - \boldsymbol{y})\right) = \begin{pmatrix} 0.744 \\ 0.8031 \\ 0.2517 \end{pmatrix} - 0.0394 \cdot \boldsymbol{e} = \begin{pmatrix} 0.7046 \\ 0.7637 \\ 0.2123 \end{pmatrix}。$$

新的权重由下式给出

$$\boldsymbol{w}(2) = \begin{pmatrix} 0.7046 \\ 0.7637 \\ 0.2123 \end{pmatrix}。$$

通过使用 Python 代码，我们看到在 13 次迭代之后，权重变得稀疏，因为第 2 个条目消失了：

$$\boldsymbol{w}(13) = \begin{pmatrix} -0.123 \\ 0 \\ 0.3401 \end{pmatrix}。$$

稀疏模式在后续的迭代中持续延续。此外，在 14 次迭代后，目标函数值的差异仅有细微变化：

$$f(\boldsymbol{w}(15)) - f(\boldsymbol{w}(14)) < 0.0001。$$

10.8 神经网络

练习 8.1（神经网络） 为了有效地分配广告资源，计算每个新客户的购买反应概率。该模型有一层，使用了 Sigmoid 激活函数，并基于年龄、收入和先前购买的次数等特征。另外，我们已经估计了这些输入的权重位：

$$w_0 = 0, w_1 = -0.1, w_2 = 0.6, w_3 = 0.7。$$

计算输入层的输出 $\boldsymbol{z} = \boldsymbol{w}^\top \cdot \boldsymbol{X}$，然后该输出将被传递给 Sigmoid 激活函数 $f_S(z) = \dfrac{1}{1 + \mathrm{e}^{-z}}$。因此对于客户 1，可以得到：

$$z_1 = \boldsymbol{w}^\top \cdot \boldsymbol{x}_1 = -0.1 \times 20 + 0.6 \times 6 + 0.7 \times 1 = 2.3。$$

因此可以得到以下的购买概率：

$$f_S(2.3) = \frac{1}{1 + e^{-2.3}} \approx 0.9089。$$

因此，客户 1 很可能会对广告做出一个购买的反应。而相比之下，客户 2 对广告的购买反应与没有看到广告一样，因为

$$z_2 = -0.1 \times 30 + 0.6 \times 5 + 0.7 \times 0 = 0,$$

以及

$$f_S(0) = \frac{1}{1 + e^0} = 0.5。$$

对客户 3，经过类似的计算得到：

$$z_3 = \boldsymbol{w}^\top \cdot \boldsymbol{x}_3 = -0.1 \times 40 + 0.6 \times 1 + 0.7 \times 3 = -1.3,$$

以及

$$f_S(-1.3) = \frac{1}{1 + e^{1.3}} \approx 0.2142。$$

下面简要解释这些结果。与客户 3 相比，客户 1 有非常高的收入。此外，客户 1 年龄也较大，并且由于 w_1 上的负号，年龄对购买反应有负面影响。通过比较还可以得知，单纯基于购买历史而做出的决定可能会导致错误的结论。尽管客户 3 以前比其他人的购买行为更频繁，但却得出了一个最低的响应概率。这表明利用特征组合给出的信息确实是相当有效的。从经济的角度来看，即使是在购买反应概率很低时也可以证明广告是合理的，例如在广告的成本非常低，而销售产品的利润非常高的时候。然而，对购买反应的预测则提供了一个精确的决策基础。

练习 8.2（Sigmoid 激活函数） 我们求解初始值的问题。拆分变量得到：

$$\frac{\mathrm{d}f}{f \cdot (1 - f)} = \mathrm{d}z。$$

对等式两边积分后，等式依然成立，有：

$$\int \frac{\mathrm{d}f}{f \cdot (1 - f)} = \int \mathrm{d}z,$$

因此

$$\ln f - \ln(1 - f) = z + C,$$

其中 C 是一个常数。简化这个方程可以得到：

$$f(z) = \frac{\mathrm{e}^C}{\mathrm{e}^C + \mathrm{e}^{-z}} \text{。}$$

最后应用初始值条件 $f(0) = \frac{1}{2}$ 得到：

$$\frac{1}{2} = \frac{\mathrm{e}^C}{\mathrm{e}^C + 1} \text{。}$$

因此，

$$\mathrm{e}^C = 1 \text{。}$$

将这一常数代入上述等式，得出结论，Sigmoid 激活函数是该初始值问题的解，即

$$f(z) = \frac{1}{1 + \mathrm{e}^{-z}} \text{。}$$

练习 8.3（Logistic 分布） 计算以下积分：

$$\mathbb{P}(\varepsilon \leqslant z) = \int_{-\infty}^{z} p(z)\mathrm{d}z = \int_{-\infty}^{z} \frac{\mathrm{e}^{-z}}{(1 + \mathrm{e}^{-z})^2}\mathrm{d}z \text{。}$$

代入 $u = 1 + \mathrm{e}^{-z}$ 后，有：

$$\int_{-\infty}^{z} \frac{\mathrm{e}^{-z}}{(1 + \mathrm{e}^{-z})^2}\mathrm{d}z = -\int_{\infty}^{u} \frac{1}{u^2}\mathrm{d}u = \int_{u}^{\infty} \frac{\mathrm{d}u}{u^2} = -\frac{1}{u}\Big|_{u}^{\infty} = \frac{1}{u} = \frac{1}{1 + \mathrm{e}^{-z}} = f_S(z) \text{。}$$

因此，Sigmoid 激活函数确实是一个服从标准 Logistic 分布的随机变量的累计分布函数。计算它的期望：

$$\mathbb{E}(\varepsilon) = \int_{-\infty}^{\infty} z \cdot p(z)\mathrm{d}z = \int_{-\infty}^{\infty} z \cdot \frac{\mathrm{e}^{-z}}{(1 + \mathrm{e}^{-z})^2}\mathrm{d}z \text{。}$$

再次替换变量 $x = \frac{1}{1 + \mathrm{e}^{-z}}$，我们有：

$$\int_{-\infty}^{\infty} z \cdot \frac{\mathrm{e}^{-z}}{(1 + \mathrm{e}^{-z})^2}\mathrm{d}z = \int_{0}^{1} \ln\left(\frac{x}{1-x}\right)\mathrm{d}x = \int_{0}^{1} \ln x \mathrm{d}x - \int_{0}^{1} \ln(1-x)\mathrm{d}x \text{。}$$

通过代入 $y = 1 - x$ 来化简上式，可得：

$$\int_{0}^{1} \ln(1-x)\mathrm{d}x = -\int_{1}^{0} \ln y \mathrm{d}y = \int_{0}^{1} \ln y \mathrm{d}y \text{。}$$

因此，可以得出结论，两者积分之差为零，即

$$\int_0^1 \ln x \mathrm{d}x - \int_0^1 \ln(1-x)\mathrm{d}x = \int_0^1 \ln x \mathrm{d}x - \int_0^1 \ln y \mathrm{d}y = 0。$$

因此，服从标准 Logistic 分布的随机变量的期望为零。而方差则需要一些复杂深入的计算。首先，由于对称性，可知：

$$\mathrm{Var}\,(\varepsilon) = \int_{-\infty}^{\infty} z^2 \cdot \frac{\mathrm{e}^{-z}}{(1+\mathrm{e}^{-z})^2}\mathrm{d}z = 2 \cdot \int_0^{\infty} z^2 \cdot \frac{\mathrm{e}^{-z}}{(1+\mathrm{e}^{-z})^2}\mathrm{d}z。$$

接下来，用多项式除法来分析 $\frac{\mathrm{e}^{-z}}{(1+\mathrm{e}^{-2z})^2}$，得到：

$$\mathrm{e}^{-z} : \left(1 + 2 \cdot \mathrm{e}^{-z} + \mathrm{e}^{-2z}\right) = \mathrm{e}^{-z} - 2 \cdot \mathrm{e}^{-2z} + 3 \cdot \mathrm{e}^{-3z} - 4 \cdot \mathrm{e}^{-4z} + 5 \cdot \mathrm{e}^{-5z} + \cdots。$$

因此，可以用级数代替分数：

$$\frac{\mathrm{e}^{-z}}{(1+\mathrm{e}^{-2z})^2} = \sum_{n=1}^{\infty} (-1)^{n+1} \cdot n \cdot \mathrm{e}^{-nz}。$$

最后，原始的积分计算转变为：

$$2 \times \int_0^{\infty} z^2 \cdot \sum_{n=1}^{\infty} (-1)^{n+1} \cdot n \cdot \mathrm{e}^{-nz}\mathrm{d}z = 2 \cdot \sum_{n=1}^{\infty} (-1)^{n+1} \cdot n \cdot \int_0^{\infty} z^2 \cdot \mathrm{e}^{-nz}\mathrm{d}z,$$

其中，我们将积分和求和符号互换了。使用 $u = z^2$ 和 $v' = \mathrm{e}^{-nz}$ 进行分部积分，得到：

$$\int_0^{\infty} z^2 \cdot \mathrm{e}^{-nz}\mathrm{d}z = -\frac{1}{n} \cdot z^2 \cdot \mathrm{e}^{-nz}\Big|_0^{\infty} + \frac{2}{n} \cdot \int_0^{\infty} z \cdot \mathrm{e}^{-nz}\mathrm{d}z。$$

显然，第一项积分为 0，因而我们只需要对第二项进行分部积分。假设 $u = z, v' = \mathrm{e}^{-nz}$，则有：

$$\int_0^{\infty} z \cdot \mathrm{e}^{-nz}\mathrm{d}z = -\frac{1}{n} \cdot z \cdot \mathrm{e}^{-nz}\Big|_0^{\infty} + \frac{1}{n} \cdot \int_0^{\infty} \mathrm{e}^{-nz}\mathrm{d}z = \frac{1}{n^2},$$

得出结论：

$$\int_0^{\infty} z^2 \cdot \mathrm{e}^{-nz}\mathrm{d}z = \frac{2}{n^3}。$$

可以推导出方差为：

$$2 \times \sum_{n=1}^{\infty} (-1)^{n+1} \cdot n \cdot \int_0^{\infty} z^2 \cdot \mathrm{e}^{-nz}\mathrm{d}z = 4 \times \sum_{n=1}^{\infty} (-1)^{n+1} \cdot \frac{1}{n^2}。$$

接下来研究求和项

$$4 \times \sum_{n=1}^{\infty} (-1)^{n+1} \cdot \frac{1}{n^2} = 4 \times \left(\frac{1}{1^2} - \frac{1}{2^2} + \frac{1}{3^2} - \frac{1}{4^2} + \frac{1}{5^2} + \cdots \right) \text{。}$$

通过思考和观察可知，这个和类似于著名的求和级数：

$$\sum_{n=1}^{\infty} \frac{1}{n^2} = \frac{\pi^2}{6} \text{。}$$

将这个级数分成奇数部分和偶数部分：

$$\left(\frac{1}{1^2} + \frac{1}{3^2} + \frac{1}{5^2} + \cdots \right) + \left(\frac{1}{2^2} + \frac{1}{4^2} + \frac{1}{6^2} + \cdots \right) \text{。}$$

此式还可以写成

$$\frac{1}{2^2} + \frac{1}{4^2} + \frac{1}{6^2} + \cdots = \frac{1}{1^2 \times 2^2} + \frac{1}{2^2 \times 2^2} + \frac{1}{3^2 \times 2^2} + \cdots = \frac{1}{2^2} \times \left(\frac{1}{1^2} + \frac{1}{2^2} + \frac{1}{3^2} + \cdots \right) = \frac{\pi^2}{24} \text{。}$$

因此，计算奇数部分的总和为：

$$\frac{1}{1^2} + \frac{1}{3^2} + \frac{1}{5^2} + \cdots = \frac{\pi^2}{6} - \frac{\pi^2}{24} = \frac{3 \times \pi^2}{24} \text{。}$$

注意到需要计算的项式是奇数项和偶数项之差：

$$4 \times \sum_{n=1}^{\infty} (-1)^{n+1} \cdot \frac{1}{n^2} = 4 \times \left(\frac{3 \times \pi^2}{24} - \frac{\pi^2}{24} \right) = \frac{\pi^2}{3} \text{。}$$

因此，得出标准 Logistic 分布的方差为 $\pi^2/3$。

练习 8.4（隐变量模型） 前文中表明，逻辑回归可以通过隐变量公式推导出来。由于 $y^* = \boldsymbol{x}^\top \cdot \boldsymbol{w} + \varepsilon$，对于新数据点的分类是随机（stochastic）的。因此，让我们利用随机误差 ε 明确地写出 y，即

$$y = \begin{cases} 1, & \varepsilon \geqslant -\boldsymbol{x}^\top \cdot \boldsymbol{w}, \\ 0, & \text{其他}。 \end{cases}$$

因此，可以得到：

$$\mathbb{P}(y = 1 | \boldsymbol{x}) = \mathbb{P}(\varepsilon \geqslant -\boldsymbol{x}^\top \cdot \boldsymbol{w}) \text{。}$$

从练习 8.3 中，回顾 Sigmoid 激活函数是 Logistic 随机变量 ε 的累积分布函数，所以可以继续得到：

$$1 - \mathbb{P}(\varepsilon \leqslant -\boldsymbol{x}^\top \cdot \boldsymbol{w}) = 1 - f_S(-\boldsymbol{x}^\top \cdot \boldsymbol{w}) = 1 - \frac{1}{1 + \mathrm{e}^{\boldsymbol{x}^\top \cdot \boldsymbol{w}}} = \frac{\mathrm{e}^{\boldsymbol{x}^\top \cdot \boldsymbol{w}}}{1 + \mathrm{e}^{\boldsymbol{x}^\top \cdot \boldsymbol{w}}} = \frac{1}{1 + \mathrm{e}^{-\boldsymbol{x}^\top \cdot \boldsymbol{w}}} \circ$$

因此，可以根据 Sigmoid 激活函数把新来的数据点 $\boldsymbol{x}$ 标记为 1 的概率为：

$$\mathbb{P}(y = 1 | \boldsymbol{x}) = f_S(\boldsymbol{x}^\top \cdot \boldsymbol{w}) \circ$$

练习 8.5（交叉熵） 我们计算 $H_i(\boldsymbol{w})$ 的梯度。从练习 8.3 中可知：

$$f_S'(z) = f_S(z) \cdot (1 - f_S(z)) \circ$$

因此，对所有 $i = 1, \cdots, n$，应用链式法则，会得到：

$$
\begin{aligned}
\nabla H_i(\boldsymbol{w}) = & -y_i \cdot \frac{1}{f_S(\boldsymbol{x}_i^\top \cdot \boldsymbol{w})} \cdot f_S'(\boldsymbol{x}_i^\top \cdot \boldsymbol{w}) \cdot \boldsymbol{x}_i \\
& - (1 - y_i) \cdot \frac{1}{1 - f_S(\boldsymbol{x}_i^\top \cdot \boldsymbol{w})} \cdot f_S'(\boldsymbol{x}_i^\top \cdot \boldsymbol{w}) \cdot \boldsymbol{x}_i \\
= & -y_i \cdot \frac{1}{f_S(\boldsymbol{x}_i^\top \cdot \boldsymbol{w})} \cdot f_S(\boldsymbol{x}_i^\top \cdot \boldsymbol{w}) \cdot \left(1 - f_S(\boldsymbol{x}_i^\top \cdot \boldsymbol{w})\right) \cdot \boldsymbol{x}_i \\
& - (1 - y_i) \cdot \frac{1}{1 - f_S(\boldsymbol{x}_i^\top \cdot \boldsymbol{w})} \cdot f_S(\boldsymbol{x}_i^\top \cdot \boldsymbol{w}) \cdot \left(1 - f_S(\boldsymbol{x}_i^\top \cdot \boldsymbol{w})\right) \cdot \boldsymbol{x}_i \\
= & (f_S(\boldsymbol{x}_i^\top \cdot \boldsymbol{w}) - y_i) \cdot \boldsymbol{x}_i \circ
\end{aligned}
$$

为了导出 $H_i(\boldsymbol{w})$ 的 Hesse 矩阵，我们计算所有 $i = 1, \cdots, n$：

$$
\begin{aligned}
\nabla^2 H_i(\boldsymbol{w}) &= \nabla \left(\nabla^\top H_i(\boldsymbol{w})\right) = \nabla \left(f_S(\boldsymbol{x}_i^\top \cdot \boldsymbol{w}) - y_i\right) \cdot \boldsymbol{x}_i^\top \\
&= f_S'(\boldsymbol{x}_i^\top \cdot \boldsymbol{w}) \cdot \boldsymbol{x}_i \cdot \boldsymbol{x}_i^\top = f_S(z) \cdot (1 - f_S(z)) \cdot \boldsymbol{x}_i \cdot \boldsymbol{x}_i^\top \circ
\end{aligned}
$$

上式也显示了交叉熵的凸性。

练习 8.6（多层感知机） 我们通过具有一个隐藏层的神经网络来解决 XOR 问题，如图 8.7 所示。因为我们有两个隐藏神经元，所以两个权重向量分别为

$$\boldsymbol{w}^1 = \left(-\frac{1}{3}, \frac{1}{2}, -\frac{1}{2}\right)^\top, \quad \boldsymbol{w}^2 = \left(-\frac{1}{3}, -\frac{1}{2}, \frac{1}{2}\right)^\top \circ$$

计算每个隐藏神经元的输出神经元 z_1 和 z_2：

$$z_1 = f_T\left(\sum_{j=1}^{2} w_j^1 \cdot x_j - \frac{1}{3}\right), \quad z_2 = f_T\left(\sum_{j=1}^{2} w_j^2 \cdot x_j - \frac{1}{3}\right) \circ$$

因此，对于不同的输入对，得到 z_1 的以下输出：

$$(1,1): f_T\left(-\frac{1}{3}\right) = 0, (1,0): f_T\left(\frac{1}{6}\right) = 1,$$

$$(0,1): f_T\left(-\frac{5}{6}\right) = 0, (0,0): f_T\left(-\frac{1}{3}\right) = 0。$$

对于第二个隐藏神经元，根据输入得到输出 z_2 为：

$$(1,1): f_T\left(-\frac{1}{3}\right) = 0, (1,0): f_T\left(-\frac{5}{6}\right) = 0,$$

$$(0,1): f_T\left(\frac{1}{6}\right) = 1, (0,0): f_T\left(-\frac{1}{3}\right) = 0。$$

输出层 y 由隐藏层输出的总和给出，即 $y = z_1 + z_2$。最后，根据输入计算输出为：

$$(1,1): 0+0 = 0, (1,0): 1+0 = 1,$$

$$(0,1): 0+1 = 1, (0,0): 0+0 = 0。$$

实际上，图 8.7 中的多层感知机仅针对输入对 $x = (1,0)$ 和 $x = (0,1)$ 输出 $y = 1$。因此，它可以解决了 XOR 问题。

10.9　决策树

练习 9.1（二元分类）　考虑以下的对训练集 $\{0,1\}^3$ 的二元分类结果。

对象	$(0,0,0)$	$(0,0,1)$	$(0,1,0)$	$(0,1,1)$	$(1,0,0)$	$(1,0,1)$	$(1,1,0)$	$(1,1,1)$
类	C_{yes}	C_{no}	C_{no}	C_{yes}	C_{yes}	C_{no}	C_{no}	C_{yes}

假设决策树 D 在根节点处选择测试 T_1，然后在后面的子树的根节点处依次选择测试 T_2 和 T_3。这棵决策树的每条路径都会唯一地导出一个二元向量 $\boldsymbol{x} \in \{0,1\}^3$。在这条路径的最后一步我们设置 $D(\boldsymbol{x}) = C_{\text{yes}}$ 或 C_{no} 来保证分类结果的正确性，请见图 10.1。在上述对训练集 $\{0,1\}^3$ 的二元分类结果下，决策树 D 的误分类率为零。而它的平均外部路径长度为 $\rho(D) = 3$。显然，决策树 D 利用对称性，将给出的二元分类结果的平均外部路径长度最小化了。为了通过决策树得到一个对象的正确分类，该对象的全部元素都会被测试，即

平均每个对象测试 3 次。不难看出，解答所提出的分类结果可以取到所有决策树中最大的最小平均外部路径长度，并且误分类率为零。

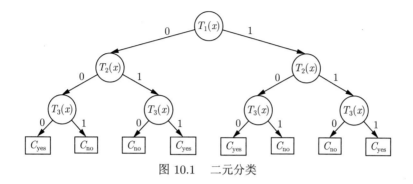

图 10.1   二元分类

练习 9.2（最小外部路径长度） 在 n-元素集（$n = 1, \cdots, 8$）上具有最小外部路径长度 $f(n)$ 的识别决策树在图 10.2 ~ 图 10.9中分别给出。请注意，这里所有 1-元素和 3-元素子集都可用作测试集。在叶节点上，我们同时给出了相应的外部路径的长度，其总和为 $f(n)$。

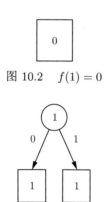

图 10.2 $f(1) = 0$

图 10.3 $f(2) = 2$

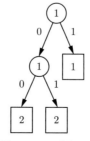

图 10.4 $f(3) = 5$

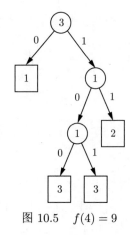

图 10.5　$f(4) = 9$

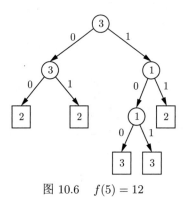

图 10.6　$f(5) = 12$

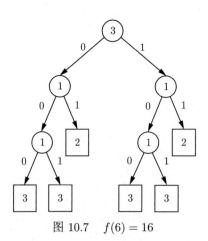

图 10.7　$f(6) = 16$

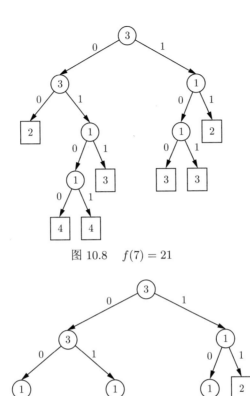

图 10.8 $f(7) = 21$

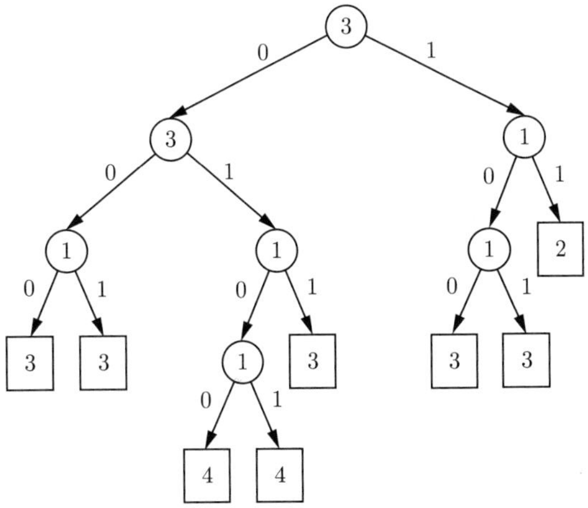

图 10.9 $f(8) = 25$

练习 9.3（匹配问题）   对于给定的匹配问题实例 $3DM(\mathcal{A}, \mathcal{M})$，我们构造了一个与之对应的精确覆盖实例 $EC3(\mathcal{Y}, \mathcal{E})$，因此，解决了后者就将为我们提供前者的匹配问题的结果。为此，我们设置：

$$\mathcal{Y} = \mathcal{A}, \quad \mathcal{E} = \{\{a_1, a_2, a_3\}|(a_1, a_2, a_3) \in \mathcal{M}\}。$$

通过构造，对于所有 $E \in \mathcal{E}$，我们有：

$$E \subset \mathcal{Y} \quad \text{且} \quad |E| = 3。$$

解决精确覆盖问题 $EC3(\mathcal{Y}, \mathcal{E})$ 后，我们可以得到一个子集合 $\mathcal{E}^* \subset \mathcal{E}$，这样每个元素 $y \in \mathcal{Y}$ 恰好只包含在它的一个子集 $E \in \mathcal{E}^*$ 中。特别地，有 $|\mathcal{E}^*| = |\mathcal{Y}|$ 成立。通过以下设

定，精确覆盖可以定义一个匹配：

$$\mathcal{M}^* = \{(a_1, a_2, a_3) | \{a_1, a_2, a_3\} \in \mathcal{E}^*\}。$$

此外，有 $|\mathcal{M}^*| = |\mathcal{A}|$。综上所述，我们已经证明匹配问题 $3\mathrm{DM}(\mathcal{A}, \mathcal{M})$ 在多项式时间内可归约为精确覆盖问题 $\mathrm{EC3}(\mathcal{Y}, \mathcal{E})$。由于已知前者是 NP 完全的，因此我们得出结论，精确覆盖问题也是 NP 完全的。

练习 9.4（迭代二分法的次优性） 对于我们已有分类的对象的集合，可以写出：

$$\mathcal{X} = \{x_1, x_2, x_3, x_4\},$$

其中

$$\boldsymbol{x}_1 = (1,1,1)^\top, \quad \boldsymbol{x}_2 = (1,1,0)^\top, \quad \boldsymbol{x}_3 = (1,0,0)^\top, \quad \boldsymbol{x}_4 = (0,0,1)^\top。$$

此外，还有：

$$C_{\mathrm{yes}} = \{x_1, x_3\}, \quad C_{\mathrm{no}} = \{x_2, x_4\}。$$

对于任意 $j = 1, 2, 3$，可以测试 $\boldsymbol{x} \in \mathcal{O} = \{0,1\}^3$ 的第 j 个元素为：

$$T_j(\boldsymbol{x}) = \begin{cases} 0, & \boldsymbol{x}_j = 0, \\ 1, & \boldsymbol{x}_j = 1。\end{cases}$$

让我们递归地使用迭代二分法。首先，拆分子集 $S = \mathcal{X}$。

（1） 测试集 T_1 给出了拆分

$$L_1 = \{x_4\}, \quad R_1 = \{x_1, x_2, x_3\}。$$

相应的增益是

$$G_1(S) = \varepsilon_1(S) - \left(\frac{|L_1|}{|S|} \cdot \varepsilon_1(L_1) + \frac{|R_1|}{|S|} \cdot \varepsilon_1(R_1) \right) = \frac{2}{4} - \left(\frac{1}{4} \times 0 + \frac{3}{4} \times \frac{1}{3} \right) = \frac{1}{4}。$$

（2） 测试集 T_2 给出了拆分

$$L_2 = \{x_3, x_4\}, \quad R_2 = \{x_1, x_2\}。$$

相应的增益是

$$G_2(S) = \varepsilon_1(S) - \left(\frac{|L_2|}{|S|} \cdot \varepsilon_1(L_2) + \frac{|R_2|}{|S|} \cdot \varepsilon_1(R_2) \right) = \frac{2}{4} - \left(\frac{2}{4} \times \frac{1}{2} + \frac{2}{4} \times \frac{1}{2} \right) = 0。$$

（3） 测试集 T_3 给出了拆分

$$L_3 = \{x_2, x_3\}, \quad R_3 = \{x_1, x_4\}。$$

相应的增益是

$$G_3(S) = \varepsilon_1(S) - \left(\frac{|L_3|}{|S|} \cdot \varepsilon_1(L_3) + \frac{|R_3|}{|S|} \cdot \varepsilon_1(R_3) \right) = \frac{2}{4} - \left(\frac{2}{4} \times \frac{1}{2} + \frac{2}{4} \times \frac{1}{2} \right) = 0。$$

我们选择通过测试集 T_1 拆分数据。数据子集 L_1 最终到达叶节点，且分类为 C_{no} 结束。类似地，对于余下的测试集，将继续拆分 $S = R_1$。

（1） 测试集 T_2 给出了拆分

$$L_2 = \{x_3\}, \quad R_2 = \{x_1, x_2\}。$$

相应的增益是

$$G_2(S) = \varepsilon_1(S) - \left(\frac{|L_2|}{|S|} \cdot \varepsilon_1(L_2) + \frac{|R_2|}{|S|} \cdot \varepsilon_1(R_2) \right) = \frac{1}{3} - \left(\frac{1}{3} \times 0 + \frac{2}{3} \times \frac{1}{2} \right) = 0。$$

（2） 测试集 T_3 给出了拆分

$$L_3 = \{x_2, x_3\}, \quad R_3 = \{x_1\}。$$

相应的增益是

$$G_3(S) = \varepsilon_1(S) - \left(\frac{|L_3|}{|S|} \cdot \varepsilon_1(L_3) + \frac{|R_3|}{|S|} \cdot \varepsilon_1(R_3) \right) = \frac{1}{3} - \left(\frac{2}{3} \times \frac{1}{2} + \frac{1}{3} \times 0 \right) = 0。$$

举例来说，我们选择使用测试集 T_2 拆分。数据子集 L_2 到达叶节点，且分类为 C_{yes} 结束。最后，使用 T_3 拆分剩余的 $S = R_2$:

$$L_3 = \{x_2\}, \quad R_3 = \{x_1\}。$$

数据子集 L_3 以叶节点将对象分类为 C_{no} 结束，R_3 以叶节点分类为 C_{yes} 结束。综上所述，我们得到了如图 10.10所示的决策树 D。对于它的平均外部路径长度，有:

$$\rho(D) = \frac{1 + 2 + 3 + 3}{4} = \frac{9}{4}。$$

最小平均外部路径长度由决策树 $\overline{D}$ 实现，见图 10.11。注意，D 和 $\overline{D}$ 在数据集 $\mathcal{X}$ 上的误分类率均为零。

$$\rho(\overline{D}) = \frac{2 + 2 + 2 + 2}{4} = 2。$$

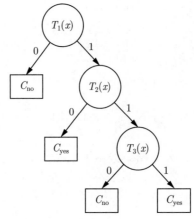

图 10.10　次优决策树 D

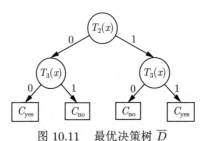

图 10.11　最优决策树 $\overline{D}$

练习 9.5（信息增益）　我们回顾一下基于熵的信息增益的定义：

$$G(S) = \varepsilon_2(S) - \left(\frac{|L|}{|S|} \cdot \varepsilon_2(L) + \frac{|R|}{|S|} \cdot \varepsilon_2(R) \right)。$$

将题目信息代入上式，得到：

$$G(S) = -p_S \cdot \log_2 p_S - (1 - p_S) \cdot \log_2(1 - p_S)-$$

$$q_S \cdot (-p_L \cdot \log_2 p_L - (1 - p_L) \cdot \log_2(1 - p_L))-$$

$$(1 - q_S) \cdot (-p_R \cdot \log_2 p_R - (1 - p_R) \cdot \log_2(1 - p_R))。$$

注意到以下关系成立：

$$H(X) = -p_S \cdot \log_2 p_S - (1 - p_S) \cdot \log_2(1 - p_S),$$

$$H(Y) = -q_S \cdot \log_2 q_S - (1 - q_S) \cdot \log_2(1 - q_S)。$$

此外，随机变量 (X, Y) 的联合概率分布为

$$q_S \cdot p_L, \quad q_S \cdot (1 - p_L), \quad (1 - q_S) \cdot p_R, \quad (1 - q_S) \cdot (1 - p_R)。$$

然后得到：

$$H(X, Y) = -q_S \cdot p_L \cdot \log_2 q_S \cdot p_L -$$
$$q_S \cdot (1 - p_L) \cdot \log_2 q_S \cdot (1 - p_L) -$$
$$(1 - q_S) \cdot p_R \cdot \log_2 (1 - q_S) \cdot p_R -$$
$$(1 - q_S) \cdot (1 - p_R) \cdot \log_2 (1 - q_S) \cdot (1 - p_R)。$$

综上所述，可以得到：

$$G(S) = H(X) + H(Y) - H(X, Y)。$$

练习 9.6（ID 决策树） 我们首先使用熵 ε_2 作为泛化误差的迭代二分法来构建决策树。起始时，集合 S 中包含 14 个元素，且在第一个节点处，我们可以从发热、咳嗽和呼吸困难这 3 个特征中选择测试。下面比较相应拆分获得的收益。首先，计算熵

$$\varepsilon_2(S) = -p_S \cdot \log_2 p_S - (1 - p_S) \cdot \log_2 (1 - p_S),$$

其中概率由下式给出

$$p_S = \frac{|S \cap C_{\text{yes}}|}{|S|} = \frac{7}{14}。$$

因此，类标签是均匀分布的，因此 $\varepsilon_2(S) = 1$。为了决定选择出一个测试集 $T_j, j = 1, 2, 3$，需要按照以下的拆分规则来选择 j：

$$j \in \arg \max_{j \in \{1,2,3\}} G_j(S)。$$

前文提到每个测试集 T_j 都可以将数据拆分为子集

$$L_j = \{x_i \in S | T_j(x_i) = 0\}, \quad R_j = \{x_i \in S | T_j(x_i) = 1\}。$$

与这种拆分方式相对应的信息增益是

$$G_j(S) = \varepsilon_2(S) - \left(\frac{|L_j|}{|S|} \cdot \varepsilon_2(L_j) + \frac{|R_j|}{|S|} \cdot \varepsilon_2(R_j) \right)。$$

现在来计算这些信息增益。从发热特征的拆分开始，并将相应的测试集记为 T_1。将会产生子集

$$L_1 = \{x_1, x_6, x_9, x_{11}, x_{12}, x_{13}\}, \quad R_1 = \{x_2, x_3, x_4, x_5, x_7, x_8, x_{10}, x_{14}\}。$$

注意，在集合 L_1 中，只有 x_9 被感染，即 $p_{L_1} = \dfrac{|L_1 \cap C_{\text{yes}}|}{|L_1|} = \dfrac{1}{6}$。因此，可以计算出熵，四舍五入后可得 $\varepsilon_2(L_1) = 0.65$。在集合 R_1 中，有两个人 x_3 和 x_{14} 被标记为未感染，因此，$p_{R_1} = \dfrac{|R_1 \cap C_{\text{yes}}|}{|R_1|} = \dfrac{6}{8}$。由此可以计算熵 $\varepsilon_2(R_1) = 0.81$。到此，可以计算相关的信息增益为：

$$G_1(S) = 1 - \left(\frac{6}{14} \times 0.65 + \frac{8}{14} \times 0.81 \right) \approx 0.256。$$

类似地，我们给出以咳嗽为特征的测试集，即 T_2 的结果细节。根据咳嗽特征来拆分可以得到集合

$$L_2 = \{x_1, x_4, x_7, x_8\}, \quad R_2 = \{x_2, x_3, x_5, x_6, x_9, x_{10}, x_{11}, x_{12}, x_{13}, x_{14}\}。$$

集合 L_2 中有 3 名感染者，因此 $p_{L_2} = \dfrac{3}{4}$ 和 $\varepsilon_2(L_2) = 0.81$。$R_2$ 中有 4 个样本，被归类为感染，因此得到 $p_{R_2} = \dfrac{2}{5}$，以及 $\varepsilon_2(R_2) = 0.97$。因此，与特征咳嗽相关的拆分的信息增益为

$$G_2(S) = 1 - \left(\frac{4}{14} \times 0.81 + \frac{10}{14} \times 0.97 \right) \approx 0.076。$$

我们看到选择测试集 T_1 将获得更多信息，即发热症状可以比咳嗽更好地区分感染者和未感染者。剩下的任务就是计算 T_3 的信息增益。没有呼吸困难症状和有呼吸困难症状的人分别是

$$L_3 = \{x_1, x_3, x_6, x_{10}, x_{11}, x_{14}\}, \quad R_3 = \{x_2, x_4, x_5, x_7, x_8, x_9, x_{12}, x_{13}\}。$$

在 L_3 内，只有 x_{11} 被感染。此外，R_3 中有 6 人被归类为感染者。因此，可以得到与测试集 T_1 相同的信息增益：

$$G_3(S) = 1 - \left(\frac{6}{14} \times 0.65 + \frac{8}{14} \times 0.81 \right) \approx 0.256。$$

贪心算法会在每个节点寻找该节点的最大增益，因此可以选择 T_1 或 T_3。我们在这里选择根据发热情况进行拆分。左子树上剩余的集合为

$$L_1 = \{x_1, x_6, x_9, x_{11}, x_{12}, x_{13}\}。$$

决策树算法会设 $S = L_1$ 并从头开始执行，因为集合非空且所有实例的标签都不全相同。所以该子树的会继续从测试是 T_2 和 T_3 中选择。前者将给出熵为零的单元素集和 $L_2 = \{x_1\}$。而在 R_2 中将会有 5 人，其中 1 人被感染。因此，$p_{R_2} = \dfrac{1}{5}$ 和 $\varepsilon_2(R_2) = 0.72$。综上所述，子树在该节点处的总增益为

$$G_2(S) = 0.65 - \left(\frac{1}{6} \times 0 + \frac{5}{6} \times 0.72\right) \approx 0.05。$$

将其与 T_3 相关的信息增益进行比较，得到对应的子集为

$$L_3 = \{x_1, x_6, x_{11}\}, \quad R_3 = \{x_9, x_{12}, x_{13}\},$$

进而得到的熵是

$$\varepsilon_2(L_3) = 0, \quad \varepsilon_2(R_3) = 0.92。$$

因此，信息增益为 $G_3(S) = 0.19$，明显高于 $G_2(S)$。所以，我们使用呼吸困难症状进行拆分，与 L_3 关联的节点成为标签为 C_{no} 的叶节点。在右子树上，决策树算法设 $S = R_1$，我们也需要在两个拆分 T_2 和 T_3 之间进行选择。T_2 会产生信息增益

$$G_2(S) \approx 0.20。$$

而用 T_3 拆分则会产生

$$L_3 = \{x_3, x_{10}, x_{14}\}, \quad R_3 = \{x_2, x_4, x_5, x_7, x_8\}。$$

R_3 中的所有人都被感染，因此我们可以得到标签为 C_{yes} 的叶节点。其信息增益也高于 T_2，因为

$$G_3(S) = 0.81 - \left(\frac{3}{8} \times 0.92 + \frac{5}{8} \times 0\right) \approx 0.465。$$

因此，我们选择使用呼吸困难特征提供的信息。图 10.12 展示了当前已生成的决策树。下面继续研究边标记为 1 的从 T_3 传出的左子树。决策树算法继续设置 $S = R_3$ 并使用唯一剩余的咳嗽特征做测试。由于 3 个人都有这个症状，所以 L_3 是空的，所有人都在 R_3。而其中有 1 个人被感染了，所以有 $p_{R_3} = \dfrac{1}{3}$。此后，测试集变为空，因此决策树算法只能

通过多数投票的方式创建叶节点。因此，就得到了一个标签为 C_{no} 的叶节点。空子集 L_3 可以标记为 C_{yes} 或 C_{no}。右子树的情况与左子树类似。同样地，所有剩余的人都患有咳嗽。所以，对 R_3 再次应用多数投票法创建叶节点 C_{no}。空子集 L_3 可以用 C_{yes} 或 C_{no} 来标记。最终生成的 ID 决策树 D 如图 10.13所示。

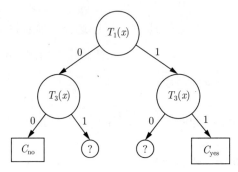

图 10.12　当前已生成的决策树

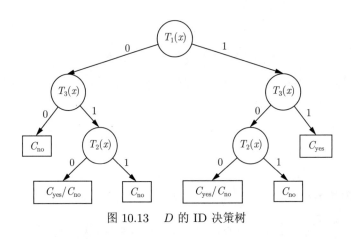

图 10.13　D 的 ID 决策树

最后，我们详细说明如何修剪决策树 D。注意，目前它已实现了误分类率为 $\mu(D) = \dfrac{2}{14}$。而咳嗽特征没有提供新信息。如果用叶节点 C_{no} 替换整个左边的这个测试，错误分类率将保持不变。但是，在应用 T_3 之后，这两个集合都将被归类为未感染，因此也可以将该节点修剪为叶节点 C_{no}。在修剪后的左子树上，只有 x_9 被错误分类，但即使是在初始决策树 D 上也无法将 x_9 正确分类为感染者。在右子树上，可以修剪节点 T_2 并使用叶节点 C_{no} 代替，原因与之前相同。对右子树，任何进一步的修剪都会增加错误分类率。最后，我们在图 10.14中展示修剪后的决策树 D'。根据图 10.14，发热特征和呼吸困难特征是检测感染的非常重要的症状。注意，一个人必须同时具有这两种症状才能被归类为感染者。相反，咳嗽症状则可以忽略不计。例如，没有发热和咳嗽症状但有呼吸困难症状的人不会被预测为感染者。

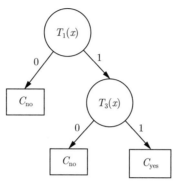

图 10.14　剪枝后的决策树 D'

参 考 文 献

C. C. Aggarwal et al. *Recommender systems*, volume 1. Springer, 2016.

D. Arthur, S. Vassilvitskii, k-means++: the advantages of careful seeding, in *Proceedings of the eighteenth annual ACM-SIAM symposium on Discrete algorithms*, 2007, pp. 1027-1035

L. Ball, D. Leigh, P. Loungani. Okun's law: Fit at 50? *Journal of Money, Credit and Banking*, 49(7): 1413–1441, 2017.

A. Beck, M. Teboulle. Mirror descent and nonlinear projected subgradient methods for convex optimization. *Operations Research Letters*, 31(3): 167–175, 2003.

A. Beck, M. Teboulle. A fast iterative shrinkage-thresholding algorithm for linear inverse problems. *SIAM journal on imaging sciences*, 2(1): 183–202, 2009.

L. Breiman, J. H. Friedman, R. A. Olshen, et al. *Classification and Regression Trees*. Wadsworth and Brooks, 1984.

S. Brin and L. Page. The anatomy of a large-scale hypertextual web search engine. *Computer networks and ISDN systems*, 30(1-7): 107–117, 1998.

S. S. Chen, D. L. Donoho, and M. A. Saunders. Atomic decomposition by basis pursuit. *SIAM review*, 43(1): 129–159, 2001.

C. Cortes and V. Vapnik. Support-vector networks. *Machine learning*, 20(3): 273–297, 1995.

G. Cybenko. Approximation by superpositions of a sigmoidal function. *Mathematics of control, signals and systems*, 2(4): 303–314, 1989.

J. R. Firth. A synopsis of linguistic theory 1930-55. 1957.

R. A. Fisher. The use of multiple measurements in taxonomic problems. *Annals of eugenics*, 7: 179–188, 1936.

S. Foucart and H. Rauhut. *A Mathematical Introduction to Compressive Sensing*. Applied and Numerical Harmonic Analysis. Springer New York, 2013. ISBN 9780817649487. URL `https://books.google.com/books?id=zb28BAAAQBAJ`.

D. Gale. *The Theory of Linear Economic Models*. Economics / mathematics. University of Chicago Press, 1989. ISBN 9780226278841. URL `https://books.google.com/books?id=3t3F9rLAZnYC`.

Z. S. Harris. Distributional structure. *Word*, 10: 146–162, 1954.

S. S. Haykin. *Neural networks and learning machines*. Pearson Education, third edition, 2009.

E. Hazan. Introduction to online convex optimization. *CoRR*, abs/1909.05207, 2019.

D. F. Hendry and B. Nielsen. *Econometric modeling: a likelihood approach*. Princeton University Press, 2007.

K. Hornik. Approximation capabilities of multilayer feedforward networks. *Neural networks*, 4(2): 251–257, 1991.

C.-J. Hsieh, K.-W. Chang, C.-J. Lin, S. S. Keerthi, and S. Sellamanickam A dual coordinate descent method for large-scale linear SVM. In *Proceedings of the 25th international conference on Machine learning*, pages 408–415, 2008.

G. Hughes. On the mean accuracy of statistical pattern recognizers. *IEEE Transactions on Information Theory*, 14: 55–63, 1968.

L. Hyafil and R. L. Rivest. Constructing optimal binary decision trees is np-complete. *Information Processing Letters*, 5(1): 15–17, 1976. ISSN 0020-0190.

P. Jaccard. Lois de distribution florale dans la zone alpine. *Bull Soc Vaudoise Sci Nat*, 38: 69–130, 1902.

H. T. Jongen, K. Meer, and E. Triesch. *Optimization theory*. Springer Science & Business Media, 2007.

E. R. Kandel, J. H. Schwartz, T. M. Jessell, S. Siegelbaum, A. J. Hudspeth, and S. Mack. *Principles of neural science*, volume 4. McGraw-hill New York, 2000.

R. M. Karp. Reducibility among combinatorial problems. In *Complexity of computer computations*, pages 85–103. Springer, 1972.

S. Y. Kung. *Kernel methods and machine learning*. Cambridge University Press, 2014.

P. Lancaster. *Theory of Matrices*. Academic Press, 1969.

V. I. Levenshtein et al. Binary codes capable of correcting deletions, insertions, and reversals. In *Soviet physics doklady*, volume 10, pages 707–710, 1966.

S. Lloyd. Least squares quantization in pcm. *IEEE transactions on information theory*, 28(2): 129–137, 1982.

H. Markowitz. Portfolio selection. *The Journal of Finance*, 7(1): 77–91, 1952.

R. Mathar, G. Alirezaei, E. Balda, and A. Behboodi. Fundamentals of data analytics. 2020.

O. A. McBryan. Genvl and wwww: Tools for taming the Web. *Proceedings of the First International World Wide Web Conference*, pages 79–90, 1994.

K. P. Murphy. *Machine learning: a probabilistic perspective*. MIT press, Cambridge, MA, 2012.

Y. Nesterov and A. Nemirovski. Finding the stationary states of markov chains by iterative methods. *Applied Mathematics and Computation*, 255: 58–65, 2015.

Y. Nesterov et al. *Lectures on convex optimization*, volume 137. Springer, 2018.

J. R. Quinlan. Induction of decision trees. *Machine learning*, 1(1): 81–106, 1986.

R. Rockafellar. *Convex Analysis*. Princeton University Press, 1970.

L. Rokach and O. Maimon. *Data Mining With Decision Trees: Theory and Applications*. World Scientific Publishing Co., Inc., 2014.

F. Rosenblatt. *The Perceptron, a Perceiving and Recognizing Automaton Project Para*. Report: Cornell Aeronautical Laboratory. Cornell Aeronautical Laboratory, 1957. URL https://books.google.com/books?id=P_XGPgAACAAJ.

M. Sahlgren. The distributional hypothesis. *Italian Journal of Disability Studies*, 20: 33–53, 2008.

P. Samuelson and W. Nordhaus. *Economics*. McGraw-Hill International editions: Economics. McGraw-Hill, 2005.

P. A. Samuelson, T. C. Koopmans, and J. R. N. Stone. Report of the evaluative committee for econometrica. *Econometrica*, 22(2): 141–146, 1954.

S. Shalev-Shwartz and S. Ben-David. *Understanding Machine Learning: From Theory to Algorithms.* Cambridge University Press, 2014.

W. F. Sharpe. Capital asset prices: A theory of market equilibrium under conditions of risk. *The journal of finance*, 19: 425–442, 1964.

H. Steinhaus et al. Sur la division des corps matériels en parties. *Bull. Acad. Polon. Sci*, 1(804): 801, 1956.

R. Tibshirani. Regression shrinkage and selection via the lasso. *Journal of the Royal Statistical Society: Series B (Methodological)*, 58(1): 267–288, 1996.

A. N. Tikhonov and V. Y. Arsenin. *Solutions of ill-posed problems.* V. H. Winston & Sons, 1977. Translated from the Russian, Preface by translation editor Fritz John, Scripta Series in Mathematics.

A. M. Tillmann and M. E. Pfetsch. The computational complexity of the restricted isometry property, the nullspace property, and related concepts in compressed sensing. *IEEE Transactions on Information Theory*, 60(2): 1248–1259, 2014.

S. Vassilvitskii and D. Arthur. k-means++: The advantages of careful seeding. In *Proceedings of the eighteenth annual ACM-SIAM symposium on Discrete algorithms*, pages 1027–1035, 2006.

V. Vovk and C. Watkins. Universal portfolio selection. In *Proceedings of the eleventh annual conference on Computational learning theory*, pages 12–23, 1998.

M. Zinkevich. Online convex programming and generalized infinitesimal gradient ascent. In *Proceedings of the 20th international conference on machine learning (icml-03)*, pages 928–936, 2003.

索引

英文索引